Titanium Dioxide and Carbon Nitride Based Photocatalytic Materials
Preparation, Properties, and Characterization

二氧化钛与氮化碳基光催化材料
——制备、性能及表征

刘蕊 著

化学工业出版社
· 北京 ·

内容简介

本书全面系统地阐述了用于环境污染物去除的二氧化钛和氮化碳基半导体光催化材料的制备、性能及表征。首先简单介绍了二氧化钛和氮化碳半导体催化材料的基本性能和表征方法，然后重点介绍了二氧化钛纳米管的制备、二氧化钛和氮化碳复合催化材料、稀土掺杂二氧化钛催化材料、四氧化三铁、氮化碳和二氧化钛复合催化材料、印迹型四氧化三铁、氮化碳和二氧化钛复合催化材料、印迹型碘氧化铋、氮化碳复合催化材料，研究了催化剂对药物及印染废水中有害污染物的催化性能及机理。

本书适合环境工程技术人员，环境尤其是药物污染物降解或相关领域的科研人员阅读参考。

图书在版编目(CIP)数据

二氧化钛与氮化碳基光催化材料：制备、性能及表征/刘蕊著．—北京：化学工业出版社，2024.8

ISBN 978-7-122-45732-5

Ⅰ.①二… Ⅱ.①刘… Ⅲ.①二氧化钛-光催化-复合材料②氮化合物-光催化-复合材料 Ⅳ.①TB383

中国国家版本馆 CIP 数据核字（2024）第 107694 号

责任编辑：韩霄翠　仇志刚　　文字编辑：张瑞霞
责任校对：王鹏飞　　装帧设计：王晓宇

出版发行：化学工业出版社
（北京市东城区青年湖南街 13 号　邮政编码 100011）
印　　装：北京天宇星印刷厂
710mm×1000mm　1/16　印张 12　字数 212 千字
2024 年 8 月北京第 1 版第 1 次印刷

购书咨询：010-64518888　　售后服务：010-64518899
网　　址：http://www.cip.com.cn
凡购买本书，如有缺损质量问题，本社销售中心负责调换。

定　　价：98.00 元

前言

PREFACE

随着化工、医药、农业等迅速发展，废水尤其是药物废水中有害污染物的种类和数量迅猛增加。传统的生物处理技术难以使含有毒污染物的工业废水达标排放，对环境和人类健康构成了严重的威胁，废水达标处理迫在眉睫。光催化法一方面可以在温和的条件下对环境污染物进行快速有效降解，另一方面还具有绿色无污染、氧化能力强、经济节能、操作简便、可控性强等优点，因此具有优良的催化性能的半导体光催化材料一直是研究与开发的重点。

本书作者自 2007 年开始从事半导体催化材料制备、表征及光催化降解有机污染物方面的研究，十余年来，课题组在半导体催化材料的制备、结构表征和催化性能等方面进行了深入研究，在国际权威学术刊物上发表了 50 余篇学术论文，主持国家自然科学基金项目、黑龙江省自然基金项目、中国博士后面上基金及黑龙江省博士后面上基金项目等。本书依托国家自然科学基金项目“磁性分子印迹型 $g\text{-}C_3N_4$ 基光催化剂的构建及其靶向降解废水中抗生素的机理研究”（项目批准号：42207266），系统总结了作者十余年来在二氧化钛及氮化碳基光催化材料领域的研究成果。

全书共分为 8 章：第 1 章介绍了半导体材料相关基础及半导体光催化材料的研究进展；第 2 章介绍了二氧化钛和氮化碳的基础理论及改性方法，并对催化材料结构和性能表征方法进行了简要介绍；第 3 章介绍了二氧化钛纳米管的制备条件及优化过程；第 4 章介绍了二氧化钛和氮化碳复合催化材料制备、结构表征及有机污染物催化性能方面的内容；第 5 章介绍了稀土掺杂二氧化钛和氮化碳复合催化材料制备、结构表征及有机污染物催化性能方面的内容；第 6 章介绍了四氧化三铁、氮化碳和二氧化钛复合催化材料制备、结构表征及有机污染物催化性能方面的内容；第 7 章介绍了印迹型四氧化三铁、氮化碳和二氧化钛复合催化材料制备、结构表征及药物污染物催化性能方面的内容；第 8 章介绍了印迹型碘氧化铋和氮化碳复合催化材料制备、结构表征及药物污染物催化性能方面的内容。本书的完成，离不开多年在实验室工作过的博士研究生和硕士研究生们坚持不懈的努力，在此对他们表示感谢。

本书可以作为研究生教学参考书，也可以作为药学、材料科学、化学工程及环境科学与工程研究人员的科研参考用书。由于著者水平有限，加之时间较为仓促，书中疏漏之处在所难免，恳请广大读者批评指正。

著者

2024 年 5 月

目录
CONTENTS

第1章 绪论

1.1 半导体材料简介

半导体材料（semiconductor material）是一种导电能力介于导体与绝缘体之间的物质，在绝对零度下无任何导电能力，但其导电性随温度升高而上升，且对光照等外部条件和材料的纯度与结构完整性等内部条件十分敏感，具有良好的应用价值。半导体材料是一类具有半导体性能，用来制作半导体器件的电子材料。常用的重要半导体的导电机理是通过电子和空穴这两种载流子来实现的，因此相应的有 n 型和 p 型之分。半导体材料通常具有一定的禁带宽度，其导电特性易受外界条件（如光照、温度等）的影响。不同导电类型的材料是通过掺入特定杂质来制备的。杂质对材料性能的影响尤大，因此半导体材料应具有很高的纯度，这就不仅要求用来生产半导体材料的原材料应具有相当高的纯度，而且还要求超净的生产环境，以期将生产过程的杂质污染降至最低。由于半导体材料大部分都是晶体，导致所制备的器件对材料的晶体完整性有较高要求，且对材料的各种电学参数的均匀性也有严格的要求。半导体材料按化学组成可分为元素半导体、无机合成物半导体、有机合成物半导体和非晶态与本征半导体。

(1) 元素半导体

元素半导体是指单一元素构成的半导体，是由相同元素组成的具有半导体特性的固体材料，容易受到微量杂质和外界条件的影响而发生变化。目前，只有硅、锗半导体性能较好，应用较为广泛。硅主要用来制作高纯半导体、耐高温材料、光导纤维通信材料、有机硅化合物、合金等，而锗主要用于制作光纤、聚合催化剂、电子和太阳能器件等。

(2) 无机合成物半导体

无机合成物主要是通过单一元素构成半导体材料，当然也有多种元素构成的半导体材料，主要有ⅠB 族与ⅤA、ⅥA、ⅦA 族，ⅡB 族与ⅣA、ⅤA、ⅥA、ⅦA 族，ⅢA 族与ⅤA、ⅥA 族，ⅣA 族与ⅣA、ⅥA 族，ⅤA 族与ⅥA 族，

ⅥA族与ⅥA族结合的化合物，但受到元素的特性和制作方式的影响，不是所有的化合物都能够符合半导体材料的要求。无机合成物半导体主要运用于高速器件，InP制造的晶体管速度比其他材料都高，主要运用于光电集成电路、抗核辐射器件。

(3) 有机合成物半导体

有机合成物半导体是由有机分子组成的材料，特殊的结构让其具有导电性，其导电性能介于导体与绝缘体材料之间。这一半导体和以往的半导体相比，具有成本低、溶解性好、材料轻、加工容易的特点。可以通过控制分子的方式来控制导电性能，应用的范围比较广，主要应用于有机薄膜、有机照明等方面。

(4) 非晶态半导体

又被称为无定形半导体或玻璃半导体，属于半导电性的一类材料。非晶态半导体和其他非晶材料一样，都是短程有序、长程无序结构。它主要通过改变原子相对位置和原有的周期性排列，形成非晶硅。晶态和非晶态主要区别于原子排列是否具有长程序。非晶态半导体主要应用于工程类，在光吸收方面具有良好效果，主要运用到太阳能电池和液晶显示屏中。

(5) 本征半导体

不含杂质且无晶格缺陷的半导体称为本征半导体。在极低温度下，半导体的价带是满带，受到热激发后，价带中的部分电子会越过禁带进入能量较高的空带，空带中存在电子后成为导带，价带中缺少一个电子后形成一个带正电的空位，称为空穴。电子和空穴在外电场作用下产生定向运动而形成宏观电流，分别称为电子导电和空穴导电。这种由于电子-空穴对的产生而形成的混合型导电称为本征导电。电子-空穴对复合时释放出的能量变成电磁辐射（发光）或晶格的热振动能量（发热）。在一定温度下，电子-空穴对的产生和复合同时存在并达到动态平衡，此时半导体具有一定的载流子密度，从而具有一定的电阻率。温度升高时，将产生更多的电子-空穴对，载流子密度增加，电阻率减小。无晶格缺陷的纯净半导体的电阻率较大，实际应用不多。

半导体原料共经历了三个发展阶段：第一代半导体材料是“元素半导体”，兴起于20世纪50年代，典型如硅基和锗基半导体，其中以硅基半导体技术较为成熟，应用也较广泛，一般用硅基半导体来代替元素半导体的名称。20世纪90年代以来，随着移动通信的飞速发展、以光纤通信为基础的信息高速公路和互联网的兴起，以砷化镓、磷化铟为代表的第二代半导体材料开始崭露头角。第二代半导体材料是化合物半导体，如砷化镓（GaAs）、锑化铟（InSb）；GaAsAl、GaAsP；还有一些固溶体半导体，如Ge-Si、GaAs-GaP；玻璃半导体（又称非晶态半导体），如非晶硅、玻璃态氧化物半导体；有机半导体，如酞菁、酞菁铜、聚丙烯腈等。第二代半导体材料主要用于制作高速、高频、大功率以及发光电子器件，是制作高性能微波、毫米波器件及发光器件的优良材料。因信息高速公路和互联网的兴起，还被广泛应用于卫星通信、移动通信、光通信和导航等领域。如相比于第一代半导体，砷化镓（GaAs）能够应用在光电子领域，尤其在红外激光器和高亮度的红光二极管等方面。

第三代半导体材料即宽禁带半导体，以碳化硅和氮化镓为代表，具备高频、高效、高功率、耐高压、耐高温、抗辐射能力强等优越性能，切合节能减排、智能制造、信息安全等国家重大战略需求，是支撑新一代移动通信、新能源汽车、高速轨道列车、能源互联网等产业自主创新发展和转型升级的重点核心材料和电子元器件，已成为全球半导体技术和产业竞争焦点。美国早在1993年就已经研制出第一种氮化镓器件，而我国最早的研究队伍——中国科学院半导体研究所在1995年也启动了该方面的研究，并于2000年研制出HEMT（高电子迁移率晶体管）结构材料。与第一代和第二代半导体材料相比，第三代半导体材料具有更宽的禁带宽度（>2.2eV）、更高的击穿电场、更高的热导率、更高的电子饱和速率及更高的抗辐射能力，更适合于制作高温、高频、大功率及抗辐射器件，可广泛应用在高压、高频、高温以及高可靠性等领域，包括射频通信、雷达、卫星、电源管理、汽车电子、工业电力电子等。

1.2　半导体光催化材料研究进展

光催化技术是从20世纪70年代逐步发展起来的一门新兴环保技术。它根据半导体氧化物材料在光照下表面能受激活化的特性，达到氧化分解有机物、还原重金属离子、杀灭细菌和消除异味等效果。半导体光催化技术作为一种环保的新技术，在降解污染物方面具有诸多优点，如：降解没有选择性，不会产生二次污染；可以降低能量和原材料的消耗；光催化剂具有廉价、无毒、稳定以及可以重复利用等特点。因此，该技术在抗菌、防腐、净化空气、改善水质及优化环境等方面具有巨大的社会效益和经济效益，以及广阔的应用前景。

半导体光催化的基本原理是用半导体作光催化材料（或与某种氧化剂结合），在特定波长的光辐射下在半导体表面产生氧化性极强的空穴或反应性极高的羟基自由基。这些氧化活性离子与有机污染物、病毒、细菌发生强烈的破坏作用，导致有机污染物被降解，病毒与细菌被致灭，从而达到降解环境污染物净化环境（水、空气）和抑菌杀菌的作用。目前发现的有光催化活性的半导

体材料有 TiO_2、ZnO、α-Fe_2O_3、ZnS、CdS、WO_3、SnO_2、$SrTiO_3$ 等，其中 TiO_2 被广泛应用，其廉价、易得、无毒无害、化学性质稳定、抗光腐蚀性强、能够形成高氧化还原能力物质，非常适合于环境催化应用。

半导体光催化技术在污染物的处理中具有显著的效果，它可以大大提高处理效率，并有效降低污染源的处理成本，为污染源的处理提供一种安全、有效、经济的技术手段。然而，由于半导体催化剂结构的复杂性，以及光催化技术本身存在的局限性，使得半导体光催化技术的应用受到了一定的限制。为了进一步提高半导体光催化技术的应用效果，我们需要开展多种研究以提高催化剂的催化性能，如开发新型的催化剂、改善半导体光催化剂的反应机理和探索多种可行的光催化反应工艺等。因此本章总结了当前比较成熟的几种半导体光催化材料的研究进展。

1.2.1 TiO_2 光催化材料

作为一种常见的半导体材料，TiO_2 能携带 3.2eV 的能量，在紫外线的照射下，表层电子溢出，到达导带，则会产生电子-空穴对，电子和空穴具有的强氧化还原能力可以加快光降解反应的发生。但随着反应的进行，电子-空穴对的高重组率等问题严重影响 TiO_2 的光催化性能，面对这些缺陷，科研人员对如何制备出高性能的 TiO_2 进行了大量的研究。经研究发现，多种改性方法均能有效提高 TiO_2 的光催化性能。

Li 等[1] 采用溶胶-凝胶法制备了不同系列 CdTe 复合的 TiO_2 纳米催化剂，结果表明，复合后的催化剂可见光响应范围被拓宽，光照 4h 后将染料完全降解。梁文珍等[2] 利用溶胶-凝胶法和常压干燥法将硅气凝胶掺杂进 TiO_2 溶胶中制备出 TiO_2/SiO_2 气凝胶复合光催化剂。结果表明，掺杂后的光催化剂对 2,4-二硝基酚溶液的吸附率和光降解率明显优于纯 TiO_2 样品，且复合之后的催化活性被大大提高。Zhu 等[3] 结合溶胶-凝胶法和水热法合成了 Cr 掺杂的 TiO_2，通过 XPS（X 射线光电子能谱）和 AAS（原子吸收光谱）测试，表明 Cr^{3+} 先被吸附在 TiO_2 凝胶的表面，然后进入 Ti^{4+} 空位中或在水热处理时于 TiO_2 结晶过程中替代 Ti^{4+}，逐渐扩散到大部分 TiO_2 晶粒中。Cr^{3+} 的掺杂促进电荷分离，降低 TiO_2 的禁带宽度，增强了 TiO_2 在可见光下的光催化活性。Liu 等[4] 通过溶胶-凝胶法制备了具有相互连接纳米管的介孔 TiO_2/WO_3 中空纤维，表征了该纤维的结构和光学性能，研究了该纤维对亚甲基蓝的光催化降解性能，结果显示具有中空结构的 TiO_2/WO_3 中空纤维比纯 TiO_2 纤维具有更高的比表面积和更低的带隙能，其亚甲基蓝光降解性能比 TiO_2 和

WO_3 纤维以及 P25 粉末更好。

1.2.2 $g\text{-}C_3N_4$ 光催化材料

类石墨相（$g\text{-}C_3N_4$）是一种优良的半导体，对载流子的运输能力强，在光催化领域有广泛应用。钒酸钐作为少见的电子结构和中等宽度的带隙，可以显著提高 $g\text{-}C_3N_4$ 在可见光范围内的光催化活性。在光催化领域，此异质结复合物材料在治理水污染方面有很大成效。付孝锦等[5] 用钒酸钠和聚乙烯吡咯烷酮溶于乙醇、丙三醇、三乙醇胺的混合液制备了 $SmVO_4/g\text{-}C_3N_4$ 异质结复合物催化剂，发现其负载量在 8%时 $SmVO_4/g\text{-}C_3N_4$ 异质结复合物催化剂可以达到最高的催化活性，主要应用于水体净化与工业水污染净化。Xu 等[6] 将 $g\text{-}C_3N_4$ 材料剥落并质子化，然后通过使用 $VO(acac)_2$ 作为负载钒的载体，合成的材料通过多种技术进行了表征。结果显示，负载钒的 $g\text{-}C_3N_4$ 催化剂表现出比原始 $g\text{-}C_3N_4$ 更高的催化活性。Huang 等[7] 采用金属离子与 $g\text{-}C_3N_4$ 复合并应用于光催化合成环氧化合物和烯类化合物。实验结果显示了光催化合成有机物对目标产物具有很好的选择性，由于其反应只利用太阳能作为光源，这为有机合成提供了绿色节能的途径。Costa 等[8] 合成了纳米片状 $g\text{-}C_3N_4$ 并应用于光催化降解甲基橙和罗丹明 B(RhB) 溶液，实验结果表明，$g\text{-}C_3N_4$ 的光生电子对甲基橙的降解起主导作用，而 RhB 的降解主要依靠光生空穴，结果显示纳米片状的 $g\text{-}C_3N_4$ 催化活性更高。

1.2.3 CdS 光催化材料

硫化镉（CdS）是一种典型的Ⅱ-Ⅵ半导体，其带隙为 2.4eV，在可见光区域表现出优异的光化学性质和量子效率，不仅对波长小于 516nm 的可见光具有良好的吸收性能，而且吸收可见光后产生的光生载流子具有较长的寿命，是光催化制氢的各种硫化物中最突出的半导体光催化剂之一。但由于 CdS 半导体自身存在比表面积小、光生载流子极易复合和光腐蚀等缺陷，导致实际应用受到限制，因此要对 CdS 半导体进行改性。Xiang 等[9] 设计了一种 $Cu/CdS/MnO_x$(CSM) 异质结构光催化剂，其不仅表现出优异的光催化性能和稳定性，而且还通过助催化剂实现了光载体的空间分离。优化后的 1% CSM 光催化剂的最大 H_2 析出率为 5965.03μmol/(h·g)，大约是纯 CdS 的 5.3 倍。刘平等[10] 通过 Mo 离子掺杂引入杂质能级，在晶格中产生空位，形成电子阱，从而提高 CdS 对可见光的响应范围，提升载流子的迁移速率，并提供更多的活性位点，提高 CdS 的光催化活性。有文献报道，由 ZnO 纳米棒和 CdS 组成的二元异质结光催化体系能有效吸收可见光，提高电子-空穴对的分离效率和促进光催化活性的提升。Liu 等[11] 用水热法将花状 CdS 涂在 ZnO 纳米棒表面形成了核壳结构，CdS 修饰过后的 ZnO 的（001）晶面具有更高的电子传导和分离性能。Bai 等[12] 用化学法将 CdS 纳米颗粒负载于 ZnO 纳米棒表面构建了 CdS/ZnO 二元异质结，该催化剂的电子-空穴对分离效率较高，对 Cr(Ⅵ)、亚甲基蓝分别展现出良好的光催化还原、降解活性。

1.2.4 Fe_2O_3 光催化材料

Fe_2O_3 对光的吸收能力较弱，其光催化效率很低，所以改善 Fe_2O_3 材料在可见光区域的吸收能力可以有效地提高 Fe_2O_3 的光催化活性。光生电子-空穴对的分离能力也是影响 Fe_2O_3 材料光催化活性的重要因素。Fe_2O_3 材料在可见光的激发下能产生电子-空穴对，但是该电子-空穴对存在时间较短，很容易复合，使材料的光催化活性降低。因此，抑制光生电子-空穴对的复合是提高 Fe_2O_3 材料光催化活性的有效手段。Yu 等[13] 利用草酸为蚀刻剂，采用原位水热法合成了分散性良好的海胆状 Fe_3O_4 微球，材料表面羟基的增多、比表面积和孔尺寸的提升优化了材料对 Pb^{2+} 和 Cr^{5+} 的吸附性能。Mansour 等[14] 利用共沉淀法制备了不同锡掺杂比例的纳米 α-Fe_2O_3。随着 Sn 掺杂量的增加，拓展了对光的吸收范围，其晶粒尺寸和禁带宽度也逐渐减小，且 MB（亚甲基蓝）光催化降解速率也随之升高。证明了适当的 Sn 的掺杂能够在导带中引入一条新能级，从而降低材料的禁带宽度。Lin 等[15] 分别使用 KIT-6 模板法和聚乙烯醇还原法将 Au 和 Pd 负载在 α-Fe_2O_3 的表面，金属异质结的生成加快了光生电子的有效分离和迁移，并增强了可见光的吸收，明显提升了 α-Fe_2O_3 光催化降解丙酮的效果。

1.2.5 聚合物半导体光催化材料

目前研究较多的半导体光催化材料多为金属或金属氧化物的半导体。例如二氧化钛、氧化锌、三氧化二铁等。然而由于二氧化钛其带隙较宽，只能对紫外线有响应，而三氧化二铁等催化剂的禁带较窄，其氧化能力较弱，故学者们对半导体的改性技术的眼光转变到聚合物半导体材料上。聚苯胺具有良好的防腐蚀性、稳定性且无毒无害而被广泛应用。Liu 等[16] 成功合成了一种新型的间接双 Z 型 BiOBr-GO-聚苯胺体系，由表征结果分析可知，GO 和聚苯胺的存在明显扩大了光谱响应范围并提高了量子产率，且 BiOBr-GO-聚苯胺在降解无色有机化合物（苯酚）方面表现出优异的光催化活性和出色的光稳定性。

Deng 等[17] 通过调节介孔 TiO_2(MT) 表面聚苯胺（PANI）的含量，研究了聚苯胺（PANI）厚度对六价铬离子活性和光催化还原稳定性的影响，实验结果显示，在辐照条件下，六价铬离子的最大还原率为 100%，最大反应速率达到 0.62min^{-1}。聚噻吩也是一种常见的与金属氧化物复合的有机聚合物。因为其禁带宽度较小，并且电导率高，所以可以成为与二氧化锡和二氧化钛复合的理想材料。王红娟等[18] 用聚噻吩与二氧化锡成功制备了含有共轭结构的聚噻吩/二氧化锡材料，并成功在光反应条件下降解甲基橙，发现降解效果有明显提高。敏世雄等[19] 在聚噻吩与二氧化钛光催化反应的研究中成功得到了聚噻吩/二氧化钛复合光催化材料，并最终测得其在对苯酚的光催化降解过程中表现出较高的光催化活性。

参考文献

[1] Li Y S，Jiang F L，Xiao Q，et al. Enhanced photocatalytic activities of TiO_2 nanocomposites doped with water-soluble mercapto-capped CdTe quantumdots. Applied Catalysis B Environmental，2010，101 (1)：118-129.

[2] 梁文珍，王慧龙，姜文凤．太阳光下 TiO_2/SiO_2 气凝胶复合光催化剂光催化降解 2,4-二硝基酚．环境科学学报，2011，31 (6)：1162-1167.

[3] Zhu J，Deng Z. Hydrothermal doping method for preparation of Cr^{3+}-TiO_2 photocatalysts with concentration gradient distribution of Cr^{3+}. Applied Catalysis B：Environmental，2006，62 (3-4)：329-335.

[4] Liu K，Yang C. Mesoporous TiO_2/WO_3 hollow fibers with interior interconnec tednanotubes for photocatalytic application. Journal of Materials Chemistry A，2014，2：5387-5395.

[5] 付孝锦，张丽，胡玉婷，等．$SmVO_4$/g-C_3N_4 异质结复合物对罗丹明 B 光催化性能研究．现代化工，2019，(1)：144-149.

[6] Xu J，Chen Y，Hong Y，et al. Direct catalytic hydroxylation of benzene to phenol catalyzed by vanadia supported on exfoliated graphitic carbon nitride. Applied Catalysis A：General，2018，549：31-39.

[7] Huang Z，Li F，Chen B，et al. Well-dispersed g-C_3N_4，nanophases in mesoporous silicachannels and their catalytic activity for carbon dioxide activation and conversion. Applied Catalysis B Environmental，2013，136-137 (21)：269-277.

[8] Costa M C，Mota S，Nascimento R F，et al. Anthraquinone-2,6-disulfonate (AQDS) as acatalyst to enhance the reductive decolourisation of the azo dyes Reactive Red 2 and Congo Red under anaerobic conditions. Bioresource Technology，2010，101 (1)：105-110.

[9] Xiang D Z，Hao X Q，Jin Z L. Cu/CdS/MnO_x nanostructure-based photocatalyst for photocatalytic hydrogen evolution. ACS Applied Nano Materials，2021，4 (12)：13848-13860.

[10] 刘平，江灿琨，高帆，等．一种阳离子置换法制备 Mo 掺杂 CdS 光催化剂的方法：CN110975 890A [P]. 2020-04-10.

[11] Liu Y，Dong R，Ma Y，et al. Improved photocatalytic hydrogen evolution by facet engineering of core-shell structural CdS@ZnO. International Journal of Hydrogen Energy，2019，44 (47)：25599-25606.

[12] Bai L，Li S J，Ding Z J，et al. Wet chemical synthesis of CdS/ZnO nanoparticle/nanorod hetero-structure for enhanced visible light disposal of Cr(Ⅵ) and methylene blue. Colloids and Surfaces A：Physicochemical and Engineering Aspects，2020，607：125489.

[13] Yu Y，Li Y，Wang Y，et al. Self-template etching synthesis of urchin-like Fe_3O_4 microspheres for enhanced heavy metal ions removal. Langmuir，2018，34 (32)：9359-9365.

[14] Mansour H，Bargougui R，Autret C，et al. Co-precipitation synthesis and characterization of tin-doped α-Fe_2O_3 nanoparticles with enhanced photocatalytic activities. Journal of Physics and Chemistry of Solids，2018，114：1-7.

[15] Lin H，Liu Y，Deng J，et al. Au-Pd/mesoporous Fe_2O_3：highly active photocatalysts for the visible-light-driven degradation of acetone. Journal of Environmental Sciences，2018，70：74-86.

[16] Liu X Q，Cai L. A novel doubleZ-scheme BiOBr-GO-polyaniline photocatalyst：study on the excellent photocatalytic performance and photocatalytic mechanism. Applied Surface Science，2019，483：875-887.

[17] Deng X M，Chen Y，Wen J Y，et al. Polyaniline-TiO_2 composite photocatalysts for light-driven hexavalent chromium ions reduction. Science Bulletin，2020，65 (2)：105-112.

[18] 王红娟，阮丽君，李文龙．聚噻吩/SnO_2 复合材料的光化学制备及光催化性能．材料导报，2015，6：31-34.

[19] 敏世雄，王芳，李国良，等．聚噻吩敏化 TiO_2 复合材料的制备和光催化性能．精细化工，2009，12：1154-1158.

第2章 二氧化钛和氮化碳基光催化半导体材料基础

2.1 二氧化钛材料概述

2.1.1 二氧化钛的结构和性质

作为一种常见的半导体材料，TiO_2 在自然界中存在三种晶体结构，分别是板钛矿型（brookite）、锐钛矿型（anatase）和金红石型（rutile）。其中板钛矿型 TiO_2 的晶体结构不稳定，在自然界中存在较少；锐钛矿型 TiO_2 较板钛矿稳定，自然界中存在较多。

晶体结构是决定 TiO_2 光催化性能的主要原因，如图 2-1 所示，三种结构的共同特点为：都是由 TiO_6 八面体作为基本结构单元；而区别在于基本单位的畸变程度以及共用的是边缘还是顶点。锐钛矿型、金红石型都属于四方晶系，前者每个八面体与周围 8 个八面体相连，其中 4 个八面体共边，另外 4 个共顶角；而金红石型结构中每个八面体与周围 10 个八面体相连，其中有 2 个八面体共边，另外 8 个八面体共顶角，而连接方式的不同导致 TiO_2 三种晶型的材料性能差异较大[1]。

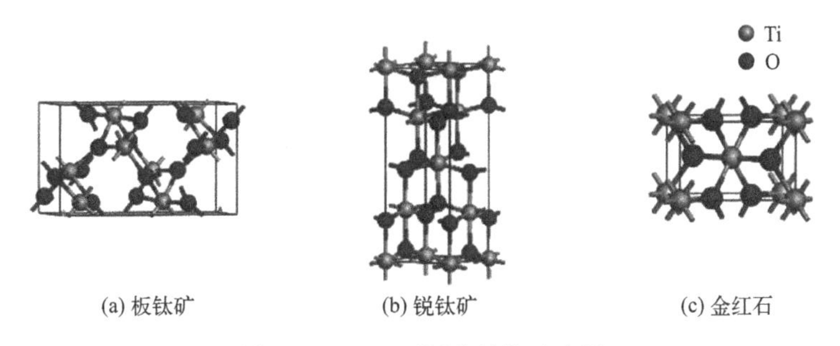

图 2-1　TiO_2 不同的结构示意图

结构上的差异导致两种晶型具有不同的电子能带结构以及质量密度，锐钛矿型 TiO_2 的禁带宽度（3.2eV）大于金红石型（3.0eV），而质量密度小于金红石型。在光催化性能方面，锐钛矿型对紫外光区的吸收能力比金红石型低，而且金红石型颗粒较大，比表面积降低，因此锐钛矿型光催化活性要比金红石型高。随着温度的升高，板钛矿型和锐钛矿型逐渐向金红石型转变，金红石型具有热力学稳定性，是三种晶型中最稳定的晶体结构。

TiO_2 为 n 型半导体，具有良好的化学稳定性、低毒性、经济性和良好的紫外光响应能力。其相对密度与结晶形态、粒径大小、化学组分相关。板钛矿型 TiO_2 密度为 4.12～4.23g/cm^3，锐钛矿型 TiO_2 密度为 3.8～3.9g/cm^3，金红石型 TiO_2 密度为 4.2～4.3g/cm^3。

金红石型是 TiO_2 最稳定的结构，并且金红石型 TiO_2 比锐钛矿型结构更加致密，因此它拥有更高的介电常数、硬度、密度以及折射率。金红石型 TiO_2 在大多数温度和压力下都比较稳定，由于较大的原子密度，使其在陶瓷、涂料、纺织等领域有很好的应用。

由于锐钛矿型与金红石型 TiO_2 对太阳光中的紫外线有着良好的响应能力，常被应用于光催化反应中，在降解环境有机污染物、水解制氢、太阳能应用等环保、能源领域有着非常好的应用前景。

2.1.2 二氧化钛纳米管的制备方法

根据已报道的研究，纳米管阵列制备方法主要有水热合成法、模板合成法以及阳极氧化法等。

2.1.2.1 水热合成法

水热合成法是指以不锈钢高温反应釜为密闭容器，创造高温高压条件，使难溶或不溶的物质溶解并析出结晶的方法。自 1988 年 Kasuga 等[2] 将 TiO_2 粉末与碱溶液混合，在聚四氟乙烯内衬的水热釜中反应合成了 TiO_2 纳米管后，水热法制备 TiO_2 纳米管成为一种热门工艺。影响水热法制备 TiO_2 纳米管的形貌与性质的因素主要有：原料粉体的性质、碱溶液的性质、水热反应的温度和反应时间、升温速率等等。水热法能够制备出结晶性好、颗粒均匀、纯度高的纳米管，而且制备工艺简单、成本较低，易于实现大规模生产。然而水热法也存在着一些缺点：反应所需较大压强和较高温度，对装置要求较高，水热反应周期长且需要使用较高浓度的碱溶液，在密闭环境下反应无法观察内部的具体变化。

关于水热法制备 TiO_2 的研究有很多，Tian 等[3] 在 95～160℃，在 NaOH

溶液中制备了管长可达 10μm，管径 12nm 的 TiO_2 纳米管，Yu 等[4] 在 150℃下，以 P25 为原料制备了管长数百纳米、管径 7～15nm 的 TiO_2 纳米管。2005 年 Wu 等[5] 使用改进后的水热法-微波水热法，将原料 TiO_2 加入 NaOH 溶液后微波加热成功制备了 TiO_2 纳米管。

2.1.2.2 模板合成法

模板合成法指使用特定形貌的模板，将原料组装到模板孔洞中从而形成特殊形貌的纳米材料。自 20 世纪 90 年代发展以来，常作为纳米管和纳米线等一维纳米材料的合成方法。常用的模板法主要有三种：一种是使用孔洞有序排列的氧化铝模板，另一种是孔洞无序的高分子模板，第三种是多孔硅模板。1996 年 Hoyer[6] 首次使用多孔的氧化铝模板，制备了形貌均一的 TiO_2 纳米管。使用模板法制备的 TiO_2 纳米管形貌良好、排布整齐，但是制备工艺复杂，且在后期处理中必须去除模板，有可能会损坏制备的纳米管，这些问题限制了模板法的应用。目前制备 TiO_2 纳米管最常用的模板有：多孔氧化铝模板、表面活性剂模板、聚合物模板。

2.1.2.3 阳极氧化法

阳极氧化法是指在电解液环境中，Ti、Pt 或石墨等材料为阳极、阴极，在外加电压作用下，在 Ti 合金上生成一维排列高度有序的 TiO_2 纳米管阵列。阳极氧化法制备的纳米管阵列可以通过控制反应条件，如电解液浓度、阳极氧化电压、阳极氧化时间、温度等，来实现不同管径、管长与形貌。1999 年，Zwilling 等[7] 首次在含氟电解液中，使用阳极氧化法在 Ti 基底上制备了 TiO_2 纳米薄膜。Grimes 课题组[8-9] 在 0.5%（质量分数）的 HF 电解液中制备出了 TiO_2 纳米管阵列，并在之后的研究中探讨制备条件的改变对纳米管形貌的影响。

目前采用的阳极氧化法通常采用双电极，以 Ti 片为阳极，Pt 片为阴极，在电解液中通直流电发生反应，在这期间发生一系列物理、化学反应，通常认为这一过程有三个阶段，公式(2-1) 至式(2-4) 代表这几个阶段的反应：

$$H_2O \longrightarrow 2H^+ + O^{2-} \tag{2-1}$$

$$Ti \longrightarrow Ti^{4+} + 4e^- \tag{2-2}$$

$$Ti^{4+} + 2O^{2-} \longrightarrow TiO_2 \tag{2-3}$$

$$TiO_2 + 6F^- + 4H^+ \longrightarrow TiF_6^{2-} + 2H_2O \tag{2-4}$$

阳极氧化反应中，最初的阶段是 H_2O 在电压作用下电离产生 H^+ 和 O^{2-}，Ti 片也在电解质的作用下分解产生 Ti^{4+}，在 Ti 表面快速生成 TiO_2 氧化层，TiO_2 导电性较金属 Ti 弱，导致电解液中电流迅速变弱。第二阶段，致密的氧化层逐渐变厚，随着电场强度的增大，膜内的内应力也逐渐加强，在内应力作用下氧化膜形成凹陷；同时在电解液中 F^- 和电场作用下，氧化层的凹陷溶解并逐渐加深形成孔洞。

第三阶段随着氧化时间的增长，氧化层上的孔洞继续加深形成管状结构，当氧化膜的生成与溶解速率达到平衡时，电流稳定下来并达到最小值，纳米管的管径、管长不再变化。图 2-2 展示了阳极氧化法制备 TiO_2 纳米管形成过程。阳极氧化体系由双电极、电解液、稳压直流电源构成，在制备 TiO_2 纳米管阵列时，温度、电压、电解液体系都是影响纳米管形貌的因素。

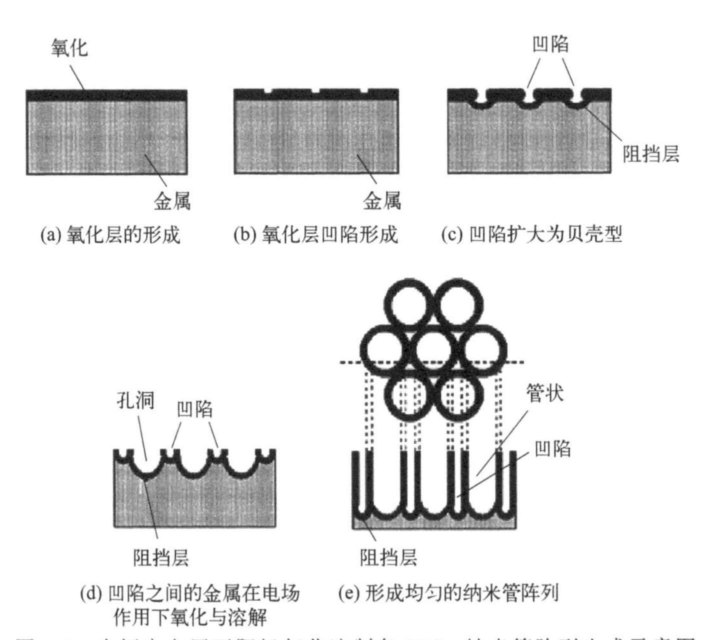

图 2-2　在恒定电压下阳极氧化法制备 TiO_2 纳米管阵列生成示意图

过去 HF 电解液制备的 TiO_2 纳米管，受电解液中高浓度的 F^- 和 H^+ 的影响，在很短的时间内 TiO_2 溶解速率就与氧化层生长速率达到平衡，使纳米管的管长受到限制。选择合适的电解液体系是制备 TiO_2 纳米管阵列的重要因素，目前电解液主要分为两大类：无机溶剂电解液体系和有机溶剂电解液体系。第一类以含氟的无机水溶液为电解液，电压控制在 5～25V，pH≤5，使用硝酸、乙酸、磷酸等调节反应体系 pH，制备的 TiO_2 纳米管阵列管径为 15～140nm，管长最多可达几微米。电解液的 pH 影响着 TiO_2 纳米管的生长速度，在 pH≤1 的强酸溶液中，TiO_2 纳米管的溶解速率与氧化层生长速率达到平衡时，继续增加阳极氧化反应时间，纳米管的长度、管径等形貌也不会改变，通常情况下管长小于 500nm。根据此原理，适当改变电解液的 pH 值，减小 TiO_2 溶解速率，从而延长达到溶解速率和生长速率平衡的时间，得到尺寸更长的 TiO_2 纳米管。Macak 等在 Na_2SO_4、NaF 的电解液中制备了孔径 100nm、长度 2.5μm 左右的 TiO_2 纳米管，相比 HF 电解液制备的纳米管，长度有明显提升。Ghicov 等在 $(NH_4)H_2PO_4$、NH_4F 组成的电解液中，在不同氧化时间下制备了不同高度的 TiO_2 纳米管，实验证明阳极氧化时间可以改变 TiO_2 纳米管的长度而不改变孔径。

第二类是含氟有机溶剂电解液，近年来各种有机电解液的发展使 TiO_2 纳米管长度进一步提升，可达数百微米。Macak 等[10] 在含丙三醇的 NH_4F 溶液中使用阳极氧化法制备了管长约 7μm 的 TiO_2 纳米管，孔径可达 40nm。Prakasam 等[11] 在含 0.3%（质量分数）NH_4F、2%（体积分数）H_2O 的乙二醇溶液中合成了 720μm 长的 TiO_2 纳米管薄膜。Liu 等[12] 通过阳极氧化法，利用甲酰胺电解液体系制备了不同长度的 TiO_2 纳米管，并研究了光电催化降解苯酚的性能，400min 内光可催化降解 76%的苯酚溶液。作者认为与其他形态的纳米 TiO_2 相比，由于 TiO_2 纳米管具有更高的比表面积以及量子阱效应，进而表现出更强的光催化活性，并且降解率与纳米管管长有着直接的联系，使其在光催化降解有机污染物领域的研究备受关注。

目前常用的有机溶剂电解液分别为乙二醇、丙三醇、二甲基亚砜、甲酰胺，其他还包括异丙醇、甲基甲酰胺、二乙二醇等。有机溶剂作为电解液具有较高黏度，可以在阳极氧化过程中抑制电解液中局部离子浓度的波动和 pH 的大幅度变化，从而延长溶解速率和生长速率到达平衡的时间，有效地增长 TiO_2 纳米管阵列，具有较高的应用价值。

2.1.3　二氧化钛的改性方法

与传统方法制备的 TiO_2 一样，TiO_2 纳米管阵列仍然保留固有缺陷，即禁带宽度较宽，不能有效地吸收利用太阳光中占大部分的可见光；同时光生电子与空穴容易复合而导致光量子效率较低，阻碍其大规模应用。通过对其改性增强光催化剂活性，可以在一定程度上拓宽其应用范围。虽然有关于 TiO_2 的改性方面已经做得很多，但阳极氧化法制备的阵列式 TiO_2 纳米管是连接于金属 Ti 基底的，对于掺杂和复合并不像粉末那么容易，所以应当选择适当的改性方法。

2.1.3.1　贵金属沉积

根据已报道的研究可知：贵金属如 Pt、Cu、Ag、Au、Pd 等能够有效提升半导体光催化的能力。这是由于它们的费米能级相比于 TiO_2 较低，光激发电子将从费米能级较高的 n 型半导体即 TiO_2 转移到费米能级较低的贵金属上，匹配二者的费米能级，从而降低空穴与电子复合的可能性，提高了能量转换效率。一般 TiO_2 表面沉积的金属密度较小，以纳米级原子簇形式存在时，不会对光吸收产生影响；当金属粒子分散密度过高时，会降低光的吸收效率从而降低光催化活性。而且在一定波长的光激发下，在 TiO_2 纳米管表面的贵金属纳米粒子会产生表面等离子体共振（surface plasmon resonance，SPR）吸收效应，从而提升半导体的光电转化能力以及对可见光的吸收效率。

Marelli 等[13] 使用金属气相合成法，将平均粒径小于 10nm 的 Au 纳米粒子高度分散在 TiO_2 纳米管上，光催化降解甲苯速率是原始 TiO_2 纳米管的 3 倍。Low 等[14] 使用电化学沉积法将 Ag 纳米粒子沉积到 TiO_2 纳米管内部空间，增强了银纳米粒子的 SPR 吸收效应，提高了 TiO_2 纳米管光催化还原 CO_2 的性能。Li 等[15] 在不同 Ag 掺杂浓度下制备了 Ag-TiO_2，当 Ag 浓度为 0.8%时，对可见光表现出最强的响应能力。Min 等[16] 使用光还原的方法，将 Pt 纳米粒子负载到 TiO_2 纳米管上，发现制备的 Pt-TiO_2 拥有较大的表面积。Wen 等[17] 将 Au 离子沉积到 TiO_2 纳米管上并还原成 Au 纳米粒子，证实混晶结构的存在对纳米管的光催化性能有提升的效果。Kalarivalappil 等[18] 使用负载 Pd 的改性二氧化钛纳米管催化还原硝基苯，实验表明 1% Pd 负载量的 TiO_2 纳米管光催化效率最高，且 TiO_2 纳米管的形貌和晶相对光催化活性起着重要的作用。通过贵金属沉积改性的 TiO_2 纳米管光催化活性均有不同程度的提升，然而 Au、Pt 等贵金属材料价格较高，与其他贵金属材料相比，使用 Ag 沉积改性的 TiO_2 纳米管活性较强，较为经济实用。

2.1.3.2 金属离子掺杂

金属离子掺杂包括过渡金属离子掺杂与稀土离子掺杂，是指通过物理或化学方法，将金属离子注入半导体 TiO_2 晶体结构内部，新的带电电荷使半导体表面产生缺陷或改变晶格类型，有利于抑制半导体内部光生空穴、光生电子的结合，从而提升光催化性能；此外，金属离子掺杂能够在 TiO_2 的带隙中引入杂质能级，这就使得价带电子受到光激发之后，首先跃迁到杂质能级上再跃迁到 TiO_2 的导带上，降低了电子跃迁所需的能量，从而使得半导体 TiO_2 的光吸收带从紫外光区向可见光区移动，提高了太阳光的利用率。

常见的应用于改性 TiO_2 纳米管的过渡性金属离子有：Fe^{3+}、Cu^{2+}、Co^{2+}、Ni^{2+}、Cr^{3+}、Zn^{2+} 等。Sun 等[19] 在不同浓度 Fe^{3+} 的 HF 电解液中，使用阳极氧化法制备出掺杂不同量 Fe^{3+} 的改性 TiO_2 纳米管，改性后的

光催化剂性能得到提升，而且 TiO_2 光吸收带拓展到可见光区域。Elsellami 等[20] 使用溶胶凝胶法，将不同量 Ag^+ 掺杂到 TiO_2 上，在银含量为1%（质量分数）时，达到最佳的光催化活性。

稀土金属拥有丰富的能级，根据其4f层电子的跃迁特性，稀土离子进入 TiO_2 中容易引起晶格畸变与氧缺陷，可以提升光催化剂的活性，而且与过渡性金属离子一样，引入的杂质能级能够扩大 TiO_2 的光吸收区域使其红移。Parnicka 等[21] 使用水热法制备了 Nd^{3+} 掺杂的纳米颗粒，稀土离子在其中均匀分布，制备的改性光催化剂能够在可见光条件下降解苯酚。Yang 等[22] 使用静电纺丝工艺制备了 Er^{3+} 掺杂的 TiO_2，改性后的光催化剂相比原始状态在光催化降解 MB 过程中活性提升，分析是由于其晶粒尺寸、晶相组成发生改变。Fan 等[23] 对 Ce 掺杂 TiO_2 的研究表明，掺杂过程中，Ce 使 TiO_2 的晶粒变小，导致光催化剂比表面积增大，提升了光催化活性；另外 Ce^{3+}、Ce^{4+} 的氧化还原过程捕获了大量电子，降低了 TiO_2 中光生空穴、电子的复合，也有助于提升光催化性能。Li 等[24] 在活性炭纤维（activated carbon fiber）基底上使用水热法合成了 Pr^{3+} 掺杂的 TiO_2 纳米棒，与传统 TiO_2 相比改性的光催化剂的性能显著增强，Pr^{3+} 提升了光催化剂活性；此外，混合相异质结的存在使光催化性能进一步提高。Mazierski 等[25] 使用电化学法，将 Er、Yb、Ho、Tb、Gd 和 Pr 元素修饰到 TiO_2 纳米管中，改性后的纳米管光催化性能得到提升，分析表明稀土离子有可能在 TiO_2 晶界处形成了 Ti-O-Re（稀土）元素键，并且在可见光照射下降低了从价带到导带的光生电子跃迁所需的能量。

2.1.3.3 非金属掺杂

目前常被用作掺杂改性 TiO_2 纳米管的非金属元素主要有：N、C、B、F、S、P 等。N 掺杂的 TiO_2 光催化性能增强是由于 N 的电离能较小，稳定性强，并且可以取代部分晶格中的氧原子，形成新的能量态。常用的掺杂 N 元素的方法包括离子注入法、磁控溅射法、化学气相沉积法以及溶胶-凝胶法等。Ghicov 等[26] 采用离子注入法制备出晶态的 N 掺杂纳米管阵列，显著提高 TiO_2 纳米管在紫外、可见光区的光催化性能。Vitiello 等[27] 在制备非晶态的 TiO_2 纳米管后，在 NH_3 氛围下进行热处理，获得了 N 掺杂的 TiO_2 纳米管阵列。Hahn 等[28] 在 HF-Na_2HPO_4 电解液体系中使用阳极氧化法制备了 TiO_2 纳米管，在500℃下，N_2 和 C_2H_2 的氛围中高温处理，制得了 C 掺杂的 TiO_2 改性纳米管，纳米管的表面没有受到任何损伤，光催化剂的光吸收带拓展到可见光区域。Yang 等[29] 以葡萄糖为碳源，将阳极氧化法制备的 TiO_2 纳米管以水热法合成了 C 掺杂的 TiO_2 纳米管。Zhao 等[30] 在 Ar 和 C_2H_2 气氛下热处理阳极氧化的 TiO_2 纳米管，实验结果表明 C 的引入抑制了金红石型的形成，TiO_2 纳米管薄膜仍维持锐钛矿型；另外 C 掺杂缩小了半导体的带隙，使改性 TiO_2 纳米管在可见光区域有很高的活性。

2.1.3.4 半导体复合

将两种不同禁带宽度的半导体材料复合，由于半导体内部存在着能级差，从而抑制光生电子与空穴的复合，提高了电子的利用率，光催化响应范围向红外线区域偏移，使复合后材料的光催化性能得到提升。常见复合半导体材料有：以 CdS、CdSe 为代表的窄带隙半导体材料，金属氧化物如 ZnO、MgO、WO_3 等。Chen 等[31] 首先使用阳极氧化法制备了 TiO_2 纳米管阵列，然后使用电化学沉积工艺将 CdS 纳米粒子复合到纳米管上，直径为 10～20nm 的 CdS 纳米球组成的纳米层有效减少了空穴-电子对的复合，改性后的 TiO_2 纳米管吸收带红移。Lin 等[32] 使用浸渍法对 TiO_2 纳米管改性，制备了具有异质结构的 CdS-TiO_2 纳米管，改性光催化材料在可见光区域有良好的响应力。Si 等[33] 将 CdSe 量子点通过浸渍法嵌入 TiO_2 纳米管中，改性后的纳米管对可见光的响应能力得到了提高。

Nageri 等[34] 使用水热法，将 ZnO 负载到 TiO_2 纳米管上，形成的异质结构对光催化性能有促进作用。Park 等[35] 在 TiO_2 纳米管阵列上制备了 MgO 涂层，所组成的染料敏化太阳能电池提升了光电流与光电压。Yang 等[36] 制备了掺杂 WO_3 的 TiO_2 纳米管，在柠檬酸的环境中对 Cr(Ⅵ) 进行了光催化还原，这是由于 WO_3 和 TiO_2 都能被紫外线激发，而 WO_3 的带隙 (2.8eV) 较小，增加了光生电子-空穴对分离的概率，从而使光催化吸收带向红外光区域移动。Hamandi 等[37] 使用水热法制备了 TiO_2 纳米管，并使用氧化石墨烯（GO）纳米片对其改性，发现 GO 纳米片与 TiO_2 纳米管的组装通过限制光生电子-空穴对的复合速率来提高光催化活性，GO-TiO_2 纳米复合材料的最佳光降解效率仅在较低的 GO 负载量 [1.0%～1.5%（质量分数）] 下实现；且当负载量为 2%（质量分数）时，氧化石墨烯的强屏蔽效应会导致光催化性能下降。

自 2009 年王心晨课题组[38] 对 g-C_3N_4 在光催化产氢的开创性研究以来，g-C_3N_4 在光催化、能源等领域成为研究的热点。实际应用中发现，当单独使用 g-C_3N_4 时，光生空穴-电子复合速率较高，影响其光催化活性，由于 n 型半导体 TiO_2 单一使用时也存在着对可见光利用率较低的问题，因此这种对可见光有良好响应能力的半导体材料常被应用于复合改性 TiO_2，是一种热门的研究对象。Liu 等[39] 以尿素作为 g-C_3N_4 前驱体，使用固体升华转变工艺，制备了 g-C_3N_4 敏化的 TiO_2 纳米管阵列。实验表明以 3g 尿素前驱体制备的改性 TiO_2 纳米管在 460nm 蓝光照射下有最高的光电流，响应能力约为纯纳米管的 10 倍，这是由于 g-C_3N_4/TiO_2 纳米管的表面敏化抑制了光生空穴电子对的复合。Zhou 等[40] 通过在阳极氧化 TiO_2 纳米管过程中分散预处理的 g-C_3N_4 纳米片，制备了 Z 型的 g-C_3N_4/TiO_2 纳米管光催化剂，合成的改性光催化剂在可见光下对 RhB 的降解有较高的光催化效率。Zhang 等[41] 使用电沉积工艺制备出三维的 g-C_3N_4/TiO_2 纳米管，得益于异质结与纳米管结构，能够抑制光生电荷结合，在可见光照射下产氢量是同等条件下 g-C_3N_4 的 4.7 倍。Wang 等[42] 使用阳极氧化法制备了 TiO_2 纳米管后，以尿素为前驱体，使用真空浸渍工艺制备了 g-C_3N_4 粒子包覆的 TiO_2 纳米管阵列，制备的光电极在太阳光下具有优异的光电响应能力并且用于光电催化降解苯酚时表现出优良的性能。

目前，许多研究表明改性过程中产生的缺陷影响着半导体材料的光催化性能，元素掺杂、异质结材料复合、化学气相沉积等方法都能使改性半导体形成缺陷结构，相比材料原来的结构，改性后的材料会有大量氧缺陷结构，半导体内部的电子迁移到表面时被氧缺陷捕获，有效抑制了空穴-电子对的复合，有利于光生载流子的转移，从而拥有更强的光催化性能。

2.1.4 二氧化钛的光催化应用

2.1.4.1 难降解环境污染物

伴随着城镇大规模工业化发展，世界范围内的环境污染问题日益严峻，工业生产产生的废水、废气、废渣等污染物严重危害着环境与人类的身体健康。去除水体和大气中有毒害作用的有机污染物（如酚类、醛类和烃类）已成为环境污染治理领域的一项重要工作，其中一些难降解污染物使用常规方法降解效果不佳或无法降解，而光催化技术得益于其稳定、高效的优点，成为一种处理环境难降解有机污染物的新方法。

Hamandi 等[43] 以 P25 为原料，使用水热法制备了 TiO_2 纳米管，并使用氧化石墨烯（GO）纳米片对其改性，通过光催化处理甲酸水溶液，复合光催化剂相比于纯 TiO_2 纳米管性能更强。Weon 等[44] 制备的两端开口的 TiO_2 纳米管阵列，在光催化降解乙醛和甲苯的活性和耐久性方面有良好的性能。Lachheb 等[45] 发现，在紫外线环境中 TiO_2 悬浮液能够对茜素红 S、藏花橙G、甲基红、刚果红与亚甲基蓝这5种染料溶液有效催化降解，并且完全矿化为CO_2、H_2O与小分子。Su等[46] 在电解液中制备了直径50～80nm的TiO_2纳米管，发现锐钛矿与金红石的混合相的光催化性能要强于单一相。此外，pH值可以改变TiO_2的表面电荷性质，改变其导带和价带的氧化还原电位，从而影响其吸附容量。在自然光照射下TiO_2纳米管作用1天后，MC-LR（微囊藻毒素）完全降解。作为对比，在20天内不加TiO_2纳米管的降解率仅为47.7%，说明TiO_2纳米管具有良好的光催化活性。TiO_2纳米管光催化剂在5次循环实验后，仍具有良好的稳定性，去除率可达75%左右。

2.1.4.2 降解药物废水

世界卫生组织（WHO）分析认为，随着世界人口的持续增长，药物使用量不断增大，水环境中残留的药物数量将继续增加。近年来，制药废水对环境的影响在很多领域都受到了重视，美国地质调查局测量了美国139个地表水体发现，含有39种药物，此后，地表水和地下水中关于药物成分的研究迅速增长，制药厂的废水是环境中药物的主要来源，这里需要注意的一点是，科学界对自然环境中的微量成分的研究并不陌生，三十多年来它们一直是环境工程的挑战，成为当前急需解决的水体污染源之一。药物废水的传统处理方法主要有物理吸附法、生物降解法、化学氧化法和催化氧化法等。近年来，使用纳米TiO_2光催化氧化方法能够将有机污染物完全矿化，并且具备作用条件温和、氧化活性强、经济性和环境友好等特点，成为环境治理领域的研究热门。

李耀邦[47] 制备的Pd/TiO_2纳米管催化降解了抗生素氟苯尼考。方旭旭[48] 制备的硝酸盐改性TiO_2光催化剂降解诺氟沙星，去除率达到95%以上。李海龙等[49] 采用水热法制备的TiO_2纳米管悬浊液对大肠埃希菌和枯草杆菌具有明显的灭菌效果。高雅男[50] 制备的TiO_2-$BiVO_4$复合光催化剂，在可见光源500W氙灯照射下75min对布洛芬的降解率达到89.6%。Vaiano等[51] 制备的N掺杂TiO_2光催化剂在可见光下具有活性，在紫外线、可见光照射下降解处理螺旋霉素，通过测量反应器出口处的CO、CO_2气体浓度，证明了光催化反应在螺旋霉素矿化过程中的有效性，并对TOC总有机碳有很强的去除率。Marien等[52] 使用TiO_2纳米管在紫外线照射下处理农药百草枯，在反应过程中百草枯先转化成单吡啶酮和双吡啶酮，最后完全矿化生成CO_2、H_2O、NH_4^+、NO_2^-和NO_3^-。

2.1.4.3 降解气体污染物

近年来随着人们对健康意识的提高，生活环境中的挥发性有机化合物（volatile organic compounds，VOCs）走入人们视野，在室内环境中，这类化合物中常见的有甲醛、乙醛等，主要来源于室内装饰过程中使用的涂料、黏合剂等。VOCs 另一大来源就是工业生产排放出的气体，它们通常具有芳香类结构，甲苯、苯、二甲苯是常见的工业 VOCs。可挥发的气态有机物不光会对环境造成污染，近几年还能看到由甲醛等物质引发白血病、癌症的报道，因此积极治理 VOCs 是非常有必要的，而得益于光催化材料对液相污染物的良好处理效果，许多学者对光催化降解法应用于 VOCs 展开了研究。

Song[53] 在厚度为 10nm 的活性炭过滤网上固定锐钛矿型的 TiO_2 颗粒，发现在环境湿度为 50%时经过 12h 的光催化反应，能够降解掉 94%的甲醛。林文娇[54] 使用原位方法制备的 rGO/TiO_2 复合材料光催化处理邻二苯酚气体，在 250W 氙灯光照条件下，发现 rGO 含量为 0.5%条件下制备的改性材料对邻二苯酚有最强的光催化活性，是纯 TiO_2 的 1.6 倍，此时光催化效率达到 47%。严红芳[55] 通过离子液体辅助法制备了一系列改性 TiO_2 催化剂，发现经过 Ce、S 元素掺杂后样品的晶粒变小且共掺杂的样品光催化性能比单一元素强，处理甲苯气体时降解率达到 54.48%。

2.1.5　二氧化钛的光催化反应机理

光催化技术之所以一直是热门的领域不仅是因为其可以将有机污染物转化为无污染的产物，更在于光催化剂可以有效利用太阳能，不会造成二次污染，具有良好的发展前景。目前常见的光催化剂有 TiO_2、ZnO、ZnS、CdS、WO_3 等。

半导体的光催化反应机理可以用固体的能带理论来解释，如图 2-3 所示，半导体的能带结构由具有高能量的价带（VB）和低能量的导带（CB）组成，价带顶部与导带最底部之间能量的差值为禁带宽度。当半导体受到能量大于或

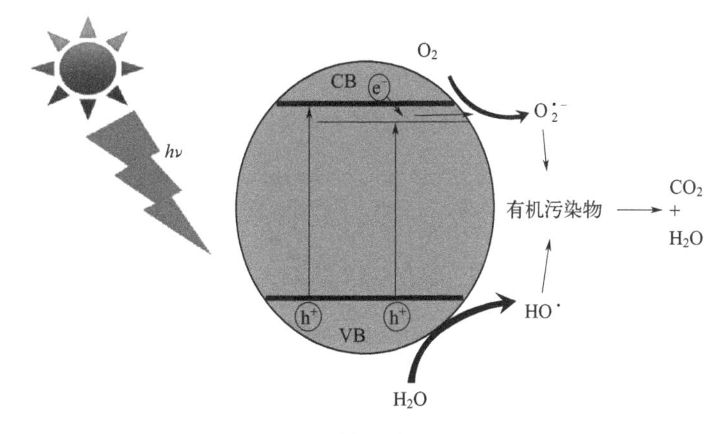

图 2-3　半导体光催化反应机理

等于禁带宽度的光子辐射时，电子就会转变为激发态从价带跃迁到导带，同时在价带上留下相应的空穴（h^+），和激发的光生电子（e^-）构成空穴-电子对。空穴-电子对可以迁移到催化剂表面，或与吸附在催化剂表面的物质发生氧化还原反应。价带上的空穴（h^+）具有氧化性，可以与具有一定还原能力的电子给体反应，导带上的电子（e^-）具有还原性，可以和具有一定氧化能力的电子受体反应。

TiO_2 是一种宽带隙半导体材料，板钛矿型、锐钛矿型、金红石型的禁带宽度分别为：2.96eV、3.2eV、3.02eV。锐钛矿型 TiO_2 几乎只能被太阳光中的紫外线（$\lambda \leqslant 387.5nm$）激发。$TiO_2$ 光催化反应机理可以用自由基间接反应机理来解释，当锐钛矿 TiO_2 受到能量大于或等于 3.2eV 的光照射时被激发，内部产生电子跃迁的现象，激发的光生电子（e^-）与产生的光生空穴（h^+）形成空穴-电子对［式(2-5)］。空穴-电子对在电场作用或扩散作用下，迁移到 TiO_2 表面与吸附在上面的物质发生氧化还原反应，或被表面晶格缺陷捕获；同时光生电子与空穴容易发生复合反应产生热量，从而降低光催化反应的效率［式(2-6)］。

在光催化反应过程中，光生电子与半导体表面的物质如 O_2 反应生成超氧自由基 $\cdot O_2^-$［式(2-9)］，而价带上的光生空穴能与表面的 H_2O、OH^- 反应生成羟基自由基 $\cdot OH$［式(2-7)、式(2-8)］。反应产生的 $\cdot OH$ 具有强氧化性，能够将有机污染物氧化为 CO_2、H_2O 以及无毒无害的无机小分子［式(2-13)］，中间反应产生的 $\cdot O_2^-$、$HO_2\cdot$ 等活性氧类自由基［式(2-10)～式(2-12)］也会参与到氧化还原反应中。

整个反应用以下公式加以描述：

$$TiO_2 + h\nu \longrightarrow TiO_2 + h^+ + e^- \tag{2-5}$$

$$h^+ + e^- \longrightarrow 热量 \tag{2-6}$$

$$h^+ + H_2O \longrightarrow \cdot OH + H^+ \tag{2-7}$$

$$h^+ + OH^- \longrightarrow \cdot OH \tag{2-8}$$

$$e^- + O_2 \longrightarrow \cdot O_2^- \tag{2-9}$$

$$\cdot O_2^- + H_2O \longrightarrow HO_2\cdot \tag{2-10}$$

$$2HO_2\cdot \longrightarrow O_2 + H_2O_2 \tag{2-11}$$

$$H_2O_2 + \cdot O_2^- \longrightarrow \cdot OH + OH^- + O_2 \tag{2-12}$$

$$有机污染物 + \cdot OH \longrightarrow CO_2 + H_2O + 无机小分子 \tag{2-13}$$

2.1.6 化学理论计算

在过去，化学是一门依赖大量探索实验积累经验、寻找规律的学科，具有一定的盲目性，实验能够转化为理论的效率不高。随着科技的不断进步，一些使用数学理论借助计算机构建模型并对反应进行模拟计算的技术正在兴起，能够预估材料的性质与结构，从而对实验起到指导的作用。

2.1.6.1 密度泛函理论

1964 年，Kohn 和 Hohenberg 提出了密度泛函理论（density functional theory，DFT）的主体思想，即通过电子密度来研究模型的理化性质。之后数十年间 DFT 相关理论技术不断完善，并广泛应用于材料物理与计算化学等领域。这种基于量子力学原理，遵从模型内部原子核以及电子之间相互作用规律，并在经过一定处理后建立、求解薛定谔方程的计算方法与从头计算统称为第一性原理。

周诗文[56] 对 Bi/N 掺杂改性的锐钛矿相 TiO_2 的能带结构与态密度进行分析，发现改性后的 TiO_2 带隙宽度变宽，吸收光谱向可见光区域移动，且 Bi/N 共掺杂的锐钛矿相 TiO_2 的光吸收强度要高于未改性或 Bi、N 单掺杂的 TiO_2。高鑫[57] 使用 DFT 探讨染料敏化太阳能电池中的电子传输情况，发现 TiO_2 纳米管可以使染料与半导体材料之间的传输速率得到提升。苏等基于第一性原理就 Al 改性的二维 C_2N 对 VOCs 的吸附以及催化性能进行讨论，研究发现 Al 原子连接了 C_2N 与 VOCs，从而提高了吸附能力，而改性后的带隙宽度减小，材料在可见-红外光区域吸收能力变强。

2.1.6.2 分子动力学模拟

除以量子力学为原理的计算机模拟方法外，还有以经典力学方法为原理的分子动力学（molecular dynamics，MD)。分子动力学模拟遵从牛顿运动方程，而这种方法由于以统计热力学中的系综平均理论为基础，所以准确度取决于模拟的分子力场，也被称作势函数。势函数描述了模型中各个原子或者分子间相互作用情况，而不同反应中势函数通常是不同的，势函数的开发限制了更大范围的应用。2001 年，Van Duin 课题组[58] 开发的 ReaxFF 反应力场用于研究碳氢化合物中的复杂反应，计算速度与精度较之前的方法有较大提升，而且对不同的反应体系有更好的适应性，因此 ReaxFF 的出现极大地拓展了分子动力学的应用范围，降低了势函数开发的难度。

Raymand 等[59] 在 ReaxFF 框架内开发的反应力场用于分子动力学模拟，发现 20K、300K、600K 下的纤锌矿-氧化锌的原子振动均方振幅与实验数值相吻合，并且纤锌矿（0001）表面的生产行为取决于表面台阶的存在。Kim 等[60] 使用 ReaxFF 反应力场模拟了（金红石和锐钛矿相）TiO_2 纳米粒子与水、甲醇和甲酸的反应，发现金红石纳米粒子比锐钛矿纳米粒子更具有活性，甲酸与水和甲醇相比更能扭曲纳米粒子。

Fan 等[61] 使用分子动力学模拟熔融状态下 FeO-TiO_2 体系，在 1973K 下随着 FeO 含量从 5%上升到 50%，Ti—O 键长从 6.02Å 减小到 5.87Å，FeO-TiO_2 体系的结构强度因此降低，模拟分析的结果有助于预测高温下钛渣的性能。Pawar 等[62] 通过引入抗坏血酸（AA）分子，AA 沉积在 g-C_3N_4 板上，也为后者引入了纳米孔，这种结构的光催化剂制氢活性比常规方法制备的光催化提高 25 倍，通过分子动力学模拟证实了 AA 与三聚氰胺分子在高温下相互作用导致 C 掺杂与剥落的 g-C_3N_4 结构的形成（图 2-4），由此可见分子动力学在设计新型高效光催化剂方面拥有非常广阔的应用前景。

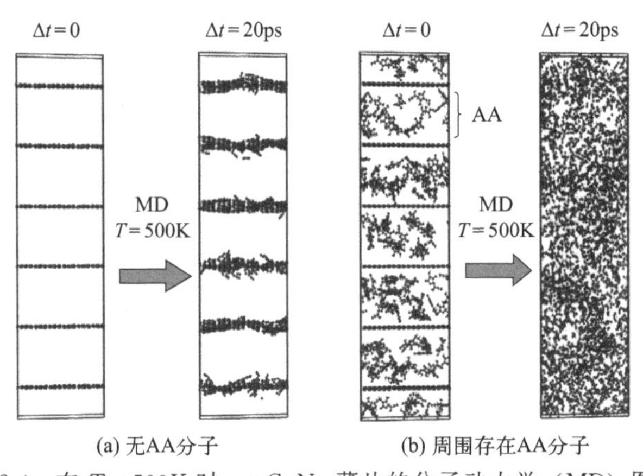

图 2-4　在 $T=500K$ 时，g-C_3N_4 薄片的分子动力学（MD）图像

2.2　氮化碳材料概述

2.2.1　氮化碳的结构和性质

近年来，石墨相氮化碳（g-C_3N_4）因其具有合适的禁带宽度、可利用可见光、易于制备，并且和传统 TiO_2 光催化剂相比，g-C_3N_4 能够活化氧分子，生成具有强氧化性的超氧自由基用于有机官能团的光催化氧化降解，因此 g-C_3N_4 广泛应用于光催化领域。最早的氮化碳聚合物是 1834 年 Liebig 等首次提出的蜜勒胺类化合物“Melen”，其后，1922 年 Franklin 通过氨基碳酸的

热解证明了碳化氮聚合物的存在，并对其结构进行了研究。

1937年，Pauling和Sturdivant首次提出C_3N_4是一种以共面三-s-三嗪为基本结构单元的多组分化合物，并通过X射线晶体学证明了这一观点。直到1996年，Teter和Hemley通过第一性原理重新计算并预测了C_3N_4化合物的结构，自此，确定氮化碳（C_3N_4）存在的五种同素异形体，分别是α相、β相、c相、p相和g相。其中α-C_3N_4、β-C_3N_4、c-C_3N_4和p-C_3N_4这四种结构的氮化碳具有很强的硬度和复杂的制备工艺，而g-C_3N_4密度小、能量低、在常温常压下最为稳定。2009年，Thomas对g-C_3N_4的结构进行研究，认为合成的g-C_3N_4是一种类似于石墨烯的平面二维片层结构，存在两种基本单元，分别是以三嗪环（C_3N_3）和三-s-三嗪环（C_6N_7）为基本结构单元无限延伸的网状结构，纳米片层间通过范德华力相结合。结构中的C、N原子通过sp^2杂化形成高度离域的π共轭体系，存在C—N键和C═N键，并且具有相同的键长和键角，如图2-5所示。三嗪环组成的g-C_3N_4结构中，环内的C—N键键长0.1315nm，C═N键键角为116.5°；环外的C—N键键长0.1444nm，C═N键键角116.5°。三-s-三嗪环组成的g-C_3N_4结构中，环内的C—N键键长0.1316nm，C═N键键角116.6°；环外的C—N键键长0.1442nm，C═N键键角为120.0°。两种结构相比，三-s-三嗪环构成的g-C_3N_4的聚合度更高，通过密度泛函理论（DFT）计算，三-s-三嗪环结构连接而成的g-C_3N_4更稳定，其热力学能量比三嗪环构成的g-C_3N_4低。因此，研究人员均以三-s-三嗪环结构作为g-C_3N_4的理论模型。

g-C_3N_4常温常压下为淡黄色粉末，微溶于水、无毒、禁带宽度2.76eV，是一种可见光响应n型半导体材料。g-C_3N_4作为新型非金属光催化材料与传统的光催化剂相比具有很多优点：①可见光响应。g-C_3N_4的可见光吸收范围更宽，仅在可见光下就能发挥光催化作用；并且，g-C_3N_4可以更有效地激活分子氧转化为·O_2^-，用于光催化降解有机污染物。②稳定无毒无污染。g-C_3N_4具备优异的热稳定性和化学稳定性，在高温、强酸强碱条件下仍然能保持性能稳定；无毒，并且对大肠杆菌、金黄色葡萄球菌具有良好的抗菌作用；对环境友好、无二次污染。③易制备。g-C_3N_4可以通过多种富氮前驱体（如三聚氰胺、尿素、硫脲等），采用热聚合等多种方法进行制备，且具有工艺流程短、制备方法简单、设备要求低等特点。

虽然自然界中不存在g-C_3N_4，但可以通过尿素、三聚氰胺、氰胺和硫脲等含量丰富且成本较低的富氮有机前体制成。目前g-C_3N_4主要通过以下四种方法制备：①热缩聚合成法。由于成本低、操作方便、可控性强，是目前最常用的制备方法。主要通过使用富含氮的有机分子作为前驱体，经过500～

(a) 以三嗪为基本单元

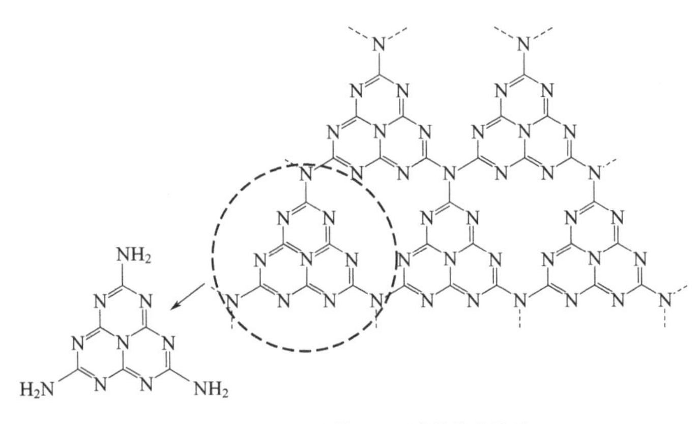

(b) 以三-s-三嗪为基本单元

图 2-5　g-C_3N_4 的两种化学结构

650℃的简单煅烧制得。在热聚合法中，g-C_3N_4 的官能团、结晶度、缩合度、比表面积和载流子的迁移速率等性能会受到前驱体的选择和预处理以及不同的反应条件的明显影响。②溶剂热合成法。也是一种较为常用的 g-C_3N_4 制备方法，该方法反应条件较为温和、不含有毒试剂，适合大规模制备 g-C_3N_4。溶剂热法最明显的特点是制备温度较低，有利于获得团聚度低、纯度高、晶体结构好的 g-C_3N_4 材料，该方法避免了可能在高温条件下造成的结构缺陷和杂质，并且所得到的产物通常能够表现出较好的电荷转移和分离效率以及更高的光催化活性。但是，溶剂热法存在产量低、不适合大量制备的缺点。③电化学沉积法（ECD）。主要用于 g-C_3N_4 薄膜的制备，该方法不仅过程简单、方便控制、效率高，而且能有效降低 C—N 成键反应能垒，适用于在大气环境和较低温度下制备有特定纳米结构的 g-C_3N_4 材料。此外，由于 g-C_3N_4 粉末的微溶性，很难通过常规的湿法工艺制备表面平坦且面积大的薄膜，并且 ECD 方法要求特定的电解系统和电流，增加了制备难度和成本，因此，并不适用于大规模的应用。④固相反应法。通常选择含有三嗪或七嗪结构的有机化合物作为反应的前驱体，如三聚氰胺和尿素，然后在一定的压力和温度下进行固相反应，得到 g-C_3N_4，该方法可以通过调节碳氮摩尔比，控制 g-C_3N_4 的纳米结构和形貌，是目前较为常用的方法之一。

2.2.2 氮化碳的制备方法

g-C_3N_4 是人们在实验室中偶然发现的，在自然界中并不存在。g-C_3N_4 一般是通过常见的前驱体如三聚氰胺、双氰胺、氰胺、三聚氢氯、尿素和硫脲在一定条件下发生化学反应制备得到。目前，根据制备 g-C_3N_4 所需要的条件不同，可将合成方法大致分为：热缩聚合成法、溶剂热合成法、电化学沉积法和固相反应法等。

2.2.2.1 热缩聚合成法

缩聚反应通常是官能团间的聚合反应。热缩聚合成法通过高温诱导具有三嗪环结构的化合物或者能够生成三嗪环结构的化合物发生反应，然后经缩聚过程得到 g-C_3N_4。在合成 g-C_3N_4 的众多方法中，该法所得产品结晶性好，且三嗪结构的存在对类石墨结构的晶体增长起促进作用。因此，热缩聚合成法是制备 g-C_3N_4 最常用的方法，被广泛应用于 g-C_3N_4 系光催化剂的制备中。

2.2.2.2 溶剂热合成法

溶剂热合成法是指在高压反应釜内，利用有机溶剂代替水作介质，通过一种或几种化合物（如三聚氰胺、尿素等）为前驱体，在一定的温度和压力条件下得到 g-C_3N_4。该方法具有操作简单、物相易控制、产物分散性好等优点。

2.2.2.3 电化学沉积法

采用电化学沉积法制备 g-C_3N_4，一般是用前驱体配制电解液，在一定电流作用下发生氧化还原反应得到 g-C_3N_4 薄膜。在 g-C_3N_4 的化学合成反应中，电化学沉积法是制备 g-C_3N_4 薄膜常用的方法。电化学沉积法具有所需反应设备简单、易于工业化生产等优点。

2.2.2.4 固相反应法

固相反应是固体之间发生化学反应并生成新固体产物的过程，是制备 g-C_3N_4 较为常用的一种方法，该方法工艺成熟、操作简便、性价比高且不使用溶剂，这有助于减少环境污染和成本，是一种较为经济的工艺方法。

2.2.3 氮化碳的改性方法

理想的光催化材料必须具有中等的带隙，能在可见光范围内吸收光，并能有效地分离、收集和传输化学过程中的电荷。g-C_3N_4 作为一种新型光催化材料，具有可见光响应、能带结构调节容易、合成方法简单以及清洁可持续等优势，但是纯 g-C_3N_4 带隙为 2.76eV，仍然较高，只能被 460nm 以下的太阳光激发，仅可以利用 13%的太阳能，而且其比表面积小、光生电子-空穴对的重组率高等缺陷严重影响 g-C_3N_4 的性能。面对这些缺陷，科研人员对如何提高 g-C_3N_4 的光催化性能进行了大量的研究。

2.2.3.1 结构调控

自从纳米结构半导体材料用作光催化剂以来，纳米结构的调控被认为是一种有效地提高光催化效率的方法，通过调节 g-C_3N_4 的纳米结构可以增加其比表面积和氧化还原位点的数量，优化迁移速率进而促进光催化反应。目前已经报道的 g-C_3N_4 的形貌主要有孔结构、空心球结构、纳米管、纳米片和纳米线等。

与原始 g-C_3N_4 结构相比，多孔 g-C_3N_4 具有以下优点：①比表面积大、活性反应位点多，能够促进界面之间光生电子对的转移，抑制光生电子-空穴对的复合，从而表现出较高的光催化活性；②表面具有更多的吸附位点，确保光催化剂的高利用率；③多孔结构有利于提高光催化剂的传质效率。以上几点可以达到提高 g-C_3N_4 材料光催化活性的目的。制备多孔结构 g-C_3N_4 主要包括软模板法和硬模板法，通过选择不同的模板，可以简单地调节材料的比表面积、形态和孔隙结构。软模板法是一种将孔隙引入 g-C_3N_4 中的相对简单的方法，可以通过选择不同的软模板剂调整 g-C_3N_4 比表面积大小，如表面活性剂、两亲性嵌段聚合物或离子液体等都可用于合成较大比表面积的 g-C_3N_4。鲍勇霖[63] 通过软模板法，将活性炭粉、乙醛酸、苯甲酸三种物质分别和三聚氰胺进行混合，来改性制备前驱体，表征结果显示，改性后的催化剂具有较大的比表面积、较高的禁带宽度，电子-空穴对的复合效率也进一步降低，提高了光催化效率。光催化测试发现，20min 光照罗丹明 B 降解效率分别提高了 64.9%、45%、32%。硬模板法是一种可控制的、灵活的、精确的纳米结构设计策略，可通过硬模板法设计孔径为几个纳米的孔结构，由于硅表面与芳香氮基团之间存在适当的表面相互作用，因此具有可控纳米结构的二氧化硅模板是 g-C_3N_4 典型的结构导向剂。介孔 g-C_3N_4 被认为是一种多相光催化剂，因为它们的表面积大、易接近的开孔壁、高的光吸收效率和电子传导率，有利于光催化性能的提高。You 等[64] 以 SiO_2 为硬模板剂，成功合成了 SiO_2/g-C_3N_4 纳米复合材料，与原始 g-C_3N_4 相比，SiO_2/g-C_3N_4 光催化析氢效率明显增强，这归因于 g-C_3N_4 和 SiO_2 硬模板微结构的协同作用，SiO_2 的引入不仅扩大可见光的吸收范围，而且还通过减小 $g\text{-}C_3N_4$ 的孔径而增加了其比表面积。该项研究对于改善氢能的发展具有深远意义。

空心微孔结构除了具有多孔结构的优点外，还能通过内表面吸附目标污染物以提供更多的活性位点，并且能够使入射光线在空心微孔结构中进行连续反射增强入射光线的使用率。Li 等[65] 以三聚氰胺为前驱体，采用熔盐法成功制备了高度结晶 $g\text{-}C_3N_4$ 纳米空心球（CCNHS)。CCNHS 样品的高结晶不仅修复了 $g\text{-}C_3N_4$ 样品表面的结构缺陷，而且建立了七嗪基 $g\text{-}C_3N_4$ 和三嗪基 $g\text{-}C_3N_4$ 之间的内置电场。中空结构提高了光能的利用水平，增加了光催化反应的活性位点的数量。基于上述特性，制备的 CCNHS 样品在增塑剂双酚 A 降解的同时实现了光催化析氢。Zhao 等[66] 通过简便的气相沉积法制备了由空心纳米球组成的介孔 $g\text{-}C_3N_4$(MCNHN)，材料表现出优异的可见光光催化析氢活性，比块体 $g\text{-}C_3N_4$ 高 22.3 倍。空心微孔结构增加了样品的比表面积，提供了更多的活性位点，改性晶体使 MCNHN 能够实现更强的光捕获和更好的光致电子-空穴对分离，从而大大提高了光催化性能。

与其他形貌相比，$g\text{-}C_3N_4$ 纳米管状结构不仅增强了光生电子和空穴通过内外壁的分离速率，而且这些光生电子能够沿着管轴方向快速转移，防止与空穴复合，达到增强催化活性的目的。Bi 等[67] 采用简单的阳极氧化法制备 TiO_2 纳米管（TNTs)，并在 500℃ 下与尿素一起煅烧制得 $g\text{-}C_3N_4/TNTs$（CN/TNTs）复合材料。通过构建 Z 型转移机制提高了 CN/TNTs 的光催化活性。结果表明，CN/TNTs 大大提高了电子-空穴对的分离效率，可见光吸收也发生了明显的红移，罗丹明 B 的降解率可达 96.3%，并且样品稳定性好，多次利用后仍保持较高的光催化活性。Wu 等[68] 使用浸渍法首次制备了 P-O 连接的 $g\text{-}C_3N_4/TiO_2$ 纳米管（TNTs）Z 型复合材料。结果表明，使用优化后的样品还原 CO_2，得到了产率分别为（46.9±0.76)mg/(L·h)、（38.2±0.69)mg/(L·h) 和（28.8±0.64)mg/(L·h) 的还原产物乙酸、甲醇和甲酸，分别是纯 TNTs 的 3.3、3.5 和 3.8 倍。优化后的样品还表现出 $0.85mA/cm^2$ 的瞬态光电流，这是由于 $g\text{-}C_3N_4$ 与 TNTs 之间的 P-O 连接有利于电荷的转移，改性后的 $g\text{-}C_3N_4$ 增强了可见光吸收和电荷分离。

纳米片和纳米线在提高光催化性能方面都起着重要作用，较大的比表面积能够产生更多的活性位点，并且良好的导电性有助于光生电子对的分离。Jin 等[69] 使用红磷为 P 源，经简单的溶剂热法合成了双金属磷化物 NiCoP，并通过物理研磨和煅烧将 NiCoP 锚定在 $g\text{-}C_3N_4$ 纳米片的表面。实验结果表明，$NiCoP/g\text{-}C_3N_4$ 的最佳产氢率为 5162μmol/(g·h)，分别是 $g\text{-}C_3N_4$、$Ni_2P/g\text{-}C_3N_4$、$Co_2P/g\text{-}C_3N_4$ 和 $Pt/g\text{-}C_3N_4$ 的 38.5、1.8、1.6 和 1.5 倍。Samira

等将三聚氰胺作为前驱体在不同温度（450℃、550℃和650℃）下热缩合合成 $g\text{-}C_3N_4$。然后，将 $g\text{-}C_3N_4$ 材料沉积在电化学还原的 TiO_2 纳米线/纳米管阵列（rTWTA)/Ti基板上。基于恒电流充电/放电测量，CN(450)/rTWTA/Ti电极在 $0.3mA/cm^2$ 下表现出高达 $22mF/cm^2$ 的最高比电容，并且在500次循环后仍具有96.8%的电容保持率。这种效应归因于CN(450)/rTWTA/Ti电极具有更高的氮含量、更多的活性位点、改进的亲水性和三维形貌。

2.2.3.2 元素掺杂

元素掺杂是一种将外部元素引入 $g\text{-}C_3N_4$ 的框架结构或负载在材料表面的方法，外来元素的掺杂能够有效调控 $g\text{-}C_3N_4$ 的电子结构和带隙，可有效拓宽可见光的响应范围，降低光生电子-空穴对重组率，也可用于改变其他的物理性质。金属元素、非金属元素或者它们的共掺杂已经被证明是一种有效修饰 $g\text{-}C_3N_4$ 的方法，可优化 $g\text{-}C_3N_4$ 的电子结构，特别是能带结构，提高可见光利用率，降低能量损耗，从而提高 $g\text{-}C_3N_4$ 的光催化活性。

(1) 金属掺杂

金属元素的掺杂可以通过减小禁带宽度和增强光吸附从而有效提升半导体材料的光催化性能。金属掺杂主要分为碱金属掺杂和过渡金属掺杂，碱金属离子有Na和K，过渡金属离子包括Ag、Fe、Pd、Cu和Zr等。

Zhang等[70]以掺钾 $g\text{-}C_3N_4$（KCN）为基体通过水热法与 $Cd_{0.5}Zn_{0.5}S$（CZS）构建半导体异质结，在140℃水热反应12h后，CZS颗粒均匀分布在KCN基体上。通过析氢和降解罗丹明B（RhB）效率分析材料的光催化性能，实验结果表明，负载24%（质量分数）CZS［KCN/CZS 24%（质量分数)］的样品的光催化产氢率（HPR）达到1.83mmol/(g·h)，是原始 $g\text{-}C_3N_4$ 的5.6倍。KCN/CZS 24%（质量分数）在RhB上的降解速率常数 $k=0.041min^{-1}$，是 $g\text{-}C_3N_4$ 的7.9倍。Nguyen等[71]合成了一种新型的掺银石墨氮化碳（AgCN）光催化剂，将四环素（TC）作为目标污染物，在太阳光照射120min后，3mmol Ag掺杂的AgCN显示出最高的TC光催化降解效率（96.8%）。在黑暗条件下使用 $g\text{-}C_3N_4$ 和AgCN去除TC的效率分别仅为25.6%和31.8%。而在日光条件下，$g\text{-}C_3N_4$ 和AgCN的TC去除效率分别提高到68.3%和96.8%。此外，可重复使用过程表明，AgCN在6次循环后表现出极高的稳定性，抗生素的降解效率没有明显的下降。Song等[72]以三聚氰胺为碳氮源，以 $Fe(NO_3)_3\cdot 9H_2O$ 为Fe元素来源合成 $Fe/g\text{-}C_3N_4$ 复合材料，将 $Fe(NO_3)_3\cdot 9H_2O$ 溶于去离子水中，将三聚氰胺加入上述溶液中强烈搅拌，然后于180℃下干燥2h，550℃焙烧4h得到 $Fe/g\text{-}C_3N_4$ 复合材料，通过改变Fe

元素的掺入量来寻找最佳的掺杂比。通过一系列表征手段发现，0.05-Fe/g-C_3N_4 的禁带宽度最低为 2.58eV，低于纯 g-C_3N_4 的带隙（2.7eV），可见光照射 2h 罗丹明 B(RhB) 去除率可达 99.5%，材料性能有很大提高。

(2) 非金属掺杂

与金属掺杂相比，非金属掺杂不参与电子的转移，不会因为金属离子的溶出而产生二次污染。当 g-C_3N_4 中引入非金属元素时，由于不同元素之间的电负性存在差异，会改变材料结构中的电子分布，进而改善其光电化学性质，以提高其光催化活性。常见的非金属掺杂元素有 C、O、S、P、B 等。

Xu 等[73] 以尿素为碳氮源，以葡萄糖为碳源，利用两步热聚合方法成功制得 C/g-C_3N_4 复合材料，通过 XPS 表征说明，C 和 g-C_3N_4 之间形成了 C—O—C 键，两者之间形成了很强的相互作用，BET（比表面积测试）和 UV-vis（紫外-可见分光光度法）分析表明，材料比表面积增大为 $98m^2/g$，可见光吸收度在 450～800nm 之间有较大提高，PL（光致发光光谱）分析表明 C/g-C_3N_4 复合材料的光生载流子重组率大大降低，并对材料在光照下的光解水制氢的活性进行测试，制氢效率高达 410.1μmol/h，是纯 g-C_3N_4 的 16 倍，因此 C 元素的引入提高了比表面积，使材料对可见光的利用率得以提高，有效地抑制了光生载流子的重组，从而大大提高了 g-C_3N_4 的性能。Li 等[74] 以大肠杆菌为模型菌，研究了制备的 S 掺杂 g-C_3N_4 纳米片（S-CNNs）在可见光下的消毒性能。结果表明，S 掺杂的协同效应和 S-CNNs 独特的二维结构增强了对可见光的吸收，扩大了比表面积，减少了光生载流子的复合，有利于促进光催化灭活大肠杆菌。此外，S-CNNs 的消毒活性远远高于 g-C_3N_4，证明了在可见光照射下使用 S-CNNs 可以有效灭活细菌。

(3) 共掺杂

共掺杂能够结合单一掺杂的优点，由于其具有良好的结构和光催化活性，多元素掺杂 g-C_3N_4 被广泛关注。Deng 等[75] 以 KH_2PO_4 为原材料，通过简单的热处理法制备了具有氰基和氮空位的磷和钾共掺杂的 g-C_3N_4 复合催化剂(PKCN)。所制备的 PKCN 对阿特拉津（ATZ）表现出优异的降解效果，在可见光下 60min 内分解效率达到 95%，并且 T.E.S.T（毒性评估预测）和大豆培养实验表明，光催化处理后 ATZ 的毒性显著降低。Li 等[76] 通过水热法成功制备 O、S 共掺杂的 g-C_3N_4 复合材料（HGCNOS），表征结果显示，O、S 原子成功掺杂到 GCN 中，并且复合材料显示出良好的结晶度、周期性和更短的层间距离。固氮实验表明，HGCNOS 光催化剂在 2h 后的铵离子产率高达 $0.23mg/(L \cdot mg_{cat})$。并且连续 3 个循环（每个循环 4h）后，仍保持较高光催化活性。Zhang 等[77] 成功合成了一种具有优异光催化性能的 S/Cd 共掺杂 g-C_3N_4 纳米棒。在可见光照射下，优化后的样品可在 50min 内降解 89.7%的亚甲蓝（MB）和在 15min 内降解 96.5%的罗丹明 B(RhB)，其降解率分别是原始 g-C_3N_4 的 2.2 倍和 23.2 倍。研究表明，纳米棒的存在和 S、Cd 的共掺杂使材料具有更大的比表面积、更多的氮空位和能带结构的改变，这可以显著提高光催化性能。

2.2.3.3 共聚合改性

共聚合也称为分子掺杂，由于碳和氮原子的 sp^2 杂化，g-C_3N_4 良好的光催化活性归因于 π 共轭结构，然而，g-C_3N_4 的芳香 π 体系在其原始形式中普遍存在固有的缺陷，即光生电子-空穴对的快速复合、光吸收和利用不足以及有机骨架聚合缺陷导致的比表面积低，大大限制了 g-C_3N_4 的光催化效率。因此，利用聚合物 π 共轭体系的优点，研究人员认为在聚合过程中，可通过 g-C_3N_4 与另一种单体分子共聚进一步扩大 π 电子的离域化，从而调节 g-C_3N_4 的固有性质，包括电子特性、光学吸收、能带结构和光催化活性。共聚合方法被认为是调整常规 π 体系、电子性质及能带结构的一种有效的分子掺杂方法。Zhang 等[78] 采用高温热聚合方法将尿素、双氰胺、硫脲、硫氰酸铵四种前驱体分别和苯基脲进行共聚合反应，对 g-C_3N_4 的化学组成、电子结构和催化性能进行改性，结果表明，g-C_3N_4 的光电性质均得以提高，其中通过尿素和苯基脲高温共聚合制得的 g-C_3N_4 性能提高最多，而且保持了较高的稳定性，共聚合使得 π 共轭系统得到扩展，增强了光吸收，优化了电子能带结构，显著提高了 g-C_3N_4 的性能，制氢效率 172.9μmol/h，是纯 g-C_3N_4 的 9 倍。Wang 等[79] 以尿素为前驱体，四氰基乙烯为共聚物，采用一锅热引发聚合法合成了新型 g-C_3N_4 光催化剂。结果表明，制得的 g-C_3N_4 保留了 g-C_3N_4 的原始结构，具有较大的比表面积，促进了光激发电荷载流子的分离，带隙由 2.7eV 降为 2.05eV，可见光吸收度在 460～650nm 之间有明显增强，可见光照射下降解酸性橙Ⅱ染料在 60min 内去除率可达到 91%，而纯 g-C_3N_4 在相同条件下去除率仅能达到 51%。

2.2.3.4 异质结构建

异质结一般可以定义为两种不同能带结构的半导体接触组成的界面结构，通过构建异质结能够加快光生电子和空穴的分离进而提高材料的光催化效率。根据能带之间的相互关系，传统的异质结分为三种（如图 2-6 所示）：Ⅰ型[具有跨越间隙，图 2-6(a)]，Ⅱ型［具有交错间隙，图 2-6(b)］和Ⅲ型［具有断裂间隙，图 2-6(c)］。对于Ⅰ型异质结，半导体 A 的光生电子和空穴都会迁移到带隙较窄的半导体 B 上，这反而会使电子-空穴对更快地复合，使光催化活性降低；对于Ⅱ型异质结，空穴向半导体 A 的价带迁移，而电子向半导体 B 的导带迁移，能够加快光生电子-空穴对的分离，增强光催化活性；Ⅲ型异质结由于两个半导体能带的间隙大，导体间不能发生电荷的转移，通常还需要引入其他介体来连接两个半导体，达到提高光生电子-空穴对分离速率的目的。因此，一般通过构建Ⅱ型异质结来达到提高催化剂光催化活性的目的。He 等[80] 合成了 $Ni_3C/g\text{-}C_3N_4$ 复合材料，通过 HRTEM（高分辨透射电子显微镜）可明显观察到材料中存在异质结构，由于 Ni_3C 具有合适的能级和较高的导电性，使得光生电子很容易从 $g\text{-}C_3N_4$ 的导带转移到 Ni_3C 纳米粒子，抑制了光生电子-空穴对的重组，光解水制氢达到 15μmol/h，性能提高 116 倍。Liang 等[81] 采用溶剂热法合成 $Fe_3O_4/g\text{-}C_3N_4$ 复合材料，通过扫描电镜观察到 Fe_3O_4 纳米颗粒的直径为 25nm，而且分散在 $g\text{-}C_3N_4$ 表面，在 $g\text{-}C_3N_4$ 表面之外几乎不存在 Fe_3O_4 纳米颗粒，具有较好的光催化性能，光照一小时 RhB 去除率可达 90%以上。

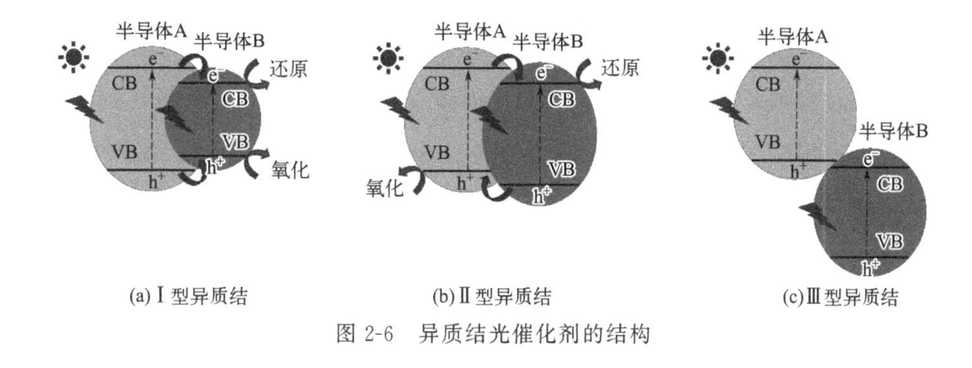

图 2-6　异质结光催化剂的结构

2.2.4　氮化碳光催化应用

半导体因其能够吸收并利用可见光进行氧化还原反应，且不会产生二次污染得到而广泛应用。以下部分总结了 $g\text{-}C_3N_4$ 半导体光催化材料在光催化领域的应用。

2.2.4.1　光催化产氢

氢气热值（141MJ/kg）是汽油的 3 倍，因此光催化制氢成为研究的热点。在各种光催化材料中，$g\text{-}C_3N_4$ 因其具有环保、高效和易于制备的优点，而成为理想的制氢光催化剂。Qi 等[82] 研究了 $g\text{-}C_3N_4/CoP$ 用于光催化分解水以产生 H_2。优化后的样品 $g\text{-}C_3N_4/CoP$-4%以 936μmol/(g·h) 的速率产生 H_2，高于原始 $g\text{-}C_3N_4$，表现出良好的光催化活性。此外，光致发光和光电流测量结果证实，将CoP负载到g-C_3N_4上不仅促进了电荷的分离，而且抑制了光生电子-空穴对的重组，从而有效地提高了催化剂产H_2的速率。Li等[83]制备了Zn-Ni-P@g-C_3N_4复合光催化剂，实验表明，在5h内H_2的最大产量达到531.2μmol，是纯g-C_3N_4的54.7倍。此外，连续制氢4个循环后，光催化活性没有明显降低，证实在g-C_3N_4上修饰Zn-Ni-P纳米粒子可以有效改善光催化剂的活性。Pan等[84]通过超声辅助沉积和煅烧法合成了一种新型的无金属SiOC/g-C_3N_4异质结光催化剂，SiOC/g-C_3N_4光催化剂的最佳产氢速率为1020μmol/(h·g)，分别是g-C_3N_4和SiOC的3.2和25.5倍。光催化活性的提高主要源于光吸收率的提高、电荷迁移的显著加快以及载流子的复合受阻。

2.2.4.2 光催化还原二氧化碳

光催化将CO_2转化为可用燃料可以缓解能源短缺、减少温室气体排放，是实现太阳能转换的一种可行方法。与光催化制氢相比，光催化还原CO_2更为复杂和更具挑战性，这是由于CO_2还原需要更高的能量来驱动反应的发生，而且反应过程涉及多电子转移，CO_2通过多电子和氢自由基逐渐还原为甲酸、一氧化碳、甲醛和甲醇，最后转化为甲烷。Su等[85]通过氧化还原和原位沉积法合成了肼基和SnO_2双活化g-C_3N_4(SnO_2/HyUCN)，通过X射线光电子能谱和Ag^+氧化法分别证明了SnO_2和肼基的存在。实验结果表明，SnO_2/HyUCN光催化剂的CO生成速率达到21.5μmol/(g·h)，是g-C_3N_4和SnO_2/g-C_3N_4的6倍和4.1倍。Li等[86]通过简便的超声处理和浸渍法制备了CuO纳米纺锤体锚定在g-C_3N_4纳米片上的CuO/g-C_3N_4纳米复合材料，最优条件下制备的15%CuO/g-C_3N_4样品光催化降解罗丹明B(RhB)的效率为g-C_3N_4的9倍，还原CO_2的效率为CuO的20倍。对CuO/g-C_3N_4光催化剂的组成和形貌进行了充分的表征，复合材料优异的光催化性能主要归因于较大的比表面积及其对光的高吸收率、电荷载流子低重组率和对能带结构的调控。Singh等[87]制备了一种K掺杂g-C_3N_4催化材料，经负载k-g-C_3N_4后的莱茵衣藻和螺旋藻微藻能够利用CO_2生产甲酸盐，实验表明，负载k-g-C_3N_4的莱茵衣藻和螺旋藻的最大甲酸盐产量分别为1192mg/L和751mg/L，比相应的未催化藻类分别提高了59%和13%。此外，通过形态学和理化表征测试，发现微藻与k-g-C_3N_4之间存在正相互作用。k-g-C_3N_4催化材料不仅为微藻提供了合适的表面，而且增强了光催化活性，进而提高了甲酸盐的产量。

2.2.4.3 光催化杀菌消毒

众所周知，水净化和消毒通常使用氯化和臭氧消毒两种方法，但这两种方法通常都涉及形成致癌副产物，如酮、醛、溴酸和羧酸盐。另外，紫外线消毒会导致细菌在消毒后再次生长。因此，太阳能驱动的光催化水消毒以其无毒、高效、稳定的特点受到了广泛的关注和研究。Du 等[88] 成功构建了一种新型 Z 型 Ag_3PO_4/g-C_3N_4 异质结构用于大肠杆菌灭活和有机污染物降解。实验结果表明，Ag_3PO_4(8)/g-C_3N_4 具有最高的光催化效果，超过 7log 的活大肠杆菌（*Escherichia coli*）在 75min 内完全失活，并在 180min 内完全降解双酚 A。此外，Ag_3PO_4(8)/g-C_3N_4 对环丙沙星和磺胺嘧啶也具有优异的降解效果。Vijayarohini 等[89] 通过简单的湿法浸渍辅助热解技术制备了镍的双重氧化态在 g-C_3N_4 上的（dos-Nickel/g-C_3N_4）纳米复合材料，并通过标准技术进行表征，发现不同几何形状的镍装饰在石墨-氮化碳的表面。使用大肠杆菌评价 dos-Nickel/g-C_3N_4 纳米复合材料的光催化消毒效果，与 g-C_3N_4 相比，在较短的照射时间下，纳米复合材料对大肠杆菌的破坏效率达到 100%。用多种清除剂对光催化消毒机理进行了考察，发现超氧化物（$\cdot O_2^-$）和空穴（h^+）是参与消毒破坏机理的关键自由基。Yang 等[90] 利用水热处理和静电自组装技术制备了非金属 O 掺杂的 g-C_3N_4/碳点纳米片光催化剂 O-CN/CDs 用于去除水体中的微生物污染，通过 CDs 的负载使复合光催化剂表面的电荷由负变为正，使活性物质更容易与细菌接触，从而提高细菌消毒性能。在可见光照射下，金黄色葡萄球菌（MRSA）消毒效率达到 4.08log，比 B-CN 高约 9 倍。此外，通过连续恢复循环和实际湖水中的光催化消毒实验，证实了所制备的光催化剂在实际环境中水消毒的可行性。

2.2.4.4 光催化降解污染物

随着工业的发展和人口的增长，各种有毒有害污染物不断进入生态系统，造成严重的环境问题，更威胁到了人类的健康。光催化作为一种有效的污染物降解的方法，得到了众多研究人员的广泛关注。在众多光催化剂中，g-C_3N_4 以其稳定、高效、无污染等优点，在污染物降解方面被广泛应用。Didem 等[91] 合成了一系列 g-C_3N_4 负载的 Ag/AgCl 掺杂的 MIL-88A 复合材料，并通过降解用作除草剂的敌草隆（DRN）来考察复合材料的光催化性能。实验结果表明，该复合材料对 DRN 具有出色的可见光催化活性，在没有氧化剂的条件下可在 60min 内完全降解。然而，在 H_2O_2 或过硫酸盐的存在下，DRN 可在 15min 和 30min 内达到完全降解，并且光催化剂在含有无机盐和天然有机物的水中也具有非常高的转化率。Xing 等[92] 采用凝胶法在活性炭上负载

了 TiO_2 和 g-C_3N_4 制备了 TiO_2/g-C_3N_4@AC（TGCN-AC）颗粒复合电极，用于降解制药废水中的左氧氟沙星。实验结果表明，在 pH=3.0、200W 超声波、8L/min 曝气条件下，g-C_3N_4 与 TiO_2 的质量比为 8%，经过 4h 的光电处理后，水中约 94.76%的左氧氟沙星（20mg/L）被降解。TGCN-AC 具有出色的可重复使用性，在重复使用 6 次后，左氧氟沙星的降解率仍能达到 71.17%，并且通过 HPLC-MS 谱图分析绘制了左氧氟沙星的降解途径。Bao 等[93] 设计了一种简单的模板介导的超分子自组装方法制备铜掺杂多孔石墨氮化碳（Cu-pCN）光催化剂。Cu-pCN 的比表面积从传统块状 g-C_3N_4 的 11.37m^2/g 增加到 142.8m^2/g。此外，Cu 的掺杂使它们具有更好的光吸收、更高的光生载流子分离和传输率。因此，所获得的 Cu-pCN 对四环素（TC）表现出良好的光催化活性和高回收稳定性。

2.2.5 氮化碳光催化反应机理

光催化反应因其环保、高效、稳定的特点而被应用于各个领域中，光催化相当于反向光合作用，在光照条件下，光催化剂将污染物矿化为 CO_2、H_2O 和无机盐离子，以实现污染物降解的目的。光催化剂有很多种，包括二氧化钛、氮化碳、氧化锌、氧化锡、硫化镉等多种氧化物、硫化物以及其化合物。TiO_2 是目前应用最广泛的催化剂，但 TiO_2 只能利用紫外线，可见光利用率较低，而 g-C_3N_4 作为一种新型光催化剂不含金属组分，具有优异的生物相容性和光催化性能、合适的禁带宽度和高效的可见光利用率，而且易于制备，原料易得。因此 g-C_3N_4 作为光催化剂具有极大的应用前景。

根据半导体的能带理论，能带结构由价带（VB）和导带（CB）组成。价带是充满自由电子的最低能带，导带是能量最高的空带。半导体的价带和导带之间存在能量差，即价带顶和导带底之间的区域，也称为禁带宽度（E_g）。g-C_3N_4 的禁带宽度约为 2.7eV，其中导带电位约为−1.3eV，价带电位约为+1.4eV，可在可见光驱动下发生光催化反应，如图 2-7 所示。

在光照条件下，当价带电子被大于带隙宽度的能量激发时，电子将从价带跃迁到导带，在价带中留下空穴。价带中的空穴和导带上的电子将移动到催化剂表面，与表面吸附的物质发生氧化还原反应，如图 2-8 中的路径 1 和路径 2 所示。在电子和空穴向表面迁移的过程中，由于库仑力的作用，部分光生电子和光生空穴会重新复合，失去氧化还原效应，如图 2-8 中路径 3 和路径 4 所示。因此，提高光生电子和空穴的分离效率对提高光催化效率具有重要作用。

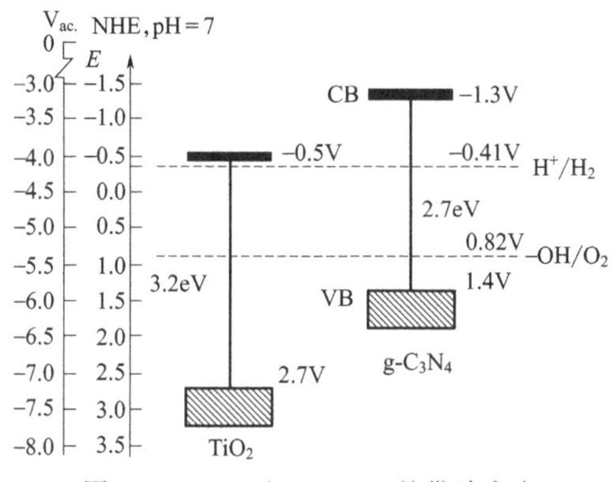

图 2-7　TiO_2 和 g-C_3N_4 的带隙宽度

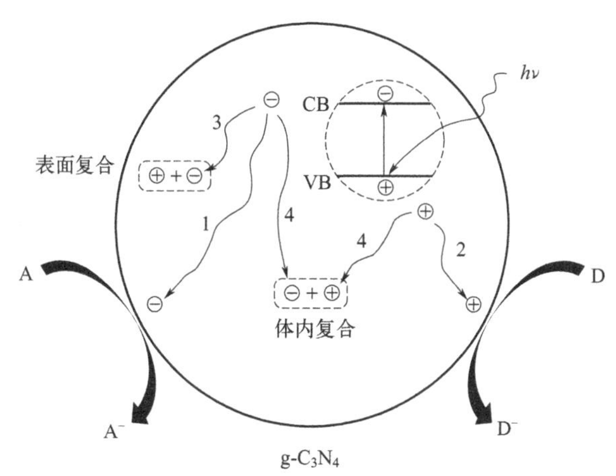

图 2-8　g-C_3N_4 光催化过程中光生电子-空穴可能的迁移路径

2.3　光催化技术

太阳能因其分布广泛、储量丰富、无污染、易利用等优点，被认为是众多能源中最理想的，如何高效率、低成本地转化和利用太阳能也是众多学者所研究的重点。自从 1972 年 Fujishima 和 Honda 发现半导体光电化学分解水以来，光催化作为高级氧化技术的一种，逐渐进入人们的视野。光催化技术的应用非常广泛：光电化学电池、光催化产氢、光催化二氧化碳还原、光催化合成、光催化气相氧化、光催化去除重金属和光诱导自清洁等等[94]。人们还发现利用光催化不仅可以分解有机物，同时也有很好的环境应用潜力。1976 年，加拿大科学家 Carey 通过光催化降解联苯和氯代联苯，这是光催化技术首次应用于处理环境问题，此后，科研人员致力于光催化处理有机污染物的研究，光催化作为一种环保、可持续、节能高效的技术，得到了快速的发展。

光催化原理是基于光催化剂在光照的条件下具有的氧化还原能力，以达到降解污染物的目的，其中光催化剂是一种以纳米级二氧化钛为代表的具有光催化功能的半导体材料的总称。它能够在光照射下产生强氧化的物质（超氧自由基、羟基自由基等），可用于分解有机化合物、部分无机化合物、细菌和病毒等。常见的光催化剂有：TiO_2、g-C_3N_4、ZrO_2、ZnO、CdS、Fe_2O_3、PbS、SnO_2 和 ZnS 等。一般来说，光催化降解污染物主要分为三个阶段（如图 2-9 所示）：①当能量大于催化剂带隙的光照射到催化剂表面时，价带中的电子被激发跃迁至导带，从而产生光生电子（e^-）和空穴（h^+）；②吸附在催化剂表面的溶解氧得到电子形成 $\cdot O_2^-$，而空穴将溶液中的 OH^- 和 H_2O 氧化成 $\cdot OH$；③ $\cdot O_2^-$ 和 $\cdot OH$ 具有很强的氧化性，能够将大多数的有机物氧化为 CO_2 和 H_2O，甚至对一些无机物也具有氧化作用。

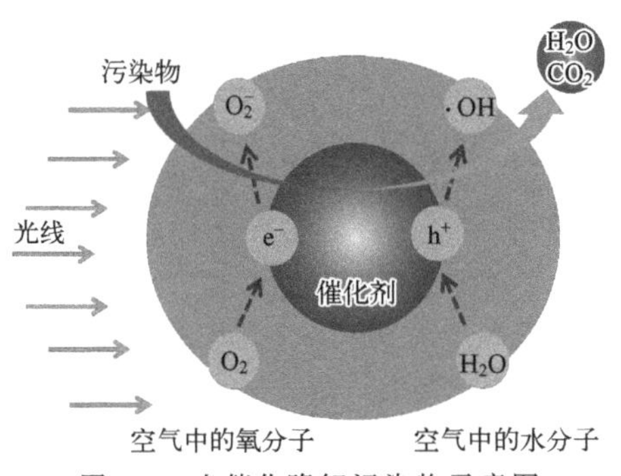

图 2-9　光催化降解污染物示意图

光催化材料具有无毒、高效、无二次污染等诸多优点，通过将光能转化为化学能，从而促进大多数有机污染物的降解。光催化降解具有以下特点：①不具备识别作用，能够对大多数有机污染物进行降解；②反应迅速，污染物在短时间内可被降解为 H_2O 和 CO_2；③能耗低，反应条件易得；④绿色环保。因此，光催化已经成为一种新的污染治理技术，它能够直接利用太阳光和空气中的氧气或水来降解污染物。然而，到目前为止，光催化主要集中在基础研究中，其在工业化中的应用仍然很少，光催化的工业化面临许多困难，其中最重要的是缺乏高效的光催化材料。

当前研究的光催化材料中，存在着光利用能力差、载流子重组率高的问题，例如 g-C_3N_4 是一种良好的光催化材料，但由于其带隙（2.76eV）较宽，较低的光利用率和较高的光生电子、空穴复合率，使实际的太阳能转换率特别低。开发出具有强可见光吸收率和高载流子分离效率的光催化材料是光催化技术大规模应用的决定性因素。在近些年的光催化材料研究中，元素掺杂、贵金属负载和纳米半导体结构的构建都是获得高效光催化剂的手段，强可见光吸收和高载流子分离效率是评价光催化材料性能的两条重要指标。在众多方法中，探索构建纳米结构半导体对光催化的实际应用发挥着重要作用。

2.4　材料表征

2.4.1　扫描电子显微镜

2.4.1.1　主要性能

（1）放大倍数

当入射电子束作光栅扫描时，若电子束在样品表面扫描的幅度为 L，在荧光屏上阴极射线同步扫描的幅度为 l，则扫描电子显微镜的放大倍数为：

$$M=\frac{L}{l} \tag{2-14}$$

由于扫描电子显微镜（SEM）的荧光屏尺寸是固定不变的，因此，放大倍率的变化是通过改变电子束在样品表面的扫描幅度 l 来实现的。

（2）分辨率

分辨率是扫描电子显微镜主要的性能指标。对微区成分分析而言，它是指能分析的最小区域；对成像而言，它是指能分辨两点之间的最小距高。

扫描电子显微镜的分辨率除受电子束直径和调制信号的类型影响外，还受样品原子序数、信噪比、杂散磁场、机械振动等因素影响。其中样品原子序数愈大，电子束进入样品表面的横向扩展愈大，分辨率愈低。噪声干扰会造成图像模糊，磁场的存在改变了二次电子运动轨迹，降低图像质量，机械振动引起电子束斑漂移，这些因素的影响都会降低图像分辨率。

（3）景深

景深是指透镜对高低不平的样品各部位能同时聚焦成像的一个能力范围，这个范围用一段距离来表示。由下式表示：

$$D_{S}=\frac{2\Delta R}{\tan\beta}\approx\frac{2\Delta R}{\beta} \tag{2-15}$$

式中，β 为电子束孔径角；$2\Delta R$ 表示光阑直径。可见，电子束孔径角是控制扫描电子显微镜景深的主要因素，它取决于末级透镜的光阑直径和工作距离。β 角很小，所以它的景深很大。它比一般光学显微镜景深大 100～500 倍，比透射电子显微镜的景深大10倍。

2.4.1.2 样品制备

试样制备技术在电子显微技术中占有重要的地位，它直接关系到电子显微图像的观察效果和对图像的正确解释。如果制备不出适合电镜特定观察条件的试样，即使仪器性能再好也不会得到好的观察效果。和透射电镜相比，扫描电镜试样制备比较简单。在保持材料原始形状下，直接观察和研究试样表面形貌及其他物理特征是扫描电镜的一个显著优点。

(1) 块状材料

导电性材料主要是指金属，一些矿物和半导体材料也具有一定的导电性。这类材料的试样制备最为简单，只要使试样大小不超过仪器规定（如试样直径最大为25mm，最厚不超过20mm等），然后用双面胶带粘在载物盘，再用导电银浆连接试样与载物盘（以确保导电良好），等银浆干了之后就可放到扫描电镜中直接进行观察。非导电性的块状材料试样的制备基本上与导电性块状材料试样的制备一样，但是要注意的是在涂导电银浆的时候一定要从载物盘一直连到块状材料试样的上表面，因为观察时电子束是直接照射在试样的上表面的。

(2) 粉末状试样的制备

首先在载物盘上粘上双面胶带，取少量粉末试样放在胶带上靠近载物盘圆心部位，然后用橡胶球向载物盘径直朝外方向轻吹（注意不可用嘴吹气，以免唾液粘在试样上，也不可用工具拨粉末，以免破坏试样表面形貌），以使粉末可以均匀分布在胶带上，也可以把黏结不牢的粉末吹走（以免污染镜体），再在胶带边缘涂上导电银浆以连接样品与载物盘，等银浆干了之后就可以进行最后的蒸金处理。

(3) 溶液试样的制备

对于溶液试样我们一般采用薄铜片作为载体。首先，在载物盘上粘上双面胶带，然后粘上干净的薄铜片，把溶液小心滴在铜片上，等干了之后观察析出来的样品量是否足够，如果不够再滴一次，等干了之后就可以涂导电银浆和蒸金了。

(4) 蒸金

利用扫描电镜观察高分子材料（塑料、纤维和橡胶）、陶瓷、玻璃及木材、羊毛等不导电或导电性很差的非金属材料时，一般都要事先用真空镀膜机或离子溅射仪在试样表面上蒸涂（沉积）一层重金属导电膜（我们一般是在试样表面蒸涂一层金膜），这样既可以消除试样荷电现象，又可以增加试样表面导电导热性，减少电子束造成的试样（如高分子及生物试样）损伤，提高二次电子发射率。

在制备样品过程中，还应注意：

① 为减轻仪器污染和保持良好的真空，样品尺寸要尽可能小些。

② 切取样品时，要避免因受热引起样品的塑性变形，或在观察面生成氧化层。要防止机械损伤或引进水、油污及尘埃等污染物。

③ 观察表面，特别是各种断口间隙处存在污染物时，要用无水乙醇，丙酮或超声波清洗干净。这些污染物都是掩盖图像细节、引起样品荷电及图像质量变坏的原因。

④ 故障构件断口或电器触点处存在的油污、氧化层及腐蚀产物，不要轻易清除，观察这些物质往往对分析故障产生的原因是有益的。如确信这些异物是故障后才引入的，一般可用塑料胶带或醋酸纤维素薄膜粘贴几次，再用有机溶剂冲洗即可除去。样品表面的氧化层一般难以去除，必要时可通过化学方法或阴极电解方法使样品表面基本恢复原始状态。

2.4.2 透射电子显微镜

2.4.2.1 结构和性能

透射电子显微镜（transmission electron microscope，TEM）可以看到在光学显微镜下无法看清的小于0.2μm的细微结构，这些结构称为亚显微结构或超微结构。要想看清这些结构，就必须选择波长更短的光源，以提高显微镜的分辨率。1932年Ruska发明了以电子束为光源的透射电子显微镜，电子束的波长要比可见光和紫外线短得多，并且电子束的波长与发射电子束的电压平方根成反比，也就是说电压越高波长越短。目前TEM的分辨力可达0.2nm。

（1）电子光学部分

整个电子光学部分完全置于镜筒之内，自上而下排列着电子枪、聚光镜、样品室、物镜、中间镜、投影镜、观察室、荧光屏、照相机等装置。根据这些装置的功能不同又可将电子光学部分分为照明系统、样品室、成像系统及图像观察和记录系统。

① 照明系统。照明系统由电子枪、聚光镜和相应的平移对中及倾斜装置组成。它的作用是为成像系统提供一束亮度高、相干性好的照明光源，为满足暗场成像的需要照明电子束可在2°～3°范围内倾斜。

电子枪：它由阴极、栅极和阳极构成。在真空中通电加热后使从阴极发射的电子获得较高的动能形成定向高速电子流。

聚光镜：聚光镜的作用是汇聚从电子枪发射出来的电子束，控制照明孔径角、电流密度和光斑尺寸。

② 样品室。样品室中有样品杆、样品杯及样品台。其位于照明部分和物镜之间，它的主要作用是通过试样台承载试样、移动试样。

③ 成像系统。一般由物镜、中间镜和投影镜组成。中间镜和投影镜的作用是将来自物镜的图像进一步放大。

④ 图像观察和记录系统。该系统由荧光屏、照相机、数据显示等组成。在分析电镜中，还有探测器和电子能量分析等附件。

(2) 真空系统

电镜的真空系统由机械泵、油扩散泵、真空管道、阀门及检测系统组成。

在电子显微镜中，电子由电子枪发出，经过样品打到荧光屏上。电子束的穿透力很弱，只有在高真空的情况下才能达到一定的行程。整个路程中，应该没有空气分子的碰撞，这就要求必须将电子束通道即镜筒抽成高真空。镜筒高真空的好坏，直接影响电镜能否正常工作，如果真空不好，还会使灯丝寿命缩短，电子枪也会放电引起高压不稳，样品也容易污染。因此电镜工作时，镜筒的真空度要求在 10^{-4}～10^{-6}Torr（1Torr＝133.322Pa），一般的抽真空系统包括两至三只机械泵和一只油扩散泵。获得高真空分两步：第一步由机械泵抽低真空，从大气抽到 1.33～0.133Pa（0.01～0.001mmHg）的真空度；第二步由油扩散泵抽高真空，从低真空抽到 13.33×10^{-4}～13.33×10^{-5}Pa（10^{-5}～10^{-6}mmHg）的真空度。若是场发射型的电镜，则要利用离子泵或分子泵进行抽真空。

(3) 电子系统

电子显微镜的电子系统（electron system）主要由以下几部分组成：高压发生器及灯丝加热电源、透镜稳流电路、稳压电路、安全自控电路、计算机控制电路。

① 高压发生器。高压发生器是为电镜提供高压的装置，由一个高压油箱或氟利昂气箱和高压电缆组成，为发射的电子提供加速能量，其稳定性直接影响电镜的质量，一般输出的高压有不同的分档，如 35kV、75kV、100kV、150kV、175kV、200kV 档，供操作者选择。

② 灯丝加热电源。灯丝必须加电流使其产生高热，然后促使电子由灯丝尖端逸出，形成电子束，作为电镜的光源。灯丝的加热电流一般为 3A 左右，灯丝电流由一精细的电位器调节，使灯丝能处于比较合适的状态。

③ 透镜稳流电路。各透镜的电流稳定性直接影响到成像的分辨率与放大倍数的精确值。如果透镜电流不稳定，透镜的磁场强度将发生变化，造成电镜图像的不稳定。因此，必须利用稳定性能较高的电路来保证向各级透镜

提供稳定电流。现在的稳定电路一般由集成电路或晶体管构成，因此是低电压电路。

④ 安全自控电路。现代的电镜一般都有较好的保护装置，当突然出现断电、断水、真空漏气或由于外界温度较高等因素影响仪器工作时，仪器能通过安全自控电路切断电源或关闭必要的阀门并发出警报，提醒操作人员注意，这样就有效地保护了仪器，使之不至于在突发的事故中损坏。

⑤ 计算机控制电路。在当今计算机广泛普及的时代，新型电镜也采用计算机对调试电镜、测量工作数据等程序进行管理，所有必要的数据、调试步骤已全部存入计算机程序，这大大简化了操作维修人员的工作，在操作维修时只要调出相应程序，按照其指示，即可方便地完成调试，这就使电镜的操作更为简化。

(4) 冷却系统

包括制冷装置、冷却管道、冷却室及自动控制阀。

2.4.2.2 样品制备

样品制备技术对透射电子显微镜的研究工作起到关键作用，因此，寻求理想的样品制备技术是至关重要的。样品制备技术的基本要求是：①尽可能保持材料的结构和某些化学成分的状态；②材料的厚度一般不宜超过 1000Å($1Å=10^{-10}m$)，组织和细胞必须制成薄切片以获得较好的分辨率和足够的反差；③采用各种手段，如电子染色、投影、负染色等来提高生物样品散射电子的能力，以获得反差较好的图像。

样品制备的方法随生物材料的类型以及研究目的而各有不同。对生物组织和细胞等，一般多用超薄切片技术，将大尺寸材料制成适当大小的超薄切片，将小块生物材料用液态树脂单体浸透和包埋，并固化成塑料块，然后用超薄切片机切成厚度为 500Å 左右，甚至只有 50Å 的超薄切片，并且利用电子染色、细胞化学、免疫标记及放射自显影等方法显示各种超微结构、各种化学物质的部位及其变化；对生物大分子（蛋白质、核酸）、细菌、病毒和分离的细胞器等颗粒材料，常用投影、负染色等技术以提高反差，显示颗粒的形态和微细结构。此外还有以冷冻固定为基础的冷冻断裂、冷冻置换、冷冻干燥等技术。

2.4.3 X 射线衍射

X 射线衍射（X-ray diffraction，XRD）分析是利用晶体形成的 X 射线衍射，对物质进行内部原子在空间分布状况的结构分析方法。将具有一定波长的 X 射线照射到结晶性物质上时，X 射线因在结晶内遇到规则排列的原子或离子而发生散射，散射的X射线在某些方向上相位得到加强，从而显示与结晶结构相应的特有的衍射现象。X射线衍射分析法是研究物质的物相和晶体结构的主要方法。当某物质（晶体或非晶体）进行衍射分析时，该物质被X射线照射产生不同程度的衍射现象，物质组成、晶型、分子内成键方式、分子的构型、构象等决定该物质产生特有的衍射图谱。X射线衍射方法具有不损伤样品、无污染、快捷、测量精度高、能得到有关晶体完整性的大量信息等优点。因此，X射线衍射分析法作为材料结构和成分分析的一种现代科学方法，逐步在各学科研究和生产中广泛应用[95]。

2.4.3.1 样品制备

XRD可以测量块状和粉末状的样品，而对于不同形态的样品有着不同的制备方法。

(1) 块状样品的制备

对于非断口的金属块状样品，需要了解金属的自身组成、结构参数，尽可能地磨成平面，并进行抛光，这样不但可以去除金属表面的氧化膜，也可以消除表面应变层。然后用超声波清洗去除表面的杂质，但要保证样品的面积应大于10mm×10mm，因为XRD是扫过一个区域得到衍射峰，对样品有一定的尺寸要求。

对于薄膜样品，其厚度应大于20nm，并在做测试前检验确定基片的取向，如果表面十分不平整，根据实际情况可以用导电胶或者橡皮泥对样品进行固定，并使样品表面尽可能地平整。

对于片状、圆柱状的样品会存在严重的择优取向，造成衍射强度异常，此时在测试时应合理地选择响应方向平面。

对于断口、裂纹的表面衍射分子，要求端口尽可能地平整并提供断口所含元素。

(2) 粉末样品的制备

研磨（球磨）和过筛：对固体颗粒采用研钵（球磨机）进行研磨，一般对粉末进行持续的研磨至低于360目的粉末，手摸无颗粒感，认为晶粒大小已经符合要求。

2.4.3.2 在材料分析中的应用

由X射线衍射原理可知，物质的X射线衍射花样与物质内部的晶体结构有关。每种结晶物质都有其特定的结构参数（包括晶体结构类型、晶胞大小，晶胞中原子、离子或分子的位置和数目等）。因此，没有两种不同的结晶物质会给出完全相同的衍射花样。通过分析待测试样的X射线衍射花样，不仅可以知道物质的化学成分，还能知道它们的存在状态，即能知道某元素是以单质存在或者以化合物、混合物及同素异构体存在。同时，根据X射线衍射试验还可以进行结晶物质的定量分析、晶粒大小的测量和晶粒的取向分析。目前，X射线衍射技术已经广泛应用于各个领域的材料分析与研究工作中。

(1) 物相鉴定

物相鉴定是指确定材料由哪些相组成和确定各组成相的含量，主要包括定性相分析和定量相分析。每种晶体由于其独特的结构都具有与之相对应的X射线衍射特征谱，这是X射线衍射物相分析的依据。将待测样品的衍射图谱和各种已知单相标准物质的衍射图谱对比，从而确定物质的相组成。确定相组成后，根据各相衍射峰的强度正比于该组分含量（需要做吸收校正者除外），就可对各种组分进行定量分析。

X射线衍射物相定量分析有内标法、外标法、增量法、无标样法和全谱拟合法等常规分析方法。内标法和增量法等都需要在待测样品中加入参考标相并绘制工作曲线，如果样品含有的物相较多且谱线复杂，在加入参考标相时会进一步增加谱线的重叠机会，给定量分析带来困难。无标样法和全谱拟合法虽然不需要配制一系列内标标准物质和绘制标准工作曲线，但需要烦琐的数学计算，其实际应用也受到了一定限制。外标法虽然不需要在样品中加入参考标相，但需要用纯的待测相物质制作工作曲线，这也给实际操作带来一定的不便。

(2) 点阵参数的测定

点阵参数是物质的基本结构参数，任何一种晶体物质在一定状态下都有一定的点阵参数，测定点阵参数在研究固态相变、确定固溶体类型、测定固溶体溶解度曲线、测定热膨胀系数等方面都得到了应用。点阵参数的测定是通过X射线衍射线位置的测定而获得的，通过测定衍射花样中每一条衍射线的位置均可得出一个点阵参数值。

(3) 微观应力的测定

微观应力是指由于形变、相变、多相物质的膨胀等因素引起的存在于材料内各晶粒之间或晶粒之中的微区应力。当一束X射线入射到具有微观应力的样品上时，由于微观区域应力取向不同，各晶粒的晶面间距产生了不同的应变，即在某些晶粒中晶面间距扩张，而在另一些晶粒中晶面间距压缩，结果使其衍射线并不像宏观内应力所影响的那样单一地向某一方向位移，而是在各方向上平均地作了一些位移，总的效应是导致衍射线漫散宽化。材料的微观残余应力是引起衍射线线形宽化的主要原因，因此衍射线的半高宽即衍射线最大强度一半处的宽度是描述微观残余应力的基本参数。

(4) 宏观应力的测定

在材料部件宏观尺度范围内存在的内应力分布在它的各个部分，相互间保持平衡，这种内应力称为宏观应力，宏观应力的存在使部件内部的晶面间距发生改变，所以可以借助X射线衍射方法来测定材料部件中的应力。按照布拉格定律可知，在一定波长辐射发生衍射的条件下，晶面间距的变化导致衍射角的变化，测定衍射角的变化即可算出宏观应变，因而可进一步计算得到应力大小。总之，X射线衍射测定应力的原理是以测量衍射线位移作为原始数据，所测得的结果实际上是应变，而应力则是通过虎克定律由应变计算得到。

借助X射线衍射方法来测定试样中宏观应力具有以下优点：①不用破坏试样即可测量；②可以测量试样上小面积和极薄层内的宏观应力，如果与剥层方法相结合，还可测量宏观应力在不同深度上的梯度变化；③测量结果可靠性高等。

(5) 纳米材料粒径的表征

纳米材料的颗粒度与其性能密切相关。纳米材料由于颗粒细小，极易形成团粒，采用通常的粒度分析仪往往会给出错误的数据。采用X射线衍射线线宽法（谢乐法）可以测定纳米粒子的平均粒径。

(6) 结晶度的测定

结晶度是影响材料性能的重要参数。在一些情况下，物质结晶相和非晶相的衍射图谱往往会重叠。结晶度的测定主要是根据结晶相的衍射图谱面积与非晶相图谱面积的比，在测定时必须把晶相、非晶相及背景不相干散射分离开来。基本公式为：

$$X_c = I_c/(I_c + KI_a) \tag{2-16}$$

式中，X_c 为结晶度；I_c 为晶相散射强度；I_a 为非晶相散射强度；K 为单位质量样品中晶相与非晶相散射系数之比。

目前主要的分峰法有几何分峰法、函数分峰法等。

(7) 晶体取向及织构的测定

晶体取向的测定又称为单晶定向，就是找出晶体样品中晶体学取向与样品外坐标系的位向关系，虽然可以用光学方法等物理方法确定单晶取向，但X射线衍射法不仅可以精确地单晶定向，同时还能得到晶体内部微观结构的信息。一般用劳埃法单晶定向，其根据是底片上劳埃斑点转换的极射赤面投影与样品外坐标轴的极射赤面投影之间的位置关系。透射劳埃法只适用于厚度小且吸收系数小的样品，背射劳埃法就无须特别制备样品，样品厚度大小等也不受限制，因而多用此方法。

多晶材料中晶粒取向沿一定方位偏聚的现象称为织构，常见的织构有丝织构和板织构两种类型。为反映织构的概貌和确定织构指数，有三种方法描述织构：极图、反极图和三维取向函数。这三种方法适用于不同的情况。对于丝织构，要知道其极图形式，只要求出其丝轴指数即可，照相法和衍射仪法是可用的方法。板织构的极点分布比较复杂，需要两个指数来表示，且多用衍射仪进行测定。

2.4.4　傅里叶变换红外光谱

傅里叶变换红外光谱（FTIR）一种将傅里叶变换的数学处理，用计算机技术与红外光谱相结合的分析鉴定方法，主要由光学探测部分和计算机部分组成。当样品放在干涉仪光路中，由于吸收了某些频率的能量，使所得的干涉图强度曲线相应地产生一些变化，通过数学的傅里叶变换技术，可将干涉图上每个频率转变为相应的光强，而得到整个红外光谱图，根据光谱图的不同特征，可检定未知物的功能团、测定化学结构、观察化学反应历程、区别同分异构体、分析物质的纯度等。傅里叶变换红外光谱具有高检测灵敏度、高测量精度、高分辨率、测量速度快、散光低以及波段宽等特点。随着计算机技术的不断进步，FTIR 也在不断发展，该方法现已广泛地应用于有机化学、金属有机、无机化学、催化、石油化工、材料科学、生物、医药和环境等领域。

傅里叶变换红外光谱法的适用范围非常广泛，不同状态的样品需要不同的处理方式：①气体样品。可在玻璃气槽内进行测定，它的两端贴有红外透光的 NaCl 或 KBr 窗片，先将气槽抽真空，再将试样注入。②液体样品。液体池法：沸点较低，挥发性较大的试样，可注入封闭液体池中，液层厚度一般为 0.01～1mm。液膜法：沸点较高的试样，直接滴在两片盐片之间，形成液膜。对于一些吸收很强的液体，当用调整厚度的方法仍然得不到满意的谱图时，可用适当的溶剂配成稀溶液进行测定。③固体样品。固体样品的处理方法有薄膜法、压片法与石蜡糊法。

2.4.5　X 射线光电子能谱

2.4.5.1　分析方法

在 X 射线光电子能谱（XPS）谱图中包含极其丰富的信息，从中可以得到样品的化学组成、元素的化学状态及各元素的相对含量。XPS 谱图分为两类，一类是宽谱（wide），宽谱几乎包括了除氢和氦元素以外的所有元素的主要特征能量的光电子峰，可以进行全元素分析。当用 AlK_{α} 或 MgK_{α} 辐照时，结合能的扫描范围常在 0～1200eV 或 0～1000eV。另一类为高分辨窄谱（narrow)，范围在10～30eV，每个元素的主要光电子峰几乎是独一无二的，因此可以利用这种“指纹峰”非常直接而简洁地鉴定样品的元素组成。

(1) 定性分析

利用宽谱，可以实现对样品的定性分析。通常XPS谱图的横坐标为结合能（B. E.），纵坐标为光电子的计数率（counting rate）。一般来说，只要该元素存在，其所有的强峰都应存在，否则应考虑是否为其他元素的干扰峰。

激发出来的光电子依据激发轨道的名称进行标记。如从C原子的1s轨道激发出来的光电子用C1s标记。由于X射线激发源的光子能量较高，可以同时激发出多个原子轨道的光电子，因此在XPS谱图上会出现多组谱峰。大部分元素都可以激发出多组光电子峰，可以利用这些峰排除能量相近峰的干扰，以利于元素的定性标定。由于相近原子序数的元素激发出的光电子的结合能有较大的差异，因此相邻元素间的干扰作用很小。

由于光电子激发过程的复杂性，在XPS谱图上不仅存在各原子轨道的光电子峰，同时还存在部分轨道的自旋分裂峰，K_{α_2}产生的卫星峰、携上峰以及X射线激发的俄歇峰等伴峰，在定性分析时必须予以注意。在分析谱图时，尤其对于绝缘样品，要进行荷电效应的校正，以免导致错误判断。使用计算机自动标峰时，同样会产生这种情况。

(2) 半定量分析

XPS对研究而言并不是一种很好的定量分析方法。它给出的仅是一种半定量的分析结果，即相对含量而不是绝对含量。现代XPS提供以原子百分比含量和重量百分比含量来表示的定量数据。由于各元素的灵敏度因子是不同的，而且XPS谱仪对不同能量的光电子的传输效率也是不同的，并随谱仪受污染程度而改变，这时XPS给出的相对含量也与谱仪的状况有关。因此进行定量分析时，应经常校核能谱仪的状态。此外，XPS仅提供几个纳米厚的表面信息，其组成不能反映体相成分。样品表面的C、O污染以及吸附物的存在也会大大影响其定量分析的可靠性。

(3) 元素的化学价态分析

① 结合能分析。表面元素化学价态分析是XPS的最重要的一种分析功能，也是XPS谱图解析最难，比较容易发生错误的部分。在进行元素化学价态分析前，需对结合能进行校准。因为结合能随化学环境的变化较小，而当荷电校准误差较大时，很容易标错元素的化学价态。还有一些元素的化学位移很小，用XPS的结合能不能有效地进行化学价态分析，在这种情况下，就需要借助谱图中的线形、伴峰结构及俄歇参数法来分析。在XPS谱中，经常会出现一些伴峰，如携上峰、X射线激发俄歇峰（XAES）以及XPS价带峰。这些

伴峰虽然不太常用，但在不少体系中可以用来鉴定化学价态，研究成键形式和电子结构，是 XPS 常规分析的一种重要补充。

② XPS 的携上峰分析。在光电离后，由于内层电子的发射引起价电子从已占有轨道向较高的未占轨道的跃迁，这个跃迁过程就被称为携上过程。在 XPS 主峰的高结合能段出现的能量损失峰即为携上峰。携上峰在有机体系中是一种比较普遍的现象，特别是对于共轭体系会产生较多的携上峰。携上峰一般由 π-π^* 跃迁所产生，即由价电子从最高占有轨道（HOMO）向最低未占轨道（LUMO）的跃迁所产生。某些过渡金属和稀土金属，由于在 3d 轨道或 4f 轨道中有未成对电子，也常常表现出很强的携上效应。因此，也可以作为辅助手段来判定元素的化学状态。

③ X 射线激发俄歇电子能谱分析（XAES）。X 射线电离后的激发态离子是不稳定的，可以通过多种途径产生退激发。最常见的退激发过程就是产生俄歇电子跃迁的过程，因此 X 射线激发俄歇谱是光电子谱的必然伴峰。对于有些元素，XPS 的化学位移非常小，不能用来研究化学状态的变化。这时 XPS 中的俄歇线随化学环境的不同会表现出明显的位移，且与样品的荷电状况及谱仪的状态无关，因此可以用俄歇化学位移（例如测定 Cu、Zn、Ag）及其线形来进行化学状态的鉴别。通常，通过计算俄歇参数来判断其化学状态。俄歇参数是指 XPS 谱图中窄俄歇电子峰的动能减去同一元素最强的光电子峰动能。它综合考虑了俄歇电子能谱和光电子能谱两方面的信息，因此可以更为精确地研究元素的化学状态。

④ XPS 价带谱分析。XPS 价带谱反映了固体价带结构的信息，由于 XPS 价带谱与固体的能带结构有关，因此可以提供固体材料的电子结构信息。例如，在石墨、碳纳米管和 C_{60} 分子的价带谱上都有三个基本峰。这三个峰均是由共轭 π 键所产生。在 C_{60} 分子中，由于 π 键的共轭度较小，其三个分裂峰的强度较强，而在碳纳米管和石墨中由于共轭度较大，特征结构不明显。在 C_{60} 分子的价带谱上还存在其他三个分裂峰，这些是由 C_{60} 分子中的 σ 键所形成的。

由此可见，从价带谱上也可以获得材料电子结构的信息。由于 XPS 价带谱不能直接反映能带结构，还必须经过复杂的理论处理和计算。因此，在 XPS 价带谱的研究中，一般采用 XPS 价带谱的结构进行比较研究，而理论分析相应较少。

2.4.5.2　样品制备

样品制备是所有分析检测仪器在工作之前都要做的步骤，样品的制备方法也是影响检测结果的重要因素。X 射线光电子能谱仪以 X 射线为激发光源，因此只能检测固体样品。对于玻璃片、硅片、金属片等块体材料和薄膜样品，制备方法比较简单，只需要直接剪成长、宽、高不超过 20mm×20mm×3mm 的大小，然后用双面胶粘到样品台的相应位置即可。注意保证块体材料的表面平整，含 Fe、Co、Ni 等铁磁性样品要单独在一个样品台上制样。粉末样品需要利用压片机压成固体片，并且对颗粒大小也有要求（一般小于 0.2mm），粉末样品压片后，可以提高分辨率，减少背景干扰。

2.4.6 紫外-可见分光光度法

紫外-可见分光光度计是在紫外-可见光区可任意选择不同波长的光测定吸光度的仪器。虽然商品仪器的类型很多，性能悬殊，但其基本组成相似。紫外-可见分光光度计由光源、单色器、吸收池、检测器和信号处理器等部件组成。光源的功能是提供足够强度的、稳定的连续光谱。紫外光区通常用氢灯或氘灯，可见光区通常用钨灯或卤钨灯。单色器的功能是将光源发出的复合光分解并从中分出所需波长的单色光。色散元件有棱镜和光栅两种。可见光区的测量用玻璃吸收池，紫外光区的测量须用石英吸收池。检测器的功能是通过光电转换元件检测透过光的强度，将光信号转变成电信号。常用的光电转换元件有光电管、光电倍增管及光二极管阵列检测器。分光光度计的分类方法有多种：按光路系统可分为单光束和双光束分光光度计；按测量方式可分为单波长和双波长分光光度计；按绘制光谱图的检测方式分为分光扫描检测与二极管阵列全谱检测[96]。

2.4.6.1 分析方法

(1) 定性分析

利用紫外-可见分光光度法对有机化合物进行定性鉴别的主要依据是多数有机化合物具有吸收光谱特征，例如吸收光谱形状、吸收峰数目、各吸收峰的波长位置、强度和相应的吸光系数值等。结构完全相同的化合物应有完全相同的吸收光谱，但吸收光谱相同的化合物却不一定是同一个化合物，因为有机分子选择吸收的波长和强度，主要决定于分子中的生色团和助色团及其共轭情况。利用紫外-可见分光光度法进行化合物的定性鉴别，一般采用对比法。将试样的吸收光谱特征与标准化合物的吸收光谱特征进行对照比较，也可以利用文献所载的紫外-可见标准图谱进行核对。如果两者完全相同，则可能是同一种化合物，如两者有明显差别，则肯定不是同一种化合物。

(2) 纯度检查

① 杂质检查。如果化合物在紫外-可见光区没有明显吸收，而所含杂质有较强的吸收，那么含有少量杂质就可用光谱检查出来。例如，乙醇和环己烷中

若含少量杂质苯，苯在 256nm 处有吸收峰，而乙醇和环己烷在此波长处无吸收，乙醇中含苯量低达 0.001%也能从光谱中检查出来。若化合物有较强的吸收峰，而所含杂质在此波长处无吸收峰或吸收很弱，杂质的存在将使化合物的吸光系数值降低；若杂质在此吸收峰处有比化合物更强的吸收，则将使吸光系数值增大；有吸收的杂质也将使化合物的吸收光谱变形；这些都可用作检查杂质是否存在的方法。②杂质的限量检测：对于药物中的杂质，常需制订一个容许其存在的限量。

(3) 单组分的定量方法

根据比尔定律，物质在一定波长处的吸光度与浓度之间有线性关系。因此，只要选择一定的波长测定溶液的吸光度，即可求出浓度。通常应选被测物质吸收光谱中的吸收峰处，以提高灵敏度并减少测量误差。被测物如有几个吸收峰，可选无其他物质干扰的、较高的吸收峰，一般不选光谱中靠短波长末端的吸收峰。

许多溶剂本身在紫外光区有吸收，选用的溶剂应不干扰被测组分的测定。溶剂的紫外截止波长指当小于截止波长的辐射通过溶剂时，溶剂对此辐射产生强烈吸收，此时溶剂会严重干扰组分的吸收测量。所以选择溶剂时，组分的测定波长必须大于溶剂的截止波长。

2.4.6.2 样品制备

紫外可见吸收光谱通常是在溶液中利用紫外可见分光光度计进行测定的，因此固体样品需要转化为溶液，无机样品通常可用无机溶剂溶解或碱熔融，有机样品可用有机溶剂溶解或提取，有时还需要先用湿法或者干法将样品硝化，然后再转化为适合于光谱测定的溶液。在测量光谱时，需要在合适的溶剂中进行，溶剂必须符合必要的条件，对光谱分析用溶剂的要求是：对被测组分有良好的溶解能力，在测定波长范围内没有明显的吸收，被测组分在溶剂中有良好的吸收峰形；挥发性小，不易燃，无毒性，价格便宜等。

2.4.7 比表面积测定

BET（比表面积测定）是三位科学家（Brunauer、Emmett 和 Teller）的首字母缩写，三位科学家从经典统计理论基础上推导出的多分子层吸附公式，即著名的 BET 方程，成了颗粒表面吸附科学的理论基础，并被广泛应用于颗粒表面吸附性能研究及相关检测仪器的数据处理中。

基于 BET 多层吸附理论测定固体物质比表面积的基本原理，许多厂商研制了多种比表面积测定仪并在科研和工业产品品质检测中获得了广泛应用，最常见的有容量法、重量法及气相色谱法。其中，前两种为静态法，最后一种为动态法。BET静态吸附法是一种经典的比表面积测定方法，目前已有大量商品化的自动吸附仪，但其仪器装置复杂且价格昂贵、操作条件要求苛刻、测定周期较长，这类仪器主要用于科研和高端制造工业。而动态吸附法虽有快速、灵敏度高的优点，但受实验过程多种因素制约，在测定精度上有一定局限性。

2.4.8 光致发光光谱

光致发光光谱（PL），指物质在光的激发下，电子从价带跃迁至导带并在价带留下空穴，电子和空穴在各自的导带和价带中通过弛豫达到各自未被占据的最低激发态（在本征半导体中即导带底和价带顶），成为准平衡态，准平衡态下的电子和空穴再通过复合发光，形成不同波长光的强度或能量分布的光谱图。光致发光过程包括荧光发光和磷光发光。光致发光分析方法的实验设备比较简单，测量本身是非破坏性的，而且对样品的尺寸、形状以及样品两个外表间的平行度都没有特殊要求，它在探测的量子能量和样品空间大小上都具有很高的分辨率，因此适合于做薄层分析和微区分析。

参考文献

[1] 周卫．有序介孔二氧化钛纳米材料的制备与应用．哈尔滨：黑龙江大学出版社，2014.

[2] Kasuga T，Hiramatsu M，Hoson A et al. Formation of titanium oxide nanotube [J]. Langmuir，1998，14 (12)：3160-3163.

[3] Tian Z R，Voigt J A，Liu J，et al. Large oriented arrays and continuous films of TiO_2-based nanotubes. Journal of the American Chemical Society，2003，125 (41)：12384-12385.

[4] Yu J，Yu H，Cheng B，et al. Effects of calcination temperature on the microstructures and photocatalytic activity of titanate nanotubes. Journal of Molecular Catalysis A Chemical，2006，249 (1-2)：135-142.

[5] Wu X，Jiang Q Z，Ma Z F，et al. Synthesis of titania nanotubes by microwave irradiation. Solid State Communications，2005，136 (9-10)：513-517.

[6] Hoyer Patrick. Formation of a titanium dioxide nanotube array. Langmuir，1996，12 (6)：1411-1413.

[7] Zwilling V，Aucouturier M，Darque-Ceretti E. Anodic oxidation of titanium and TA6V alloy in chromic media. an electrochemical approach. Electrochimica Acta，1999，45 (6)：921-929.

[8] Gong D，Grimes C A，Varghese O K，et al. Titanium oxide nanotube arrays prepared by anodic oxidation. Journal of Materials Research，2001，16 (12)：3331-3334.

[9] Grimes C A. Synthesis and application of highly ordered arrays of TiO_2 nanotubes. Journal of Materials Chemistry，2007，17 (15)：1451-1457.

[10] Macak J M，Tsuchiya H，Taveira L，et al. Smooth anodic TiO_2 nanotubes. Angewandte Chemie International Edition，2005，44 (45)：7463-7465.

[11] Prakasam H E，Shankar K，Paulose M，et al. A new benchmark for TiO_2 nanotube array growth by anodization. The Journal of Physical Chemistry C，2007，111 (20)：7235-7241.

[12] Liu Z, Zhang X, Nishimoto S, et al. Highly ordered TiO_2 nanotube arrays with controllable length for photoelectrocatalytic degradation of phenol. The Journal of Physical Chemistry C, 2008, 112 (1): 253-259.

[13] Marelli M, Evangelisti C, Diamanti M V, et al. TiO_2 nanotubes arrays loaded with ligand-free Au nanoparticles: enhancement in photocatalytic activity. ACS Applied Materials and Interfaces, 2016, 8 (45): 31051-31058.

[14] Low J, Qiu S, Xu D, et al. Direct evidence and enhancement of surface plasmon resonance effect on Ag-loaded TiO_2 nanotube arrays for photocatalytic CO_2 reduction. Applied Surface Science, 2017, 434.

[15] Li Y J, Ma M Y, Chen W, et al. Preparation of Ag-doped TiO_2 nanoparticles by a miniemulsion method and their photoactivity in visible light illuminations. Materials Chemistry and Physics, 2011, 129 (1): 501-505.

[16] Min T, Wu G, Chen A. Unique electrochemical catalytic behavior of Pt nanoparticles deposited on TiO_2 nanotubes. Acs Catalysis, 2012, 2 (3): 425-432.

[17] Wen Y, Liu B, Zeng W, et al. Plasmonic photocatalysis properties of Au nanoparticles precipitated anatase/rutile mixed TiO_2 nanotubes. Nanoscale, 2013, 5 (20): 9739-9746.

[18] Kalarivalappil V, Divya C M, Wunderlich W, et al. Pd loaded TiO_2 nanotubes for the effective catalytic reduction of *p*-nitrophenol. Catalysis Letters, 2016, 146 (2): 474-482.

[19] Sun L, Li J, Wang C L, et al. An electrochemical strategy of doping Fe^{3+} into TiO_2 nanotube array films for enhancement in photocatalytic activity. Solar Energy Materials and Solar Cells, 2009, 93 (10): 1875-1880.

[20] Elsellami L, Dappozze F, Houas A, et al. Effect of Ag^+ reduction on the photocatalytic activity of Ag-doped TiO_2. Superlattices and Microstructures, 2017, 109: 511-518.

[21] Parnicka P, Mazierski P, Grzyb T, et al. Preparation and photocatalytic activity of Nd-modified TiO_2 photocatalysts: insight into the excitation mechanism under visible light. Journal of Catalysis, 2017, 353: 211-222.

[22] Yang Y, Zhang C, Xu Y, et al. Electrospun Er: TiO_2 nanofibrous films as efficient photocatalysts under solar simulated light. Materials Letters, 2010, 64 (2): 147-150.

[23] Fan C, Xue P, Sun Y. Preparation of nano-TiO_2 doped with cerium and its photocatalytic activity. Journal of Rare Earths, 2006, 24 (3): 309-313.

[24] Li M, Zhang X, Liu Y, et al. Pr^{3+} doped biphasic TiO_2 (rutile-brookite) nanorod arrays grown on activated carbon fibers: hydrothermal synthesis and photocatalytic properties. Applied Surface Science, 2018, 440: 1172-1180.

[25] Mazierski P, Lisowski W, Grzyb T, et al. Enhanced photocatalytic properties of lanthanide-TiO_2 nanotubes: an experimental and theoretical study. Applied Catalysis B Environmental, 2017, 205: 376-385.

[26] Ghicov A, Macak J M, Tsuchiya H, et al. Ion implantation and annealing for an efficient N-doping of TiO_2 nanotubes. Nano Letters, 2006, 6 (5): 1080-1082.

[27] Vitiello R P, Macak J M, Ghicov A, et al. N-Doping of anodic TiO_2 nanotubes using heat treat-

ment in ammonia. Electrochemistry Communications，2006，8（4）：544-548.

[28] Hahn R，Ghicov A，Salonen J，et al. Carbon doping of self-organized TiO_2 nanotube layers by thermal acetylene treatment. Nanotechnology，2007，18（10）：105604.

[29] Yang H，Pan C. Synthesis of carbon-modified TiO_2 nanotube arrays for enhancing the photocatalytic activity under the visible light. Journal of Alloys and Compounds，2010，501（1）：L8-L11.

[30] Zhao Y，Li Y，Wang C W，et al. Carbon-doped anatase TiO_2 nanotube array/glass and its enhanced photocatalytic activity under solar light. Solid State Sciences，2013，15：53-59.

[31] Chen S，Paulose M，Ruan C，et al. Electrochemically synthesized CdS nanoparticle-modified TiO_2 nanotube-array photoelectrodes：preparation，characterization，and application to photoelectrochemical cells. Journal of Photochemistry and Photobiology A：Chemistry，2006，177（2-3）：177-184.

[32] Lin C J，Yu Y H，Liou Y H. Free-standing TiO_2 nanotube array films sensitized with CdS as highly active solar light-driven photocatalysts. Applied Catalysis B：Environmental，2009，93（1-2）：119-125.

[33] Si H Y，Sun Z H，Zhang H L. Photoelectrochemical response from CdSe-sensitized anodic oxidation TiO_2 nanotubes. Colloids and Surfaces A：Physicochemical and Engineering Aspects，2008，313：604-607.

[34] Nageri M，Kalarivalappil V，Vijayan B K，et al. Titania nanotube arrays surface-modified with ZnO for enhanced photocatalytic applications. Materials Research Bulletin，2016，77：35-40.

[35] Park H，Yang D J，Kim H G，et al. Fabrication of MgO-coated TiO_2 nanotubes and application to dye-sensitized solar cells. Journal of electroceramics，2009，23（2-4）：146-149.

[36] Yang L，Xiao Y，Liu S，et al. Photocatalytic reduction of Cr（Ⅵ）on WO_3 doped long TiO_2 nanotube arrays in the presence of citric acid. Applied Catalysis B：Environmental，2010，94（1-2）：142-149.

[37] Hamandi M，Berhault G，Guillard C，et al. Reduced graphene oxide/TiO_2 nanotube composites for formic acid photodegradation. Applied Catalysis B：Environmental，2017，209：203-213.

[38] Wang X，Maeda K，Thomas A，et al. A metal-free polymeric photocatalyst for hydrogen production from water under visible light. Nature Materials，2009，8（1）：76.

[39] Liu L，Zhang G，Irvine J T S，et al. Organic semiconductor g-C_3N_4 modified TiO_2 nanotube arrays for enhanced photoelectrochemical performance in wastewater treatment. Energy Technology，2015，3（9）：982-988.

[40] Zhou D，Chen Z，Yang Q，et al. In-situ construction of all-solid-state Z-scheme g-C_3N_4/TiO_2 nanotube arrays photocatalyst with enhanced visible-light-induced properties. Solar Energy Materials and Solar Cells，2016，157：399-405.

[41] Zhang Q，Wang H，Chen S，et al. Three-dimensional TiO_2 nanotube arrays combined with g-C_3N_4 quantum dots for visible light-driven photocatalytic hydrogen production. RSC Advances，2017，7（22）：13223-13227.

[42] Wang H，Liang Y，Liu L，et al. Highly ordered TiO_2 nanotube arrays wrapped with g-C_3N_4 nanoparticles for efficient charge separation and increased photoelectrocatalytic degradation of phe-

nol. Journal of Hazardous Materials，2018，344：369-380.

[43] Hamandi M，Berhault G，Guillard C，et al. Reduced graphene oxide/TiO_2 nanotube composites for formic acid photodegradation. Applied Catalysis B：Environmental，2017，209：203-213.

[44] Weon S，Choi J，Park T，et al. Freestanding doubly open-ended TiO_2 nanotubes for efficient photocatalytic degradation of volatile organic compounds. Applied Catalysis B：Environmental，2017，205：386-392.

[45] Lachheb H，Puzenat E，Houas A，et al. Photocatalytic degradation of various types of dyes (Alizarin S，Crocein Orange G，Methyl Red，Congo Red，Methylene Blue) in water by UV-irradiated titania. Applied Catalysis B：Environmental，2002，39 (1)：75-90.

[46] Su Y L，Deng Y，Zhao L，et al. Photocatalytic degradation of microcystin-LR using TiO_2 nanotubes under irradiation with UV and natural sunlight. Chinese Science Bulletin，2013，58 (10)：1156-1161.

[47] 李耀邦．TiO_2 纳米管阵列改性及抗生素和 Cr（Ⅵ）光电脱毒研究［D］. 南昌：南昌航空大学，2019.

[48] 方旭旭．改性 TiO_2 光催化剂的制备及其对诺氟沙星降解的研究［D］. 信阳：信阳师范学院，2017.

[49] 李海龙，朱地，刘冉冉，等．二氧化钛纳米管灭菌效果研究．天津：中国化学会第 26 届学术年会环境化学分会场论文集，2008.

[50] 高雅男．二氧化钛-钒酸铋复合材料光催化降解布洛芬的研究．无机盐工业，2019，51 (6)．

[51] Vaiano V，Sacco O，Sannino D，et al. Photocatalytic removal of spiramycin from wastewater under visible light with N-doped TiO_2 photocatalysts. Chemical Engineering Journal，2015，261：3-8.

[52] Marien C B D，Cottineau T，Robert D，et al. TiO_2 Nanotube arrays：influence of tube length on the photocatalytic degradation of paraquat. Applied Catalysis B Environmental，2016，194：1-6.

[53] Song W W. Evaluation of photocatalytic degradation of formaldehyde by nano titanium dioxide. Biological Chemical Engineering，2018，4 (6)：4-7.

[54] 林文娇．石墨烯-二氧化钛复合光催化剂对两种典型 VOCs 的降解特性研究［D］. 上海：中国科学院上海硅酸盐研究所，2018.

[55] 严红芳．离子液体辅助制备 TiO_2 及光催化降解气相甲苯［D］. 徐州：中国矿业大学，2019.

[56] 周诗文．掺杂二氧化钛可见光催化活性的密度泛函研究［D］. 长沙：湖南大学，2016.

[57] 高鑫．理论研究 TiO_2 纳米管染料敏化太阳能电池中的电子传输［D］. 长春：吉林大学，2019.

[58] Van Duin A C T，Dasgupta S，Lorant F，et al. ReaxFF：a reactive force field for hydrocarbons. Journal of Physical Chemistry A，2001，105 (41)：9396-9409.

[59] Raymand D，Van Duin A C T，Baudin M，et al. A reactive force field (ReaxFF) for zinc oxide. Surface Science，2008，602 (5)：1020-1031.

[60] Kim S Y，Van Duin A C T，Kubicki J D. Molecular dynamics simulations of the interactions between TiO_2 nanoparticles and water with Na^+ and Cl^-，methanol，and formic acid using a reactive force field. Journal of Materials Research，2013，28 (3)：513-520.

[61] Fan H，Chen D，Liu P，et al. Structural and transport properties of FeO-TiO_2 system through molecular dynamics simulations. Journal of Non-Crystalline Solids，2018，493 (February)：

57-64.

[62] Pawar R C, Kang S, Han H, et al. In situ reduction and exfoliation of g-C_3N_4 nanosheets with copious active sites via a thermal approach for effective water splitting. Catalysis Science and Technology, 2019, 9 (4): 1004-1012.

[63] 鲍勇霖. 高光催化活性类石墨相氮化碳的制备与优化 [D]. 沈阳: 辽宁大学, 2019.

[64] You M Z, Yi S S, Xia D C, et al. Bio-inspired SiO_2-hard-template reconstructed g-C_3N_4 nanosheets for enhanced photocatalytic hydrogen evolution. Catalysis Science & Technology, 2020, 10 (14): 4655-4662.

[65] Li Y, Zhang D N, Fan J J, et al. Highly crystalline carbon nitride hollow spheres with enhanced photocatalytic performance. Chinese Journal of Catalysis, 2021, 42 (4): 627-636.

[66] Zhao Z L, Wang X L, Shu Z, et al. Facile preparation of hollow-nanosphere based mesoporous g-C_3N_4 for highly enhanced visible-light-driven photocatalytic hydrogen evolution. Applied Surface Science, 2018, 455: 591-598.

[67] Bi X J, Yu S R, Liu E Y, et al. Construction of g-C_3N_4/TiO_2 nanotube arrays Z-scheme heterojunction to improve visible light catalytic activity. Colloids and Surfaces A: Physicochemical and Engineering Aspects, 2020, 603: 125-133.

[68] Wu J, Feng Y J, Han X Y, et al. Efficient photocatalytic CO_2 reduction by P-O linked g-C_3N_4/TiO_2-nanotubes Z-scheme composites. Energy, 2019, 178: 168-175.

[69] Jin C Y, Xu C H, Chang W X, et al. Bimetallic phosphide NiCoP anchored g-C_3N_4 nanosheets for efficient photocatalytic H_2 evolution. Journal of Alloys and Compounds, 2019, 803: 205-215.

[70] Zhang Z J, Yin Q, Xu L L, et al. Potassium-doped-C_3N_4/$Cd_{0.5}Zn_{0.5}S$ photocatalysts toward the enhancement of photocatalytic activity under visible-light. Journal of Alloys and Compounds, 2020, 816: 152-174.

[71] Nguyen L M T, Jitae K, Bach L G, et al. Ag-doped graphitic carbon nitride photocatalyst with remarkably enhanced photocatalytic activity towards antibiotic in hospital wastewater under solar light. Journal of Industrial and Engineering Chemistry, 2019, 80 (C): 597-605.

[72] Song X F, Tao H, Chen L X, et al. Synthesis of Fe/g-C_3N_4 composites with improved visible light photocatalytic activity. Materials Letters, 2014, 116: 265-267.

[73] Xu Q, Jiang C, Cheng B, et al. Enhanced visible-light photocatalytic H_2-generation activity of carbon/g-C_3N_4 nanocomposites prepared by two-step thermal treatment. Dalton Transactions, 2017, 46 (32): 10611-10619.

[74] Li J, Yang R X, Hu D D, et al. Efficient bacterial inactivation with S-doped g-C_3N_4 nanosheets under visible light irradiation. Environmental Science and Pollution Research International, 2022, 29 (23): 637-650.

[75] Deng Y C, Zhou Z P, Zeng H, et al. Phosphorus and kalium co-doped g-C_3N_4 with multiple-locus synergies to degrade atrazine: insights into the depth analysis of the generation and role of singlet oxygen. Applied Catalysis B: Environmental, 2023, 320: 121-140.

[76] Li D, Cheng J H, Jiang Z, et al. Ammonia synthesis by enhanced photocatalysis of N_2 over oxygen-sulfur co-doped semi-crystalline g-C_3N_4. Journal of Materials Science, 2022, 57 (48):

21869-21884.

[77] Zhang W J, Xu D T, Wang F J, et al. Enhanced photocatalytic performance of S/Cd co-doped g-C_3N_4 nanorods for degradation of dyes. Colloids and Surfaces A: Physicochemical and Engineering Aspects, 2022, 653: 130-145.

[78] Zhang G G, Wang X C. A facile synthesis of covalent carbon nitride photocatalysts by Co-polymerization of urea and phenylurea for hydrogen evolution. Journal of Catalysis, 2013, 307: 246-253.

[79] Wang Z L, Huo Y X, Fan Y P, et al. Facile synthesis of carbon-rich g-C_3N_4, by copolymerization of urea and tetracyanoethylene for photocatalytic degradation of Orange Ⅱ. Journal of Photochemistry and Photobiology A: Chemistry, 2018, 358: 61-69.

[80] He K L, Xie J, Liu Z Q, et al. Multi-functional Ni_3C cocatalyst/g-C_3N_4 nanoheterojunctions for robust photocatalytic H_2 evolution under visible light. Journal of Materials Chemistry A, 2018, 6 (27): 13110-13122.

[81] Liang Q Q, Yu L H, Jiang W, et al. One-pot synthesis of magnetic graphitic carbon nitride photocatalyst with synergistic catalytic performance under visible-light irradiation. Journal of Photochemistry and Photobiology A: Chemistry, 2017, 335: 165-173.

[82] Qi K Z, Lyu W X, Khan I, et al. Photocatalytic H_2 generation via CoP quantum-dot-modified g-C_3N_4 synthesized by electroless plating. Chinese Journal of Catalysis, 2020, 41 (1): 114-121.

[83] Li Y B, Jin Z L, Zhang L J, et al. Controllable design of Zn-Ni-P on g-C_3N_4 for efficient photocatalytic hydrogen production. Chinese Journal of Catalysis, 2019, 40 (3): 390-402.

[84] Pan J M, Shen W, Zhang Y H, et al. Metal-free SiOC/g-C_3N_4 heterojunction composites with efficient visible-light photocatalytic H_2 production. Applied Surface Science, 2020, 520: 146-157.

[85] Su F Y, Chen Y L, Wang R P, et al. Diazanyl and SnO_2 bi-activated g-C_3N_4 for enhanced photocatalytic CO_2 reduction. Sustainable Energy & Fuels, 2021, 5 (4): 1034-1043.

[86] Li M H, Wu Y H, Gu E Y, et al. Anchoring CuO nanospindles on g-C_3N_4 nanosheets for photocatalytic pollutant degradation and CO_2 reduction. Journal of Alloys and Compounds, 2022, 914: 339-351.

[87] Singh A, Alam U, Chakraborty P, et al. A sustainable approach for the production of formate from CO_2 using microalgae as a clean biomass and improvement using potassium-doped g-C_3N_4. Chemical Engineering Journal, 2023, 454 (P2): 403-422.

[88] Du J G, Xu Z, Li H, et al. Ag_3PO_4/g-C_3N_4 Z-scheme composites with enhanced visible-light-driven disinfection and organic pollutants degradation: uncovering the mechanism. Applied Surface Science, 2021, 541: 848-853.

[89] Vijayarohini P, Parasuraman P S, Sharmin M A, et al. Improved photocatalytic disinfection of dual oxidation state (dos) -Ni/g-C_3N_4 under indoor daylight. Journal of Photochemistry and Photobiology A: Chemistry, 2023, 434: 262-281.

[90] Yang X X, Sun J D, Sheng L N, et al. Carbon dots cooperatively modulating photocatalytic performance and surface charge of O-doped g-C_3N_4 for efficient water disinfection. Journal of Colloid and Interface Science, 2022, 631 (Pt A): 25-34.

[91] Didem A, Meral D. g-C_3N_4 supported Ag/AgCl@MIL-88A MOF based triple composites for

highly efficient diuron photodegradation under visible LED light irradiation. Journal of Water Process Engineering，2023，51：104-115.

[92] Xing Z H，Wang Z J，Chen W H，et al. Degradation of levofloxacin in wastewater by photoelectric and ultrasonic synergy with $TiO_2/g\text{-}C_3N_4$@AC combined electrode. Journal of Environmental Management，2023，330：117-125.

[93] Bao J，Bai W D，Wu M B，et al. Template-mediated copper doped porous $g\text{-}C_3N_4$ for efficient photodegradation of antibiotic contaminants. Chemosphere，2022，293：607-615.

[94] 刘超，侯文华，张勤芳．光催化复合材料．南京：南京大学出版社，2018.

[95] 徐勇，范小红．X射线衍射测试分析基础教程．北京：化学工业出版社，2014.

[96] 柯以侃．ATC 007 紫外-可见吸收光谱分析技术．北京：中国标准出版社，2013.

第3章 二氧化钛纳米管的制备及优化过程

阳极氧化法制备的 TiO_2 纳米管阵列在光催化降解中具有较高的应用价值，但相对于三维的 TiO_2 纳米粒子光催化效率较低，提高光降解效率要从 TiO_2 纳米管阵列的结构及性质着手。电解液对 TiO_2 纳米管阵列的表面平整度、管壁状态、管径及管长有着重要的影响。将 TiO_2 纳米管阵列合成所使用的电解液分为无机电解液体系和有机电解液体系。无机电解液体系包括含 HF 的酸性较强的溶液（$pH<3$）及弱酸性（$pH=3\sim6$）含氟的盐类溶液，合成的 TiO_2 纳米管阵列具有合成时间短及氧化电压低等优点，但纳米管阵列在可控制备方面还有待于进一步的探索。本章以 NH_4F/H_3PO_4 无机体系作为电解液，系统地研究搅拌速率、煅烧温度、煅烧时间、F^- 浓度、H_3PO_4 添加量、氧化电压及氧化时间等条件，制备一系列的 TiO_2 纳米管阵列；使用 Box-Behnken 实验设计方法在 Design Expert 软件中分析，以寻找最适的制备条件；并通过电流实时监控实验过程，得出不同氧化时间 TiO_2 纳米管阵列生长过程与电流的关系，初步探讨 TiO_2 纳米管阵列的生长机制。

3.1 材料制备

(1) 钛片的预处理

本研究使用纯度为 99.5% 的钛片，厚度大约为 0.25mm，首先将钛片剪裁成 2cm×2.5cm 大小的长方形，依序置入洗涤剂、丙酮、乙醇、去离子水及硝酸溶液中，分别超声振荡 20min，最后以去离子水再超声振荡 20min，即完成试片清洁工作。

(2) 电解液的配制

按配比称量电解液所需药品并溶解，在磁力搅拌器的作用下搅拌均匀，待用。

(3) 阳极氧化反应

采用两极式电化学阳极氧化法制备 TiO_2 纳米管阵列。将清洁过的钛片连接至电源供应器作阳极，阴极为 Pt 片，两极面对面置于反应槽中，相距为 (2±0.5)cm。改变的反应条件有氧化时间、氧化电压、电解液、搅拌速率及反应温度等[1]。在阳极氧化反应过程中采用实时的电流检测，以分析不同反应时间的电流变化情况。阳极氧化法制备 TiO_2 纳米管阵列实验装置见图 3-1。

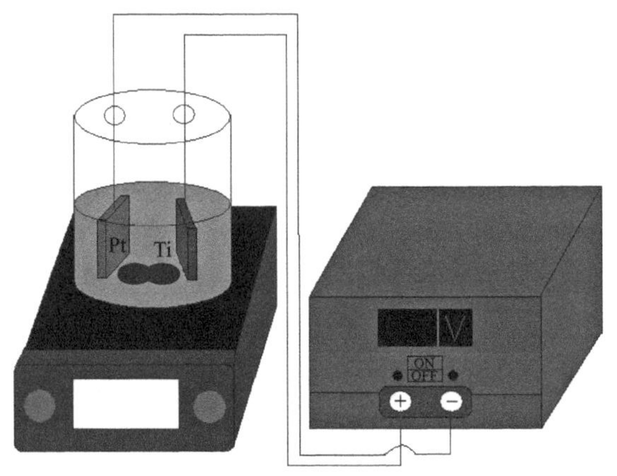

图 3-1 TiO_2 纳米管阵列制备仪器装置示意图

(4) TiO_2 纳米管阵列的后处理

将反应后的阳极氧化试片以去离子水超声波洗涤 10min（洗掉黏稠的电解液，以减少杂质的残留），置于烘箱中干燥后，再置于马弗炉中煅烧，改变煅烧温度和煅烧时间，升温速率设定为 10℃/min，得到形成晶形的 TiO_2 纳米管阵列。

3.2 制备条件对二氧化钛纳米管阵列的影响

3.2.1 搅拌速率的影响

搅拌可使液体发生某种方式的流动，从而使电解液混合均匀，并促进化学反应、传质和传热过程的进行。图 3-2 所示为电压 20V、反应时间 120min、电解液为 0.2mol/L H_3PO_4 与 0.3mol/L NH_4F 的混合溶液、500℃煅烧 2h、在不同搅拌速率下所得 TiO_2 纳米管阵列的 FESEM（场发射扫描电子显微镜）照片，插图为各自条件对应的 FESEM 截面照片。图 3-2(a) 中观察到无搅拌时，表面出现一些不规则孔，且从截面图中看出管长较短，具体数据见

表 3-1。这是由于在无搅拌条件下，电解液混合不均匀，影响了离子的传输，从而出现孔径的不均一。当搅拌速率为 150r/min 时，孔均匀，管壁垂直，且管长最长为 0.75μm。随着搅拌速率增加至 300r/min，尽管一些孔出现收缩和扩张，管径不均匀，但管状结构仍清晰可见，只是管长稍有变短。当搅拌速率至 600r/min 时，TiO_2 纳米管的表面结构被破坏。这是因为在搅拌过程中流体流动模式对 TiO_2 纳米管阵列的生长是有一定影响的。雷诺系数（N'_{Re}）是流动形态判定的参数，其计算方程为：

$$N'_{Re}=\frac{\rho v d}{\mu} \tag{3-1}$$

式中，v 为流体的流速；ρ 为流体密度；μ 为流体的黏性系数；$N'_{Re}<10^4$ 为层流，$N'_{Re}>10^4$ 为湍流。通过计算可知，当搅拌速率在 150r/min 到 600r/min 变化时，雷诺系数（N'_{Re}）值在 250～1000 之间变化，而当搅拌速率在 600r/min 时雷诺系数是接近湍流的，对 TiO_2 纳米管阵列的生长影响较大，出现不规则形貌是不可避免的。在 150r/min 的搅拌速率下接近层流状态，电化学和动力学较平衡，出现形貌规则的 TiO_2 纳米管阵列。从表 3-1 中看出管径变化不大，管长随着搅拌速率的增加而减小，这是由于搅拌速率能提高离子流动性和化学溶解速率，使其快速达到化学平衡而使管长降低。

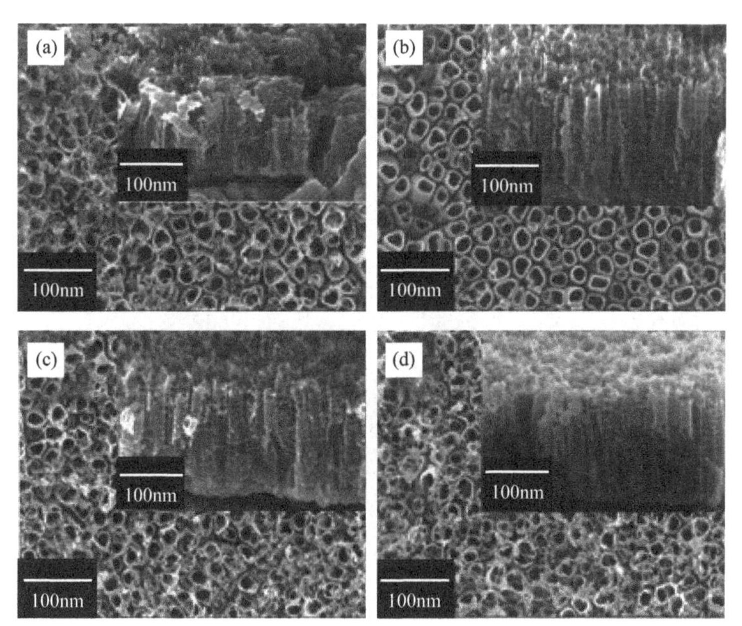

图 3-2　不同搅拌速率下所得 TiO_2 纳米管阵列的 FESEM 照片

(a) 无搅拌；(b) 150r/min；(c) 300r/min；(d) 600r/min

表 3-1　不同搅拌速率下所得 TiO_2 纳米管阵列的管长和内径

搅拌速率/(r/min)	内径/nm	管长/μm
无搅拌	60	0.66
150	62	0.75
300	62	0.71
600	61	0.67

3.2.2　煅烧温度的影响

图 3-3 为 Ti 片于 0.2mol/L H_3PO_4 与 0.3mol/L NH_4F 的电解液体系中，在 20V 的阳极氧化电压下反应 120min 所制备 TiO_2 纳米管阵列经不同温度煅烧 2h 的 FESEM 照片，插图为各煅烧温度下对应的 FESEM 截面照片。管径和管长列于表 3-2。未煅烧时 TiO_2 纳米管阵列表面孔均一，平均孔径为 66nm，从截面照片中可以看出，得到了垂直于钛片的清晰管状结构，其管长为 0.82μm。当煅烧温度从 300℃到 500℃变化时，孔径和管长并没有明显的变化，始终都维持良好的孔结构，且在 500℃煅烧时，相对于未煅烧纳米管阵列有更好的有序性结构，这可能是由于在适当温度煅烧下能有效地移除 F^- 等其他挥发性的杂质使表面光滑之故。从图 3-3(d) 的截面照片中可以发现纳米管

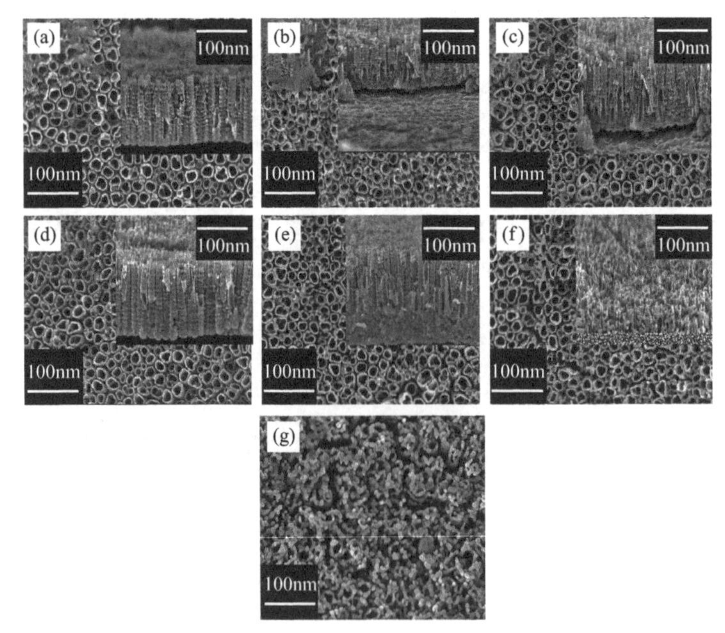

图 3-3　不同煅烧温度下所得 TiO_2 纳米管阵列的 FESEM 照片

(a) 未煅烧；(b) 300℃；(c) 400℃；(d) 500℃；(e) 600℃；(f) 700℃；(g) 800℃

呈竹节状生长，这很可能是在阳极氧化过程中出现了氧化物生长和化学溶解之间的准静态过程，这种准静态不同于静态化学，它是在形成 TiO_2 纳米管的每一中间状态都处于平衡状态，只是一个短暂周期。图 3-4 所示为 500℃煅烧时的 TiO_2 纳米管阵列底部 FESEM 照片，可以看到 TiO_2 阻挡层呈半球形嵌入钛金属基底，纳米管底部是封闭的，这种结构使 TiO_2 纳米管阵列薄膜结构具有一定的稳定性。这些发现与他人的研究结果相符[2]。这种底部封闭结构说明当 TiO_2 纳米管薄膜从 Ti 片移除时仍可以保持高度有序的纳米管结构。当温度从 600℃增加至 700℃时，孔径和管长是逐渐下降的，这是因为在此期间锐钛矿相 TiO_2 纳米管阵列逐渐转变成金红石相 TiO_2 纳米管阵列。当升温至 800℃时表面孔结构坍塌，出现致密的金红石相，并有颗粒状 TiO_2 存在。这种晶相的转变不仅对形貌有严重的影响，而且影响了纳米管阵列与金属基底之间的结合力，从而影响其应用性能。

表 3-2　不同煅烧温度下所得 TiO_2 纳米管阵列的管长和内径

煅烧温度/℃	内径/nm	管长/μm
未煅烧	66	0.82
300	60	0.68
400	65	0.71
500	63	0.73
600	56	0.71
700	54	0.46
800	—	—

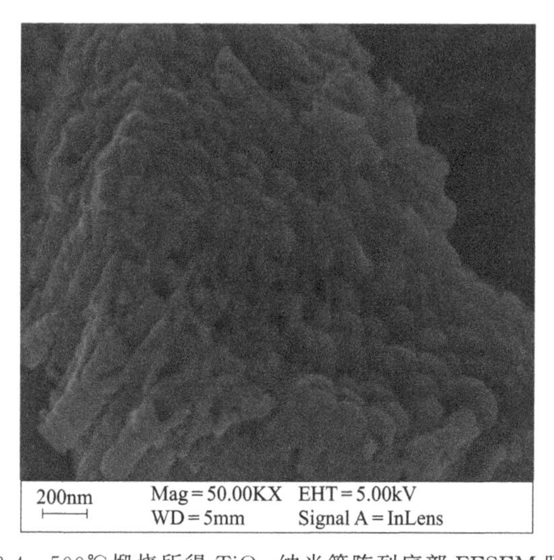

图 3-4　500℃煅烧所得 TiO_2 纳米管阵列底部 FESEM 照片

3.2.3 F^-浓度的影响

图 3-5 为氧化电压 20V、反应时间 120min、搅拌速率 150r/min、500℃煅烧 2h，在不同 F^- 浓度中所得 TiO_2 纳米管阵列的 FESEM 照片，插图为各条件下对应的 FESEM 截面照片。当 NH_4F 浓度为 0.1mol/L 时得到的是无序结构，表面被无序的膜所覆盖，管长也较短，为 0.49μm。当 0.2mol/L H_3PO_4 加入其中时，管径清晰可见。这是由于 H_3PO_4 具有较高的黏度，使用黏度计进行检测，在 50r/min 时，0.1mol/L NH_4F 溶液的黏度为 1.44cP，而 0.2mol/L H_3PO_4 与 0.1mol/L NH_4F 混合溶液的黏度为 2.00cP，所以 H_3PO_4 起到缓冲剂的作用，阻止了纳米管阵列在生长过程中的快速刻饰。而且 PO_4^{3-} 被吸附于 TiO_2 纳米管阵列的表面从而改性电场强度。综合考虑，H_3PO_4 的加入能使 TiO_2 纳米管阵列在最合适的化学溶解和电场强度下均匀稳定地生长，使管长有所增加，见表 3-3。规则有序的形貌出现在 0.2mol/L H_3PO_4 与 0.3mol/L NH_4F 的混合溶液条件下，其孔径为 62nm，管长为 0.75μm。随着 F^- 浓度增至 0.5mol/L，表面有若干絮状物出现，F^- 浓度增至 0.7mol/L 时，纳米管结构被破坏，这说明化学溶解过快不能形成规则的管状结构。我们通常认为 $[TiF_6]^{2-}$ 决定扩散速率，即决定 F^- 快速流入纳米管的孔道内和从孔道渗出 F^- 的速率。在阳极氧化的起始阶段，由于 F^- 的流动使 Ti 片上出现了小凹点，继续被刻蚀形成薄的阻挡层，阻挡层能够快速释放 Ti^{4+} 进行下一次循环。当 F^- 浓度高于 0.5mol/L 时，将导致快速地刻蚀 TiO_2 纳米管，而当浓度低于 0.3mol/L 时，TiO_2 纳米管阵列的生长速率太慢以至于不能导致纳米管形成。可见适当的 F^- 浓度有利于获得薄的阻挡层和加速离子从阻挡层向金属表面的快速流动，从而形成长的纳米管。所以我们认为此体系最佳的纳米管生长电解液为 0.2mol/L H_3PO_4 与 0.3mol/L NH_4F 的混合液。

表 3-3 不同 F^- 浓度下所得 TiO_2 纳米管阵列的管长和内径

电解质	内径/nm	管长/μm
0.1mol/L NH_4F	—	0.49
0.2mol/L H_3PO_4+0.1mol/L NH_4F	68	0.68
0.2mol/L H_3PO_4+0.3mol/L NH_4F	62	0.75
0.2mol/L H_3PO_4+0.5mol/L NH_4F	59	1.22
0.2mol/L H_3PO_4+0.7mol/L NH_4F	45	1.42

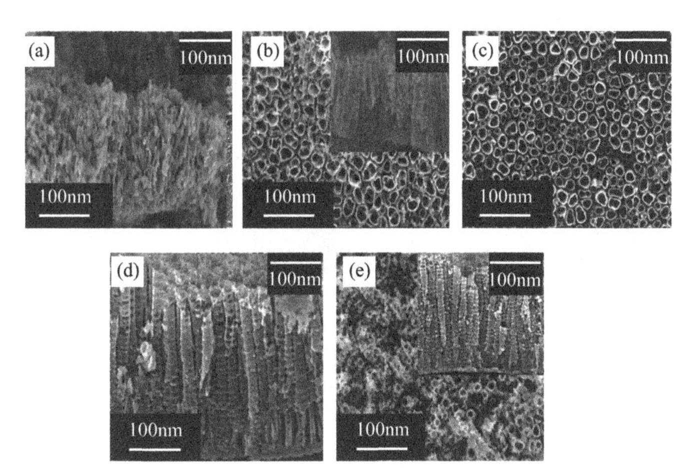

图 3-5 不同 F^- 浓度下所得 TiO_2 纳米管阵列的 FESEM 照片

(a) 0.1mol/L NH_4F；(b) 0.2mol/L H_3PO_4+0.1mol/L NH_4F；(c) 0.2mol/L H_3PO_4+0.3mol/L NH_4F；(d) 0.2mol/L H_3PO_4+0.5mol/L NH_4F；(e) 0.2mol/L H_3PO_4+0.7mol/L NH_4F

3.2.4 H_3PO_4 浓度的影响

图 3-6 为氧化电压 20V，反应时间 120min，搅拌速率 150r/min，500℃煅烧 2h，不同 H_3PO_4 浓度添加入 0.3mol/L NH_4F 溶液中所制的 TiO_2 纳米管阵列 FESEM 照片，插图为各自条件下对应的 FESEM 截面照片，管径和管长见表 3-4。当添加 H_3PO_4 浓度为 0.1mol/L 时，表面发生微无序现象，虽然 H_3PO_4 有缓冲剂的作用，增加其黏度，但浓度较低时不能有效地阻止 TiO_2 纳米管阵列在生长过程中的快速刻蚀。但当浓度为 0.3mol/L 时，只有少量的孔状结构可见，说明 H_3PO_4 浓度过大使得 H^+ 的浓度增大，H^+ 的影响程度要大于黏度的影响程度，使 Ti^{4+} 加速形成 $[TiF_6]^{2-}$，导致快速刻蚀 TiO_2 纳米管阵列。由图 3-6(d) 发现，H^+ 浓度过大时整个孔结构严重破坏，且结构坍塌，无法形成管状结构。

表 3-4 不同 H_3PO_4 浓度下所得 TiO_2 纳米管阵列的管长和内径

浓度	内径/nm	管长/μm
0.1mol/L H_3PO_4	60	0.80
0.2mol/L H_3PO_4	62	0.75
0.3mol/L H_3PO_4	—	0.74
0.4mol/L H_3PO_4	—	—

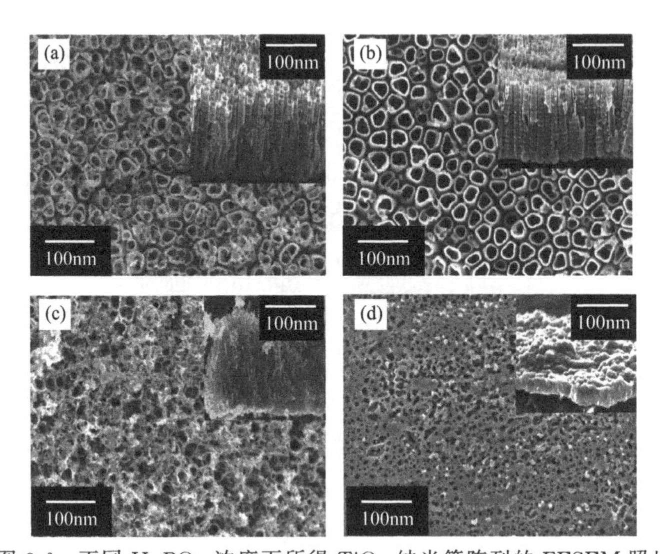

图 3-6 不同 H_3PO_4 浓度下所得 TiO_2 纳米管阵列的 FESEM 照片

(a) 0.1mol/L H_3PO_4；(b) 0.2mol/L H_3PO_4；(c) 0.3mol/L H_3PO_4；(d) 0.4mol/L H_3PO_4

3.2.5 阳极氧化电压的影响

图 3-7 为 Ti 片于 0.2mol/L H_3PO_4 与 0.3mol/L NH_4F 混合电解液中反应 120min，搅拌速率 150r/min，500℃煅烧 2h，在不同反应电压下所得 TiO_2 纳米管阵列的 FESEM 照片，插图为各自条件下对应的 FESEM 截面照片，管长和管径列于表 3-5。由图 3-7 和表 3-5 分析可知，TiO_2 纳米管阵列的孔径和形貌与氧化电压密切相关，低电压和高电压条件都不能获得纳米管阵列结构。随着氧化电压的升高，孔径逐渐增加，这是因为在低电压时，阳极氧化过程的电场强度小，溶解速度慢，孔径较小；当电压逐渐提高时，电场强度增强，溶解加快，孔径不断扩大。当电压增至 30V 时，出现海绵状的无序结构。这主要是由于在高电压的情况下，电场强度越大，使其加速阻挡层的溶解进而无法形成 TiO_2 纳米管阵列。从截面照片看出，管长随着电压增加至 20V 而达到最大值，且截面管状排列整齐，互相平行并垂直于表面。但随电压增加管长却降低，至 30V 时管壁多处被击穿，已经不能清晰地观察到管状结构，可见电压对 TiO_2 纳米管阵列的形貌和管径有着重要的影响[3]。随着电压的逐渐提高，管长是逐渐增大的，这可能是由于适当地增加电压，Ti—O 键易断裂，产生大量 Ti^{4+}，在管底部加速化学刻蚀，使管的长度增加，但当使用的阳极氧化电压超过 20V 时，管壁的化学溶解速度过大而使规则的结构被破坏，管长降低。

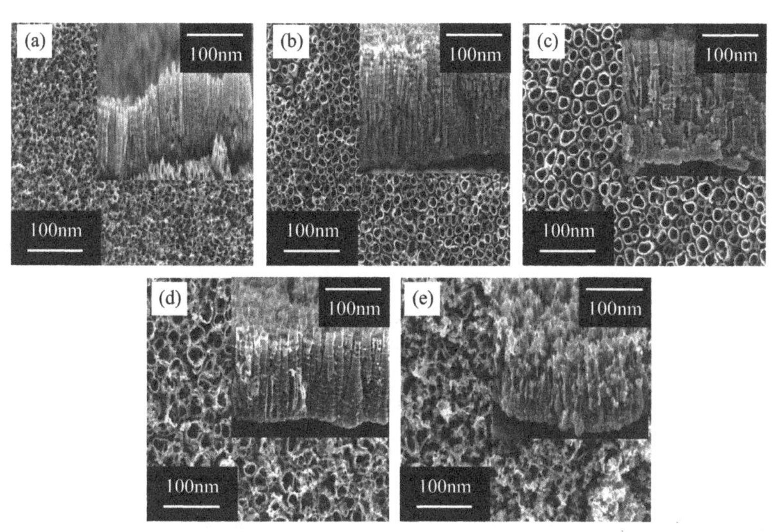

图 3-7　不同氧化电压下所得 TiO_2 纳米管阵列的 FESEM 照片

(a) 10V；(b) 15V；(c) 20V；(d) 25V；(e) 30V

表 3-5　不同氧化电压下所得 TiO_2 纳米管阵列的管长和内径

电压/V	内径/nm	管长/μm
10	30	0.30
15	40	0.81
20	61	0.89
25	—	0.71
30	—	0.56

3.2.6　阳极氧化时间的影响

图 3-8 为 Ti 片在 0.2mol/L H_3PO_4 与 0.3mol/L NH_4F 混合溶液中，20V 电压，150r/min 搅拌速率，500℃煅烧 2h，不同氧化时间所得 TiO_2 纳米管阵列的 FESEM 照片，插图为不同氧化时间的 FESEM 截面照片。TiO_2 纳米管阵列生长是一个电化学腐蚀和化学溶解的竞争过程，管长度增加的方法是减缓腐蚀速率，使其稳定生长。10min 反应后，出现小而不规则的孔径。反应 60min 后，规则的 TiO_2 纳米管出现。从表 3-6 可以看出，随着氧化时间的增加纳米管逐渐增长，而管径却变化不大。当孔底部和孔顶部的化学溶解和刻蚀达到平衡时，管长不再增加。

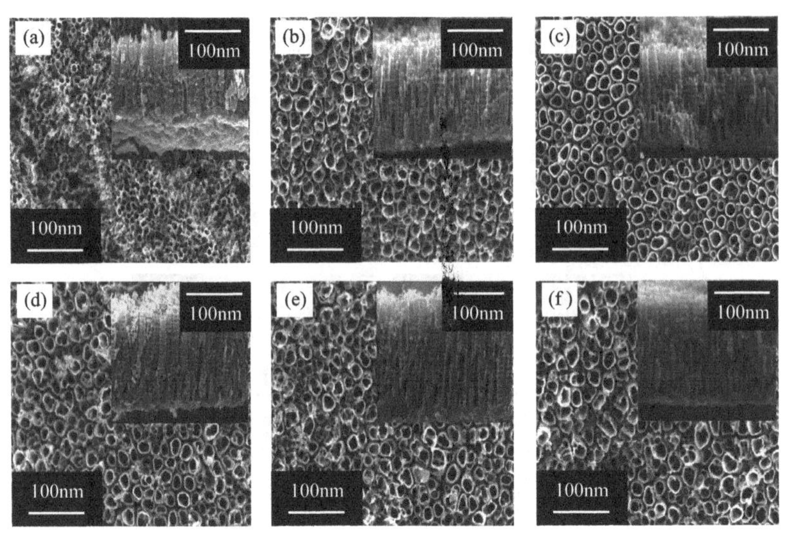

图 3-8 不同氧化时间所得 TiO_2 纳米管阵列的 FESEM 照片

(a) 10min；(b) 60min；(c) 120min；(d) 180min；(e) 240min；(f) 300min

表 3-6 不同氧化时间下 TiO_2 纳米管阵列的管长和内径

时间/min	内径/nm	管长/μm
10	30	0.52
60	60	0.71
120	62	0.75
180	60	1.04
240	63	1.22
300	60	0.82

3.3 Box-Behnken 实验设计

Box-Behnken 是一种旋转性设计，所谓旋转性就是在实验区域内任意点与设计中心的距离皆为等距离，变化因子是此点至设计中心点的距离函数，和其他因素无关，同时是一种圆形设计，所有实验点都位于等距离端点上，避免了很多实际限制而无法进行的实验。根据 3.2 节中单因素实验结果，发现在 NH_4F/H_3PO_4 电解液体系中影响 TiO_2 纳米管阵列管径及管长较显著的三个因素为：阳极氧化时间（A)、氧化电压（B）及 NH_4F 的浓度（C)，每个影响因素采用三个水平。实验因子与各因子的水平如表 3-7 所示。

表 3-7　实验因子与各因子水平

实验因子	各因子水平		
	−1	0	+1
A:阳极氧化时间/min	180	240	300
B:氧化电压/V	15	20	25
C:NH_4F 的浓度/(mol/L)	0.1	0.3	0.5

在实际应用中，TiO_2 纳米管阵列需要排列紧密，比表面积大，故在可以保证出现 TiO_2 纳米管管状结构的前提下，设置小管径、长管长的模拟条件。实验在 Design Expert 6.0 软件中分析，通过 Box-Behnken 实验设计，共需 17 组实验，如表 3-8 所示。

表 3-8　Box-Behnken Design 实验设计与结果

编号	A	B	C	管径/nm	管长/μm
1	−1	−1	0	46	0.86
2	1	−1	0	38	1.01
3	−1	1	0	58	0.79
4	1	1	0	77	0.96
5	−1	0	−1	74	0.72
6	1	0	−1	76	0.89
7	−1	0	1	54	1.31
8	1	0	1	57	1.83
9	0	−1	−1	51	0.72
10	0	1	−1	61	0.55
11	0	−1	1	33	1.05
12	0	1	1	53	1.28
13	0	0	0	59	1.11
14	0	0	0	59	1.20
15	0	0	0	55	1.11
16	0	0	0	67	0.94
17	0	0	0	55	1.15

3.3.1　回归模式的选择

实验结果在 Design Expert 6.0 套装软件中进行管径及管长的回归模式变异数分析，如表 3-9、表 3-10 所示。通过调整测定系数（R^2）拟合回归模式，R^2 值越接近 1 越精确，模型中 $R^2>0.75$ 即可以很好地拟合。TiO_2 纳米管阵列的管径的测试系数 R^2 为 0.9232，管长的测定系数 R^2 为 0.9369。同时管径和管长具有低概率，分别为 0.0038 和 0.0020，这说明二阶分析模式较适合。

表 3-9　管径回归模式变异数分析表

变异源	平方和	自由度	均方	*F* 值	*P* 值
模型	2124.31	9	236.03	9.35	0.0038
剩余	176.75	7	25.25		
失拟	80.75	3	26.92	1.12	0.4396
纯误差	06.00	4	24.00		
总和	2301.06	16			

表 3-10　管长回归模式变异数分析表

变异源	平方和	自由度	均方	*F* 值	*P* 值
模型	1.292×10^6	9	1.436×10^5	11.55	0.0020
剩余	87055.00	7	12436.43		
失拟	48775.00	3	16248.33	1.70	0.3040
纯误差	38280.00	4	9570.00		
总和	1.379×10^6	16			

3.3.2 回归模式的构建

实验结果采用 Design Expert 6.0 套装软件，构建阳极氧化法制备 TiO_2 纳米管阵列的管径及管长各因子之间的回归模式，依据此回归模式可以进行预测、程序控制及分析。在 Design Expert 软件中所构建的二阶回归模式如方程式(3-2) 与方程式(3-3) 所示，其管径（D）检定系数为 $R^2=0.8244$，管长（L）检定系数为 $R^2=0.8558$。

$$D=59+2A+10.13B-8.13C+5.75A^2-10B^2+0.5C^2+6.75AB+0.25AC+2.5BC \tag{3-2}$$

$$L=1102+126A-7.5B+323.8C+45A^2-242B^2+40.3C^2+5AB+87.5AC+100BC \tag{3-3}$$

式中，A 为阳极氧化时间；B 为氧化电压；C 为 NH_4F 浓度。方程式(3-2)、式(3-3) 因子 A、B、C 以编码值表示。

依据上述回归模式，利用数学规划法可以找出最小内管径与最长管长所对应的最佳制备条件。以 Design Expert 6.0 软件模拟得到的条件与确认实验结果见表 3-11。图 3-9 显示由回归模式所预测内管径及管长的等高线分布。

表 3-11　阳极氧化法制备 TiO_2 纳米管阵列的最适度条件

条件	最优条件	阈值	实值
A:阳极氧化时间/min	240	直径:33nm	40nm
B:氧化电压/V	15.39	长度:1.43μm	1.42μm
C:NH_4F 的浓度/(mol/L)	0.50		

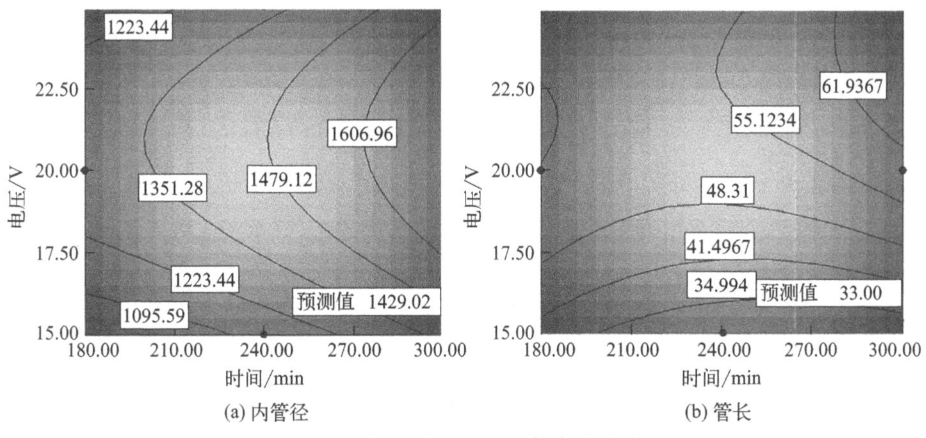

(a) 内管径　　(b) 管长

图 3-9　由回归模式预测的等高线分布图

为了确认模型中模拟所得的最佳条件与实际得到的是否吻合，在软件计算的最佳制备条件下阳极氧化法合成 TiO_2 纳米管阵列，进行对比实验。对比实验结果是：所得 TiO_2 纳米管阵列的管径约为 40nm，管长约为 1.42μm，与回归模式所预测结果比较接近。最佳条件所制备 TiO_2 纳米管阵列的 FESEM 表面及截面照片如图 3-10 所示。

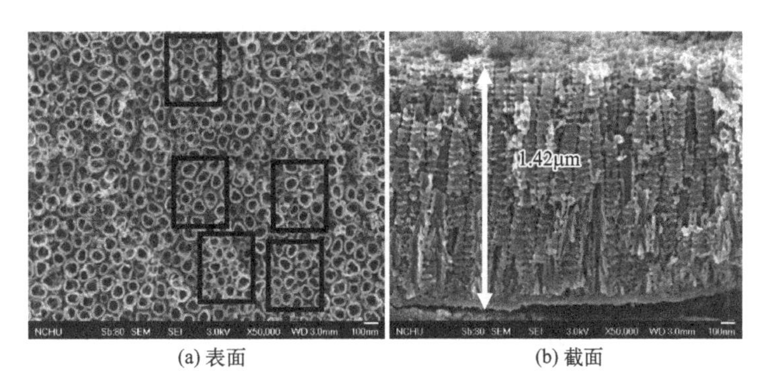

(a) 表面　　(b) 截面

图 3-10　最适度条件所制备的 TiO_2 纳米管阵列的 FESEM 照片

TEM可以进一步分析TiO_2纳米管阵列的管结构及结晶度。图3-11为以上模拟的最佳条件下所得TiO_2纳米管阵列的TEM照片。从图中观察到TiO_2纳米管管壁呈垂直的竹节管状结构，且管壁厚度从管底部至顶部始终是一致的，与FESEM照片观察一致，这是由于合成TiO_2纳米管时化学溶解和刻蚀速率平衡所致。

图3-11　TiO_2纳米管阵列的TEM照片

图3-12为模拟的最佳条件下所得TiO_2纳米管阵列的HRTEM照片。从图中可以清晰地观察到TiO_2的晶格条纹，说明煅烧后纳米管阵列具有很高的结晶度，通过计算得到的晶格间距为0.35nm，参照不同温度煅烧2h的XRD图，根据Bragg方程$\lambda=2d\sin\theta$计算得到晶格间距为0.353nm，与HRTEM所计算的基本一致，归属于TiO_2锐钛矿相（101）晶面，表明形成了锐钛矿相TiO_2纳米管阵列。SAED（选区电子衍射）图（内嵌图）显示出不连续的环状结构，说明属于单晶结构。

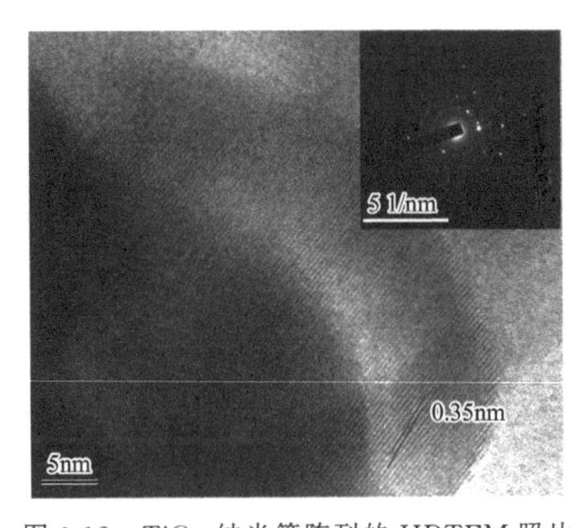

图3-12　TiO_2纳米管阵列的HRTEM照片

3.4 煅烧条件对二氧化钛纳米管阵列的影响

3.4.1 晶相的影响

图3-13为以上模拟的最佳制备条件（0.2mol/L H_3PO_4 与0.5mol/L NH_4F 混合电解液体系中，15.39V氧化电压、150r/min搅拌速率、氧化240min）下所得的 TiO_2 纳米管阵列在不同温度下煅烧2h的XRD图。从图中可以看出，未煅烧时，并没有出现锐钛矿相（A）和金红石相（R）特征衍射峰，存在的仅仅是Ti片基底衍射峰（T），说明未煅烧的 TiO_2 纳米管阵列为无定形结构。在300℃煅烧时，出现了锐钛矿相峰，25.1°和48.1°分别归属于（101）和（200）晶面。当 TiO_2 纳米管阵列煅烧温度升至600℃时，金红石相开始出现，则500℃煅烧的 TiO_2 纳米管有最佳的锐钛矿相结晶度。当温度继续升至700℃时，金红石相（110）晶面衍射峰强度增加而锐钛矿相（101）的衍射峰强度减少，说明金红石相成为主导相。当煅烧温度为800℃时，锐钛矿相已经消失，转为金红石相[4]。TiO_2 纳米管阵列由锐钛矿相向金红石相转变，晶格显著变化，从而使表面形貌受到显著影响，参照FESEM表面照片。相似的结果在Liao等的研究报告指出在高温下Ti直接被氧化成锐钛矿相。文献报道，锐钛矿相更有助于电荷分离应用于染料敏化太阳能电池。

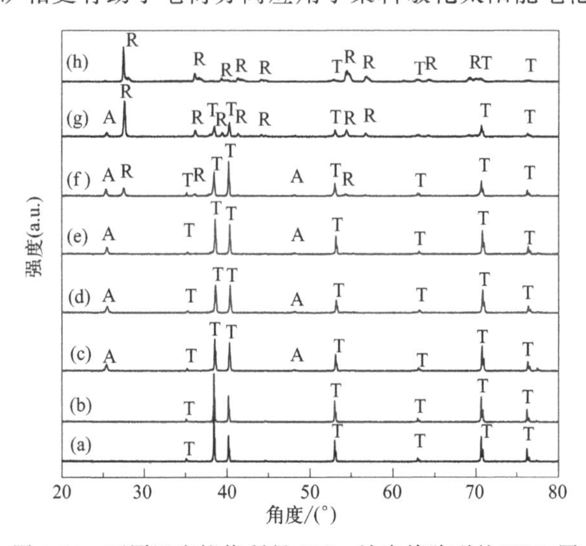

图3-13 不同温度煅烧所得 TiO_2 纳米管阵列的XRD图

(a) Ti片；(b) 未煅烧；(c) 300℃；(d) 400℃；(e) 500℃；(f) 600℃；(g) 700℃；(h) 800℃

不同温度煅烧所得的 TiO_2 纳米管阵列相组成、晶粒尺寸及相对结晶度列于表 3-12，其中 A 代表锐钛矿相，R 代表金红石相，相对结晶度是以（101）晶面衍射峰强度值计算，以 300℃ 为参考值。锐钛矿相含量可由式(3-4)估算：

$$A=\frac{1}{1+I_R/kI_A}\times 100\% \tag{3-4}$$

式中，I_A 和 I_R 和分别为 TiO_2 纳米管阵列锐钛矿相（101）晶面和金红石相（110）晶面的衍射峰强度。相对结晶度是以 300℃ 为参照物的（101）晶面锐钛矿相峰的强度，随着煅烧温度的升高而增加，500℃结晶度最高。晶粒的平均尺寸由布拉格公式计算：

$$d=\frac{k\lambda}{b\cos\theta} \tag{3-5}$$

式中，$k=0.89$；$\lambda=0.1541$；θ 为布拉格半角；d 为晶粒平均尺寸；b 为半高宽。随着煅烧温度升高，锐钛矿相的 TiO_2 晶粒尺寸是增加的，说明高温状态下会加速晶粒的生长，而晶粒尺寸在 700℃ 时却降低，是由于形成了 91.8%的金红石相。随着煅烧温度升高至 800℃时，锐钛矿相消失，完全得到的是金红石相，金红石相的晶粒尺寸急剧增加（大于 100nm)，布拉格公式不能精确计算，所以在此并未给出。

表 3-12　煅烧温度对 TiO_2 纳米管阵列的影响

煅烧温度/℃	300	400	500	600	700	800
相位成分/%	A	A	A	35.0(A) 65.0(R)	8.2(A) 91.8(R)	R
相对结晶度	1.00	1.20	1.68	0.88	0.76	—
晶粒尺寸/nm	50.1	55.8	60.1	70.9(A) 49.4(R)	65.0(A) 68.3(R)	—
带隙/eV	3.12	3.14	3.19	3.11	3.04	2.89

图 3-14 为以上模拟最佳制备条件下所得 TiO_2 纳米管阵列于不同温度煅烧 2h 的 Raman 光谱图。从图中可以看出，在 300℃煅烧时［见图 3-14(a)]，为 TiO_2 的锐钛矿相，出现的振动峰分别为 $144cm^{-1}$(E_g)、$400cm^{-1}$(B_{1g})、$513cm^{-1}$(A_{1g})、$639cm^{-1}$(E_g)。当 TiO_2 纳米管阵列煅烧温度升至 600℃［见图 3-14(d)]，由于金红石相的 A_{1g} 在 $143cm^{-1}$ 处与锐钛矿相的 $144cm^{-1}$(E_g) 振动峰重叠，故此处峰强度明显升高。

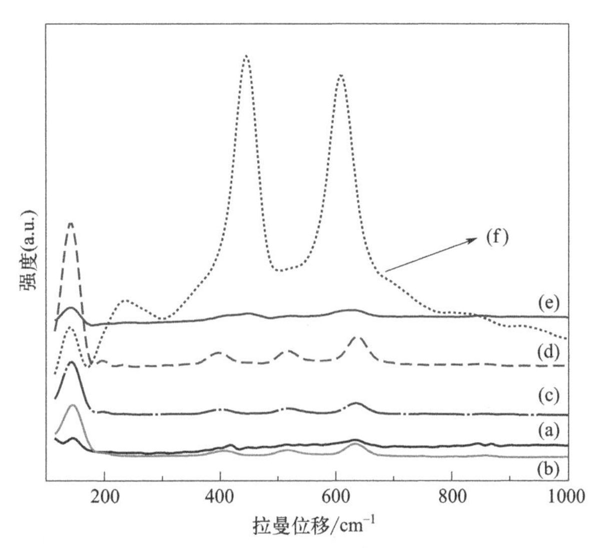

图 3-14　不同煅烧温度所得 TiO_2 纳米管阵列的 Raman 光谱图

(a) 300℃；(b) 400℃；(c) 500℃；(d) 600℃；(e) 700℃；(f) 800℃

当温度继续升至 700℃时［见图 3-14(e)］，锐钛矿相振动峰逐渐减弱。当煅烧温度为 800℃［见图 3-14(f)］，处于 447cm^{-1} 与 612cm^{-1} 的特征峰分别归属于金红石相的 B_{1g} 和 B_{2g} 振动模式，锐钛矿相的特征峰已经消失，完全转为金红石相，与 XRD 分析吻合。

根据以上的分析，图 3-15 给出了锐钛矿相与金红石相转变的示意图：(a) 示意锐钛矿相的形成，从不同煅烧温度的 FESEM 照片观察到随着煅烧温度增加至 500℃，TiO_2 纳米管形貌变化不大；(b) 示意金红石相的形成，形貌变化并不是很明显，由于金红石相形成需要一定的空间，若由锐钛矿相晶粒结合处形成金红石相则晶粒无空间发生旋转过程，所以成核与生长一般发生在基底和 TiO_2 纳米管的界面处；(c) 示意随着煅烧温度的提高，金红石相晶粒尺寸长大，在 TiO_2 纳米管的表面可以观察到其晶粒，表面微有破坏，孔径有皱缩现象出现；(d) 示意在纳米管内部金红石相大面积成核与生长，可以观察到管状结构完全被破坏，大尺寸的金红石相晶粒的生长使纳米管空的部分减少，底部晶粒的生长也会导致管底圆柱状结构消失。Banfiled 等指出，金红石相的界面成核有最低的成核活化能，而且在表面的 Ti 与 O 原子的配位数要低于大量成核的配位数，也就是在纳米管表面成核的活化能低于大量成核的活化能。因此相关的活化能顺序为界面成核＜表面成核＜大量成核。因此使用此原理来解释实验结果，界面成核受低煅烧温度（600℃）控制，表面成核受中温（700℃）控制，大量成核受高温（800℃）控制。

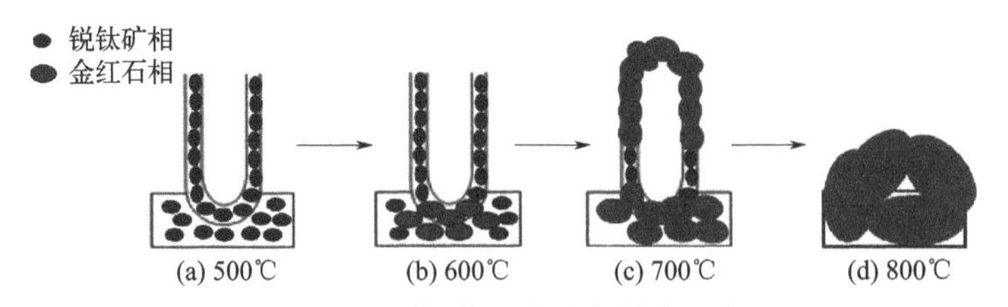

图 3-15 不同煅烧温度的相转变示意图

图 3-16 为不同时间煅烧所得 TiO_2 纳米管阵列的 XRD 图。煅烧 1h 时仅在 25.1°处出现锐钛矿相（A）的（101）晶面衍射峰，煅烧时间增至 2h 时锐钛矿相的两个特征衍射峰（101）和（200）均出现，相对结晶度最高，达到 1.67，见表 3-13。相对结晶度是以煅烧 1h 的（101）衍射峰的峰强度为基准，当煅烧时间至 4h 时，形成微量的金红石相（R），随着时间的进一步延长，锐钛矿相峰强度逐渐降低，直至煅烧 12h 后，锐钛矿相消失，只存在基底钛和金红石相的衍射峰。因此，长时间的煅烧也可以改变 TiO_2 纳米管阵列的晶相。

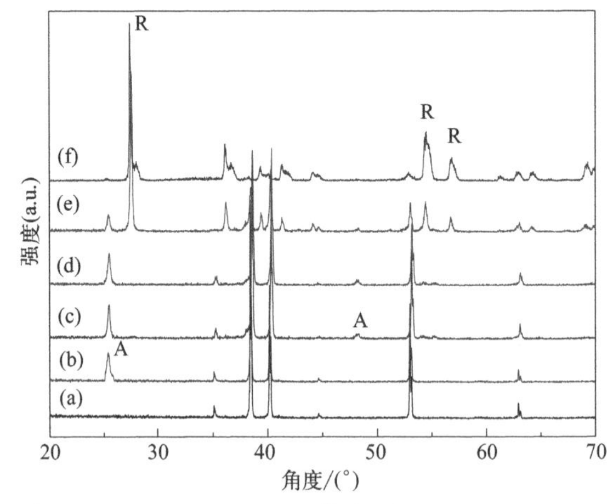

图 3-16 不同时间煅烧所得 TiO_2 纳米管阵列的 XRD 图（500℃，10℃/min）

(a) 未煅烧；(b) 1h；(c) 2h；(d) 4h；(e) 8h；(f) 12h

表 3-13 煅烧时间对 TiO_2 纳米管阵列的影响

项目	1h	2h	4h	8h	12h
物相组成/%	A	A	A	17.2(A) 82.8(R)	R
相对结晶度	1.00	1.67	1.46	0.47	—
晶粒尺寸/nm	55.4	60.1	73.7	63.4(A) 50.8(R)	—
带隙/eV	3.17	3.19	3.17	3.16	3.10

3.4.2 光吸收性能的影响

图3-17为于不同温度煅烧所制备TiO_2纳米管阵列的UV-vis DRS谱图。由于是固体膜，所以采用带有内置积分球的紫外可见漫反射光谱来表征。这种特性由Kubelka-Munk方程分析。Kubelka-Munk方程表示为：

$$F(R)=k/s=(1-R)^2/2R \tag{3-6}$$

式中，k与s分别为吸收和分散系数；R为反射率；$F(R)$为指示剂光吸收能力，随着$F(R)$的升高可以说明光吸收能力增强。良好的光吸收性能是光电转化性能的基础。为了得到禁带宽度（E_g），紫外-可见光谱可根据方程式(3-7)重新作图，如内嵌图所示。TiO_2直接转移半导体的相关方程可表示为：

$$\alpha=\frac{(h\nu-E_g)1/2}{h\nu} \tag{3-7}$$

式中，α为光吸收系数；$h\nu$为光子能量；E_g为禁带宽度。根据此方程以$h\nu$为横坐标，$(\alpha \cdot h\nu)^2$为纵坐标作图，外推线的截距即禁带宽度E_g。从图3-17中可以看出，随着煅烧温度从300℃升高至500℃，禁带宽度增大，这是由于锐钛矿相结晶度逐渐增加；当温度继续升高时禁带宽度却是减小的，这归因于金红石相的出现和金红石相晶粒尺寸的增大。一般地，经过煅烧后，TiO_2纳米管阵列会形成锐钛矿相和金红石相，两种晶相的带隙分别为3.2eV和3.0eV，可得相比于锐钛矿相，金红石相的吸收边会发生红移。

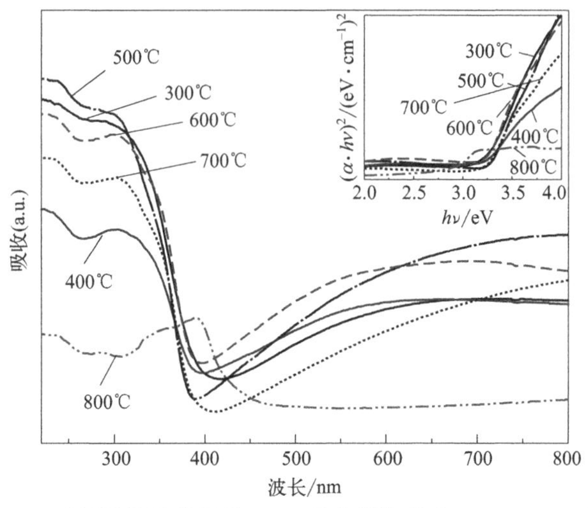

图3-17 不同煅烧温度所得TiO_2纳米管阵列的UV-vis DRS谱图

图 3-18 为不同时间煅烧所得 TiO_2 纳米管阵列的 UV-vis DRS 谱图。从图中可知，当煅烧时间增加至 12h 时发生明显红移，且计算的禁带宽度向金红石相的禁带宽度值靠近，这是由于在长时间的煅烧后，TiO_2 纳米管阵列的晶相由锐钛矿相向金红石相转变。

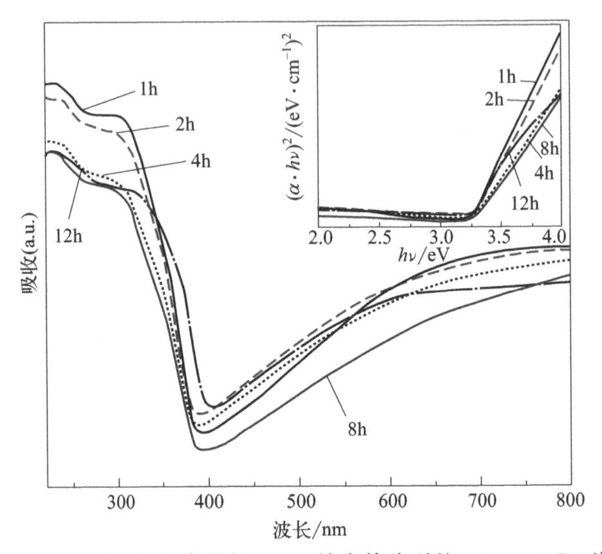

图 3-18　不同时间煅烧所得 TiO_2 纳米管阵列的 UV-vis DRS 谱图

3.4.3　电阻的影响

电阻的研究对于 TiO_2 纳米管阵列的光电优化使用具有极其重要的指导意义，使用四点探针技术研究煅烧温度和时间对 TiO_2 纳米管薄膜电阻的影响。图 3-19(a) 为煅烧温度对 TiO_2 纳米管阵列表面电阻的影响关系图。在第一个

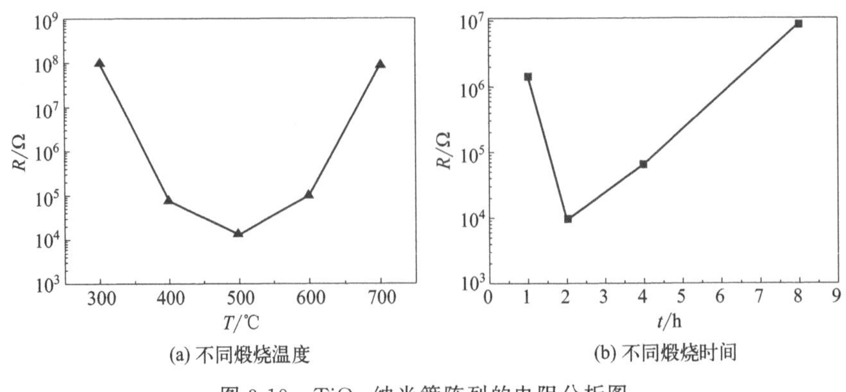

图 3-19　TiO_2 纳米管阵列的电阻分析图

区域（300～500℃）中，随着煅烧温度升高至 500℃，TiO_2 纳米管阵列的电阻是逐渐降低的，这与纳米管阵列高的相对结晶度有关。在此主要的晶体结构为锐钛矿相，锐钛矿相结晶度越大，电阻越低。第二个区域（500～700℃），当煅烧温度超过 500℃时，由于形成金红石相，电阻再次提高。相同的变化趋势在不同煅烧时间所得 TiO_2 纳米管阵列的电阻图 3-19(b) 中也可以观察到。由于降低 TiO_2 纳米管阵列电阻而使锐钛矿结晶度最高。800℃和 12h 煅烧的电阻测量值超出了测量范围，在此没有给出。

3.5 二氧化钛纳米管阵列形成机制

Grimes 研究组首先提出阳极氧化法制备 TiO_2 纳米管阵列的基本生长机理，认为纳米管表面生长是刻蚀、化学溶解及电化学反应的综合过程[5]。大体上解释了纳米管阵列的生长过程，但这只是由铝生长为氧化铝的模型演变而来的，从制备 TiO_2 纳米管阵列的 FESEM 照片发现管壁类似于竹节形状，这种竹节状结构说明纳米管也许是“层-层”生长的。图 3-20 为模拟的最佳制备条件下合成 TiO_2 纳米管阵列的实时 I-t 曲线分析图，可帮助分析其生长机制，与有机电解液合成 TiO_2 纳米管阵列图 3-21 对照，发现具有较高的响应电流，即使在电流平稳后也比有机电解液体系电流高出 2 倍左右，这主要是由于管口化学溶解速率过快导致快速达到平衡状态，故只得到短的纳米管。起始阶段 P1（30s 左右），电流急剧下降，这是由于表面形成一层致密氧化层，降低 Ti

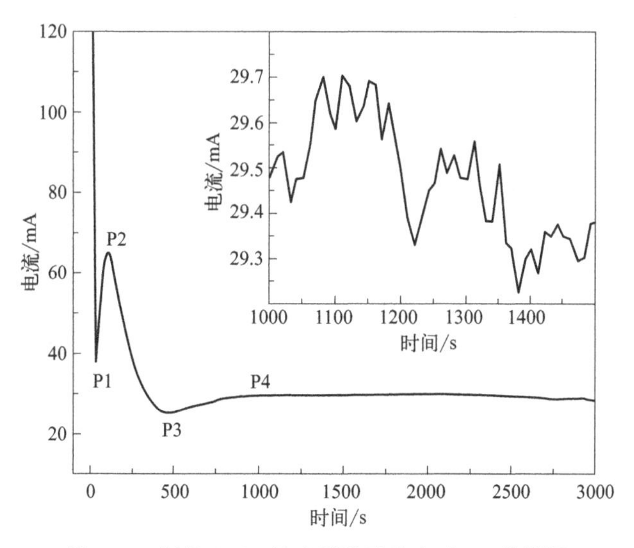

图 3-20　制备 TiO_2 纳米管阵列的实时 I-t 曲线图

片与电解液之间的电压，阻挡 Ti 的进一步氧化，对应图 3-21 中 P1，在这个不平整的表面发生随机的击穿，电解液中的 F^- 发生化学溶解，则在 I-t 曲线图中可见 P1 至 P2 阶段电流有所增加，表面形成一些小凹陷，如图 3-21 中的 P2。小凹陷不断溶解扩大成深凹陷，见图 3-21 中的 P3，深凹陷尺寸变大，氧化层厚度变薄，F^- 浸入 TiO_2/Ti 界面，F^- 氧化 Ti 金属又一次形成氧化层，使电流有小幅度回落，则在 I-t 曲线图中可见 P2 至 P3 阶段。随着反应的进行，氧化层的形成与深凹陷的加深过程逐渐减弱，电流变化不明显，看似至 P4 后电流保持稳定，但实际上电流呈周期的升高和降低，见图 3-20 中内嵌图（1000～1500s 之间的电流变化），这是由于深凹陷间的金属 Ti 不断氧化所致，这说明反应并不是单纯的“三阶段”模式。在 P4 阶段后，反应还在继续，在电解液中 F^- 的作用下不断地击穿氧化层向金属 Ti 基底渗透，随着刻蚀的加深，又形成薄的氧化层，这样周期地循环下去。又因 Ti—Ti 键长和 Ti—O 键长分别为 0.189nm 和 0.185nm，随着 TiO_2 的不断生成，体积在一定程度上是膨胀的，膨胀系数（η）可由以下方程计算：

$$\eta = Md/(nAD) \tag{3-8}$$

式中，M 为 TiO_2 的分子量；A 为 Ti 的原子量；d 和 D 分别为钛和二氧化钛的密度；n 为在 TiO_2 中 Ti 原子数。计算得到膨胀系数为 2.11，确定了随着氧化层的生成出现体积膨胀现象。体积压力愈来愈大，为了降低其能量，表面能一定要增加，当 TiO_2 足够薄时，表面张力会把深凹陷间的氧化物拉

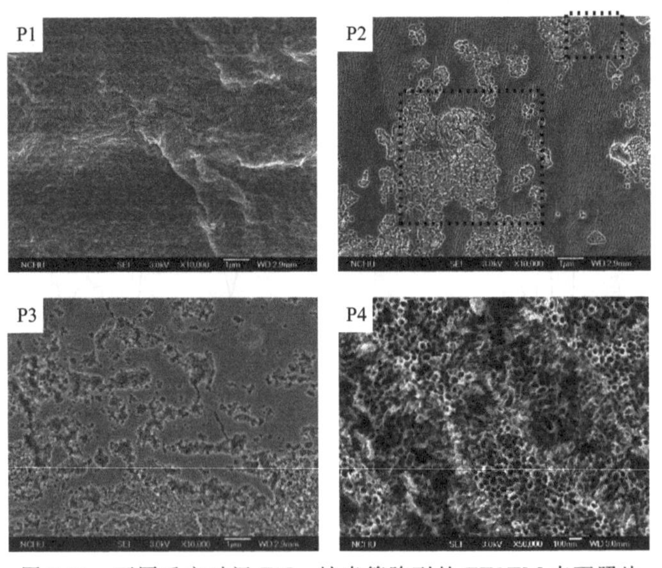

图 3-21 不同反应时间 TiO_2 纳米管阵列的 FESEM 表面照片

P1(30s)；P2(115s)；P3(500s)；P4(1000s)

断，出现管分离，但先形成的深凹陷间会残留一些无分离的氧化物质，所以管壁形成类似竹节状，见图 3-22。

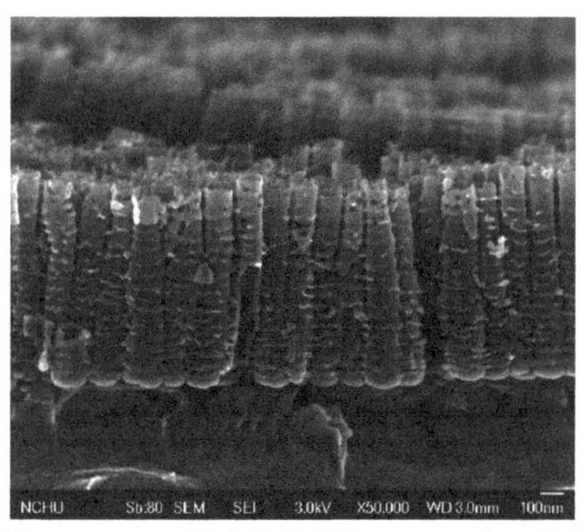

图 3-22　TiO_2 纳米管阵列的 FESEM 截面照片

基于以上实验条件变化和理论上的分析，在 H_3PO_4/NH_4F 体系中合成 TiO_2 纳米管阵列，图 3-23 给出 TiO_2 纳米管阵列的基本生长机制示意图。氧化开始，由于电场的高能量作用于 Ti 表面部分区域，发生选择性氧化，在 Ti 基底出现一些微小的 TiO_2 簇（步骤 1），然后这些 TiO_2 簇向各个方向生长，彼此相连，这个过程的反应式为：

$$2H_2O \longrightarrow O_2 + 4e + 4H^+ \tag{3-9}$$

$$Ti + O_2 \longrightarrow TiO_2 \tag{3-10}$$

从起始的高电流可确定这层氧化层非常之薄，O_2 能够很容易地穿过与其内部金属反应，随着反应进行，由于体积膨胀形成致密的氧化层（步骤 2）。

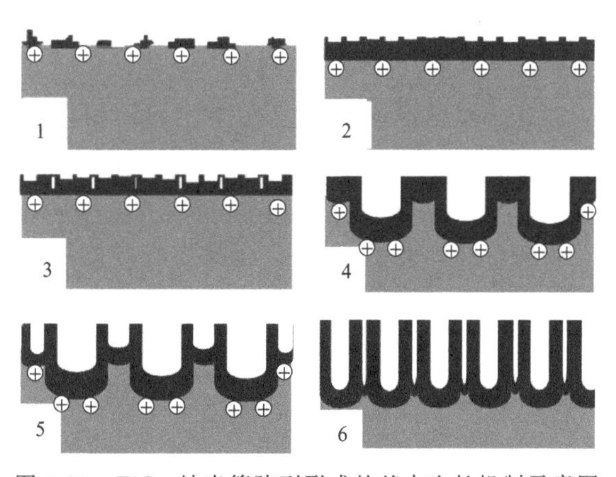

图 3-23　TiO_2 纳米管阵列形成的基本生长机制示意图

随着致密氧化层厚度的增加，体积压力愈来愈大，表面能增加，产生一些小裂缝（步骤3）。由于电场作用存在使Ti-O键变弱，在F^-和H_3PO_4存在下，Ti^{4+}在氧化物/金属界面中发生水解反应，可以加速局部溶解速率，逐渐长成微核。其反应过程可表示为：

$$TiO_2+6F^-+4H^+ \longrightarrow [TiF_6]^{2-}+2H_2O \qquad (3\text{-}11)$$

这些微核在底部形成相对薄的阻挡层，一方面能够增加其他部分的电场强度，继续膨胀；另一方面为更多的金属离子从薄的阻挡层转移提供了一个方便的通道，继续金属氧化反应。随着氧化时间的增加，裂缝逐渐长大成下凹的半圆形（步骤4）。在此，H_3PO_4在形成规则的TiO_2纳米管阵列中起到至关重要的作用，1mol TiO_2伴随着4mol H^+，因此我们推测在管底部需要局部呈酸性的电解液是必需的。H^+可以提高电解液酸度，促进Ti的水解，而且还可以加速氧化物/金属界面的化学溶解速率。根据方程（3-9），H_3PO_4中提供的充足H^+能形成丰富的H_2O，一来H_2O是亲核试剂，能确保在底部刻蚀Ti片，在形成纳米管过程中加速反应的进行；二来H_2O也是形成纳米管过程中O的给予体。因此，选择有效的电解液是形成有序TiO_2纳米管阵列的关键。

由于化学溶解在其余部分金属的曲率半径越来越小，增加局部电压，Ti^{4+}离开金属表面刻蚀阻挡层，孔间断裂形成纳米管（步骤5）。纳米管的形成是内部化学溶解和刻蚀这样一个交替进行的过程，化学溶解不停地进行刻蚀是间歇性的，这就出现了电流瞬变现象。TiO_2能形成管状而非Al_2O_3的多孔状是由于介电常数（约为100）较高，限制了离子转移，存留一些未氧化的金属，可以形成空隙。当电化学溶解速率和刻蚀速率达到平衡的时候，则形成完整的TiO_2纳米管阵列（步骤6）。

需要说明的是：形成TiO_2纳米管阵列是一个自组装的过程，首先孔的形成是内部能量和表面能量平衡的结果[6]。为了达到均匀分散的系统能量，孔径自我调节形成最大组装密度的高度有序TiO_2纳米管。其次，孔的生长与金属/氧化物界面形成氧化物和在底部氧化物/电解液界面溶解氧化膜有关，在两个反应间存在着一种稳定的平衡。在TiO_2纳米管生长期间，阻挡层的厚度是可以自动调节的，当阻挡层的厚度越来越薄时，在氧化物/电解液界面间的电场强度急剧增加，导致增加O离子通过阻挡层的移动速率，使膜调节变厚。反之亦然。

此外，从TiO_2纳米管阵列XPS测试中发现P元素，如图3-24所示。内嵌图为P 2p峰的放大图，可以更清楚地观察到P的$2p_{3/2}$峰。其中C来源于电解液热处理后没有完全燃烧的碳及测试仪器中微量的有机物。133.6eV 处的峰归属于 P $2p_{3/2}$，这一方面是电解液中 H_3PO_4 的残留液，另一方面可能是由于 P^{5+} 和 Ti^{4+} 的离子半径分别为 35pm 和 68pm，P^{5+} 可以进入 TiO_2 纳米管阵列的晶格，推测 P^{5+} 可能取代 TiO_2 晶格中的部分 Ti^{4+}，会引起电荷的不均匀，这种电荷的不均匀很可能降低电子电对的复合概率，因此在光电测试应用中起到一定的作用。

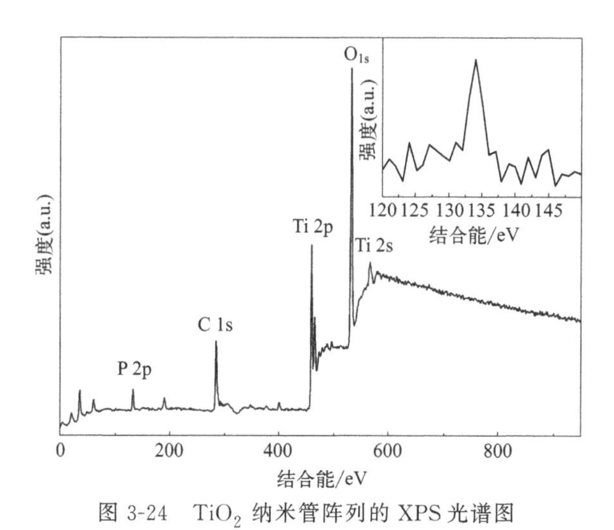

图 3-24　TiO_2 纳米管阵列的 XPS 光谱图

3.6　本章小结

本章采用阳极氧化法制备 TiO_2 纳米管阵列，并对制备条件对 TiO_2 纳米管阵列产生的影响进行了探究，得出如下结论：

（1）在 NH_4F/H_3PO_4 体系电解液中合成 TiO_2 纳米管阵列，添加适当的 H_3PO_4 起到提供反应所需的 H^+ 及缓解电化学刻蚀的作用；搅拌速率、F^- 浓度、氧化电压对形貌和孔径有较大的影响；阳极反应时间对管长的影响较为显著。

（2）采用 Box-Behnken Design 实验设计方法，通过软件模拟得到排列紧密的（小管径与长管长）TiO_2 纳米管阵列的最佳制备条件为：240min 的氧化时间，15.39V 的氧化电压，0.5mol/L NH_4F，通过软件模拟得到 TiO_2 纳米管内径为 33nm，管长为 1.43μm。

（3）考察煅烧条件的影响可知：无煅烧时 TiO_2 纳米管阵列为无定形相，300℃煅烧时锐钛矿相开始出现，600℃时为锐钛矿相和金红石相共存状态，

800℃完全为金红石相，煅烧时间延长至12h时也可得到金红石相；随着煅烧温度的升高，吸收边发生明显的红移；500℃煅烧2h时可获得低电阻值。

（4）探索 TiO_2 纳米管阵列的生成机理得到：TiO_2 纳米管阵列的生长阶段不只是三个阶段的生长，还具有周期性的氧化和溶解过程，得到的“层-层”生长机制可解释纳米管管壁竹节状形成的原因。

参考文献

[1] 陈春英．二氧化钛纳米材料的制备、表征及安全应用．北京：科学出版社，2014.

[2] 陈亚杰．纳米 TiO_2 及其复合体的控制合成与性能研究．哈尔滨：黑龙江大学出版社，2014.

[3] 杨术明．染料敏化 TiO_2 纳米晶电极的光电化学性质研究．北京：北京大学出版社，2002.

[4] Li G，Liu Z Q，Lu J，et al. Effect of calcination temperature on the morphology and surface properties of TiO_2 nanotube arrays. Applied Surface Science，2009，255：7323-7328.

[5] 王岩，吴玉程．TiO_2 纳米管阵列的可控制备及气敏性能研究．合肥：合肥工业大学出版社，2014.

[6] Yu H W，Chen J D，Zhang S Y，et al. Effects of electrolyte composition on the growth and properties of titanium oxide nanotubes. Electrochemistry Communications，2022，135：107217.

第4章 二氧化钛和氮化碳复合催化材料

光催化剂自身禁带宽度较宽且表面的光生载流子容易复合导致其光催化性能受到影响，限制其大规模应用。复合半导体是改性 TiO_2 常见的方法，通过引入窄带隙半导体，可以给 TiO_2 输送并分离光生载流子，抑制光生空穴-电子对的快速复合，从而提高催化剂的量子效应，并有效将 TiO_2 的光吸收带向可见光区域移动。近年来一种新型半导体走入人们的视野，石墨相氮化碳（g-C_3N_4）作为一种非金属窄带隙半导体（约 2.70eV），拥有较为合适的能带结构，能够与 TiO_2 相匹配，能够响应波长小于 475nm 的光线，而且其具有良好的热力学稳定性（空气氛围下 600℃），在酸、碱和有机溶剂中保持化学稳定。

g-C_3N_4 是由 C 和 N 两种元素构成的高分子聚合物，最早可追溯到 1834 年，Berzelius 首次合成这种物质并被 Liebig 等命名为“melon”。1996 年，氮化碳在 Teter 等的理论计算下存在着 5 种结构：α-C_3N_4、β-C_3N_4、c-C_3N_4、p-C_3N_4 与 g-C_3N_4，而类石墨相（g-C_3N_4）具有最稳定的结构。这种只由 C、N 两种元素构成的化合物可以通过热缩聚富含 N 元素的前驱体制得，如三聚氰胺、双氰胺、氰胺、尿素、硫脲与硫氰酸铵等，具有制备方法简单、原料易得的优点。目前被认为存在两种基本结构，别为三嗪环（C_3N_3 环）与三-s-三嗪环（C_6N_7 环）结构，Kroke 等通过理论计算，认为 g-C_3N_4 当以后者的结构单元存在时更加稳定，所以本文之后对 g-C_3N_4 的讨论都以三-s-三嗪环的结构情况开展。本章中使用化学气相沉积法（chemical vapor deposition，CVD）高温处理 g-C_3N_4 前驱体（尿素），将 g-C_3N_4 负载到阳极氧化法制备的 TiO_2 纳米管上，并对改性后的纳米管进行表面处理，然后分别进行微观形貌、元素组成、物相、分子动力学等方面的表征分析，探讨改变前驱体用量对 TiO_2 纳米管性质及光催化性能的影响。

4.1 $g-C_3N_4/TiO_2$ 纳米管的制备

在一次阳极氧化法制备的排布整齐 TiO_2 纳米管基础上，使用化学气相沉积工艺，将纳米管自上而下放置在氧化铝坩埚上部，坩埚底部平铺一定质量的尿素，合上盖子形成半封闭结构，放入电阻炉中，以 550℃退火处理 2h，升温速率控制在 5℃/min，随炉冷却后得到样品。通过调整反应前 $g-C_3N_4$ 前驱体尿素用量（1g、2g、3g、4g）来控制 TiO_2 纳米管上半导体的负载量，制备的样品标记为 $g-C_3N_4/TiO_2$-1、$g-C_3N_4/TiO_2$-2、$g-C_3N_4/TiO_2$-3、$g-C_3N_4/TiO_2$-4。

4.2 $g-C_3N_4/TiO_2$ 复合材料

4.2.1 特性分析

4.2.1.1 表面形貌分析

通过扫描电子显微镜（SEM）对 TiO_2、$g-C_3N_4/TiO_2$-1、$g-C_3N_4/TiO_2$-2、$g-C_3N_4/TiO_2$-3、$g-C_3N_4/TiO_2$-4 进行测试。图 4-1 观察到改性后纳米管与未负载半导体时相比微观结构没有发生明显变化，排布有序的一维纳米孔洞结构拥有较大的比表面积，有利于片状 $g-C_3N_4$ 沉积在表面及内壁[1]。如图 4-1（b）、（c）、（d）所示，管长以及管径在化学气相沉积前后几乎没有改变，纳米管直径约为 80nm，管长约为 1.43μm，两种半导体形成的异质结构有助于光催化活性的提升。随着 $g-C_3N_4$ 前驱体用量增多，表面负载的片层状 $g-C_3N_4$ 也随之增多。当尿素质量增加到 4g 时，如图 4-1(e) 所示，纳米管结构更加紧实发展成致密的孔洞结构，孔直径略小于纳米管内径，原因可能是尿素在热缩聚反应生成 $g-C_3N_4$ 过程中，生成中间产物并释放出大量氨气，升腾逸出的气体进入纳米管内部并将 $g-C_3N_4$ 负载到管口、内壁，同时对纳米管表面形貌产生影响，最终变成均一的孔洞结构。

4.2.1.2 内部结构分析

为了进一步观察 TiO_2、$g-C_3N_4/TiO_2$ 纳米管的微观结构，继续对样品进行了 TEM 测试。如图 4-2(a) 所示，可以观察到排列整齐、并列排布的纳米管，管径约为 80nm，呈整齐的上下开口状，外壁比较光滑。图 4-2(b) 中改性样品仍然维持整齐的纳米管结构，与 SEM 图像相符。根据图 4-2(c) 高倍

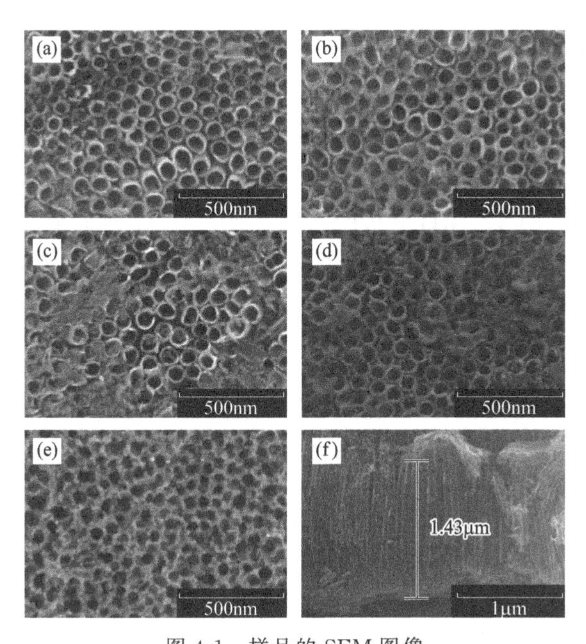

图 4-1　样品的 SEM 图像

(a) TiO_2；(b) g-C_3N_4/TiO_2-1；(c) g-C_3N_4/TiO_2-2；(d) g-C_3N_4/TiO_2-3；(e) g-C_3N_4/TiO_2-4；(f) g-C_3N_4/TiO_2 截面图

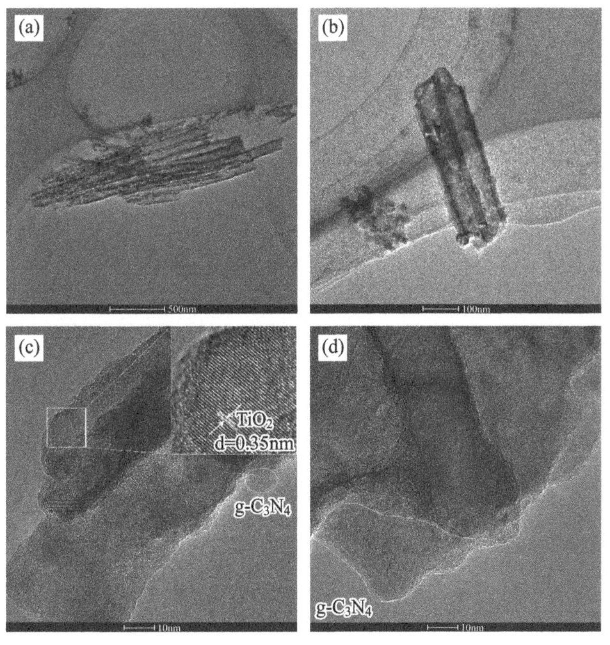

图 4-2　TEM 图像

(a) TiO_2 纳米管；(b)、(c)、(d) g-C_3N_4/TiO_2-3

透射电镜的图像，使用 DigitalMicrograph 软件得到内嵌图，计算出晶格间距约为 0.35nm，与 TiO_2 锐钛矿型（101）界面相对应，说明此时的 TiO_2 晶型为锐钛矿型。图 4-2(d) 的左下区域可以观察到纳米管末端部分有颜色较浅片状涂层物质，与 g-C_3N_4 相对应，说明此时纳米管外壁负载有 g-C_3N_4 并且二者可以紧密结合，这与 XRD 分析的结果一致。TiO_2 纳米管与 g-C_3N_4 在表面接触形成异质结构，有利于光生载流子在半导体之间转移从而提高光催化活性[2]；并且 g-C_3N_4 能将 TiO_2 的光吸收带拓展到可见光区域，使催化剂对可见光利用率提高。

4.2.1.3 物相结构分析

如图 4-3 所示，可以观察到 450℃退火处理的 TiO_2 与 550℃下热处理后的不同负载量 g-C_3N_4/TiO_2 样品的 XRD 图谱。改性后样品衍射图谱中可以观察到除 Ti 的衍射峰（JCPDS No.：44-1294）外，在 $2\theta=25.3°$、37.8°、48°、62.6°处都出现了明显衍射峰，分别对应标准 PDF 卡片＃21-1272 中锐钛矿型的（101）、（004）、（200）、（204）晶面，说明此时样品的晶体类型包含锐钛矿。根据金红石型的标准 PDF 卡片＃21-1276，在 27.4°还对应着 TiO_2 金红石型的（110）晶面，在一定温度下 TiO_2 除锐钛矿会向金红石型转变，根据 550℃下样品各个衍射峰的强度分析，此时制备的改性 TiO_2 纳米管主要以锐钛矿型存在，可能还存在少量金红石型。由热缩聚法制备的纯 g-C_3N_4 在 13.2°和 27.4°处出现明显的衍射峰，其中 13.2°对应着 g-C_3N_4 的三-s-三嗪环

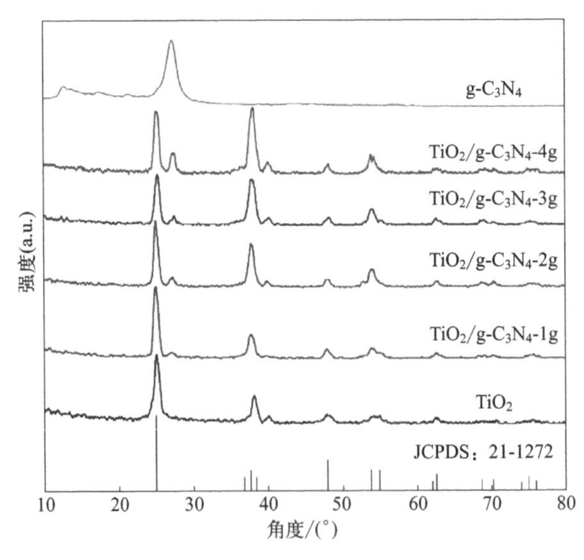

图 4-3　不同样品的 XRD 图谱

结构单元的（100）晶面，$2\theta=27.4°$出现的衍射峰是共轭芳香族基团层间堆叠形成的，对应着（002）晶面。复合 g-C_3N_4 的改性 TiO_2 也在 27.4°处出现了衍射峰，并且随着前驱体质量增加，衍射峰也随之增强，TiO_2 金红石型（110）晶面与 g-C_3N_4 的（002）晶面对应的衍射峰存在重叠，由此确定有 g-C_3N_4 负载到 TiO_2 纳米管上。不同负载量的 g-C_3N_4/TiO_2 在 27.4°处的衍射峰相较于纯 g-C_3N_4 较弱，而且没有观察到 13.2°处的衍射峰可能是由于在制备过程中尿素升华逸出，导致 g-C_3N_4 负载量过低未达到仪器检测标准。

4.2.1.4 官能团分析

图 4-4 为 g-C_3N_4/TiO_2 异质结光催化剂的红外分析图。1200cm^{-1} 和 1700cm^{-1} 之间出现的特征峰归属于 C—N 和 C═N 的拉伸振动峰。通过分析可得 g-C_3N_4 已经被引入 TiO_2 纳米管内，成功形成复合结构。

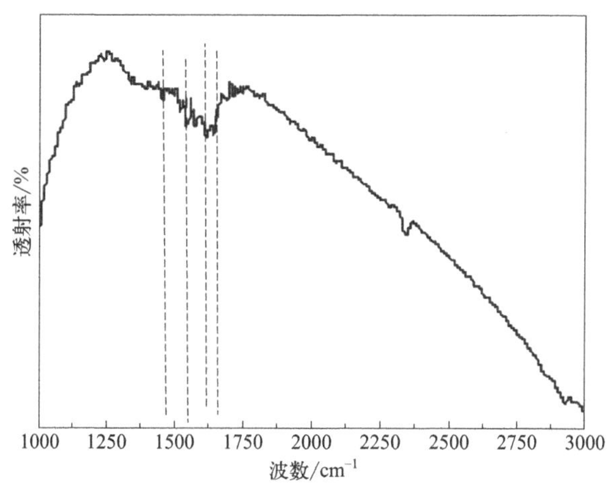

图 4-4　g-C_3N_4/TiO_2 异质结光催化剂的红外分析图

4.2.1.5 元素分析

使用 XPS 对 TiO_2、g-C_3N_4/TiO_2 异质结进行测试，分析其表面元素组成、化学键等情况，结果如图 4-5 所示，各元素的原子含量如表 4-1 所示。根据图 4-5(a)，在 TiO_2 纳米管的 XPS 全谱图中可以观察到样品中仅存在着 C、Ti、O 三种元素，而 C 元素可能是由于电解液未处理干净并在样品退火后还有残余或者表征制样时受到污染。Ti 2p、O 1s 分别在 458.48eV、529.08eV 附近有强烈的吸收峰。图 4-5(b) 是异质结构 g-C_3N_4/TiO_2 的全谱扫描图像，可以看到对应着 C、N、Ti 和 O 元素的吸收峰在图中出现，说明复合材料由这四种元素组成。图 4-5(c) 是 g-C_3N_4/TiO_2 的高分辨率 Ti 2p 能谱图，在结合能为 458.5eV 与 464.2eV 处的吸收峰分别代表着 Ti $2p_{3/2}$ 和 Ti $2p_{1/2}$，说明此时 Ti^{4+} 是样品内 Ti 元素的存在形式。图中没有观察到 Ti-C、Ti-N 对应的配位吸收峰，这说明形成的异质结光催化剂中没有发生化学变化。图 4-5(d) 的高分辨率 C 1s 图谱中，经高斯拟合后在 284.84eV 与 286.87eV 出现两个拟合峰，前者属于 sp^2 杂化的 C═C 键，后者归属于 sp^2 杂化的 N—C═N 键，说明改性纳米管中的 g-C_3N_4 化学键没有发生改变[3]。图 4-5(e) 中，可以在 399.9eV 和 401.1eV 处将 N 1s 高分辨率图谱分为两个拟合峰，分别对应着 C—N—C 和带有氢原子的氨基官能团（N—H)。图 4-5(f) 中 O 1s 高分辨率图谱经过高斯拟合处理后分为 529.7eV 和 531.4eV 两个峰，分别对应着晶格氧（如 Ti—O 键）与表面吸水形成的来自羟基的氧（如 O—H 键)。通过以上对 g-C_3N_4/TiO_2 的元素以及化学键分析，可以得出结论：异质结的存在并没有改变 g-C_3N_4 和 TiO_2 的原始结构，C、N 两种元素也没有进入晶体内部。

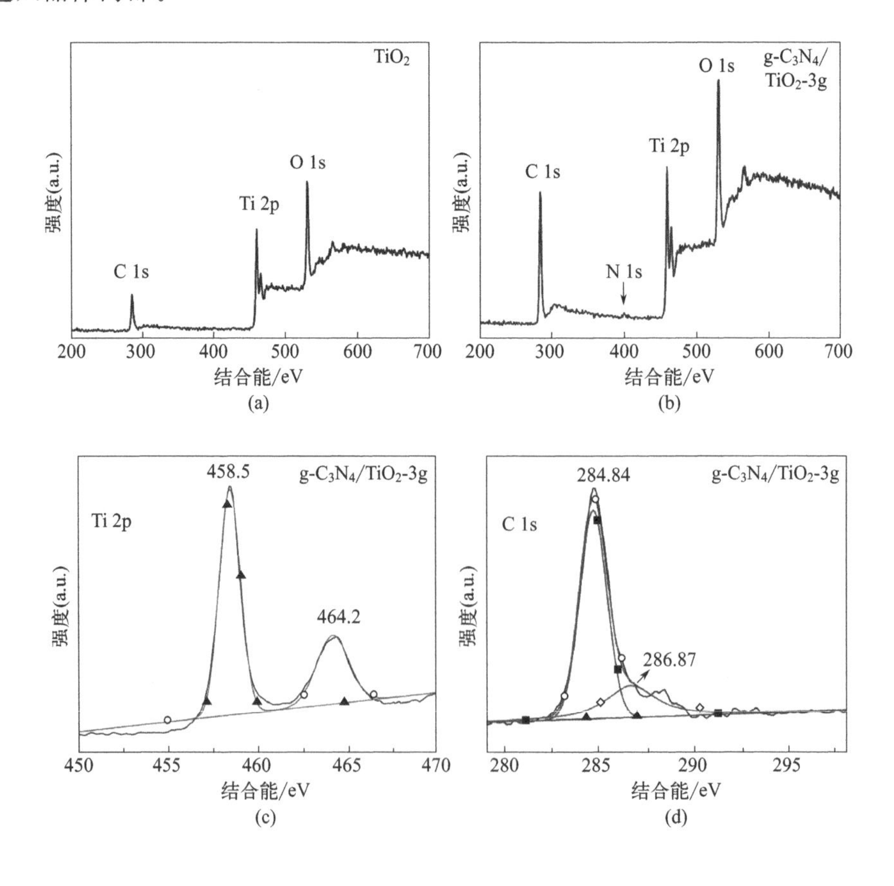

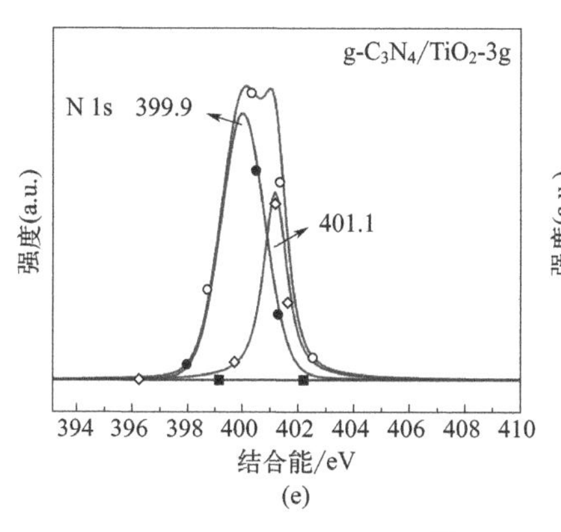

(e)

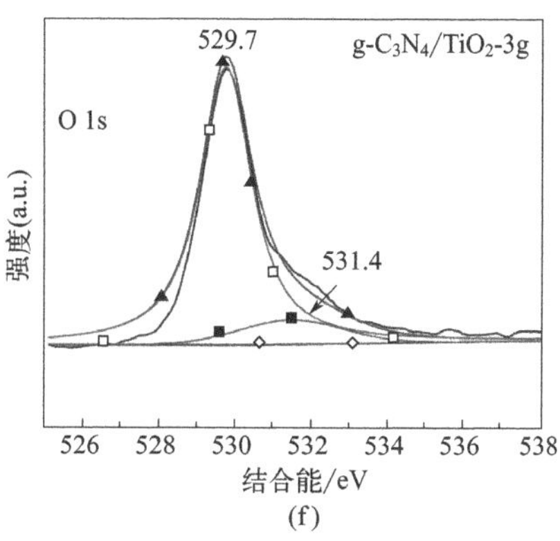

(f)

图 4-5　XPS 图谱

(a) TiO_2 全谱图；(b) g-C_3N_4/TiO_2 全谱图；(c) Ti 2p 能谱图；

(d) C 1s 能谱图；(e) N 1s 能谱图；(f) O 1s 能谱图

表 4-1　各元素的原子含量

样品	C/%	N/%	O/%	Ti/%
g-C_3N_4/TiO_2 纳米管(1g)	30.18	1.42	47.88	20.52
g-C_3N_4/TiO_2 纳米管(2g)	39.45	2.90	41.01	16.64
g-C_3N_4/TiO_2 纳米管(3g)	45.19	3.50	36.50	14.81
g-C_3N_4/TiO_2 纳米管(4g)	52.85	3.50	32.54	11.11

4.2.2 分子动力学计算

在本节计算中使用分子动力学方法模拟了 g-C_3N_4 负载到 TiO_2 纳米管上的过程。使用 Lammps 作为模拟软件，锐钛矿型 TiO_2 结构来自 Materials Studio 软件内置，在其（100）晶面上建立模型，并根据已报道的文献，绘制了三-s-三嗪环结构的单层 g-C_3N_4 在（001）方向上的模型，见图 4-6。建立用于计算的模拟体系盒子，立方体边长分别为 14.55Å、36.97Å、12.10Å，盒子内部总共有 552 个原子，其中 Ti 原子 128 个，O 原子 256 个，N 原子 96 个，C 原子 72 个。模型中 g-C_3N_4 与 TiO_2 之间为真空状态。计算中使用的反应力场为 Kim 等拟合的 ReaxFF 势函数，选择 Berendsen 法为体系升温，目标温度为 823K，时间步长为 0.25fs，模拟总时间 0.75ps，使用 Ovito 软件对 Lammps 计算的数据进行可视化处理。

在 Ovito 软件中，如图 4-7(a) 所示，可以观察到在模拟加热前，g-C_3N_4 与 TiO_2 分子间保持一定距离，反应前 C-N 原子间距约为 1.33Å，Ti-O 间距约为 1.9Å。随着温度升高到 823K，原子在模拟体系盒子中进行一系列运动，

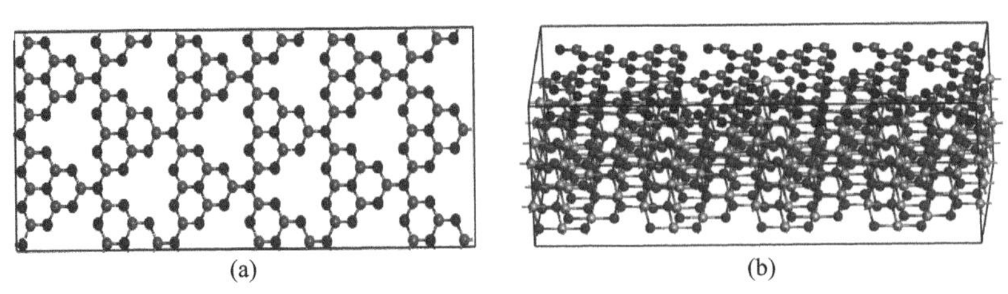

图 4-6 （a）单层三-s-三嗪环 $g-C_3N_4$ 模型；（b）优化后的 $g-C_3N_4/TiO_2$ 模型

可以观察到 $g-C_3N_4$ 与 TiO_2 的结构发生扭曲，$g-C_3N_4$ 与表面的 TiO_2 分子之间互相接触，表面的原子互相连接，如 N-O、C-O 和 Ti-N，催化剂内部分子畸变会形成新的杂化轨道与新的能级，进而影响光催化剂整体的能带结构，从而影响光催化剂的活性[4]。

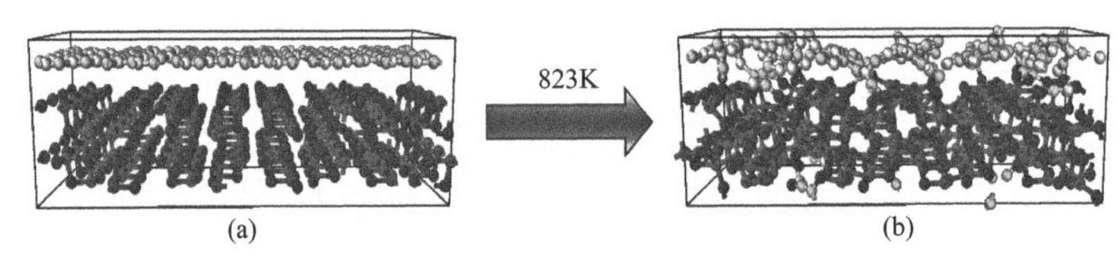

图 4-7 反应前后分子运动示意图

根据 823K 下 $g-C_3N_4/TiO_2$ 内各个原子的坐标数据绘制出径向分布函数图，如图 4-8 所示。径向分布函数图中 $g(r)$ 表示距离中心某一原子其他原子分布的概率。图中显示 Ti 原子与 N 原子排布紧密，之间距离峰值为 3.45Å，其次 Ti、C 原子之间最远距离为 4.23Å，说明 C、N 两种元素被插入到 TiO_2

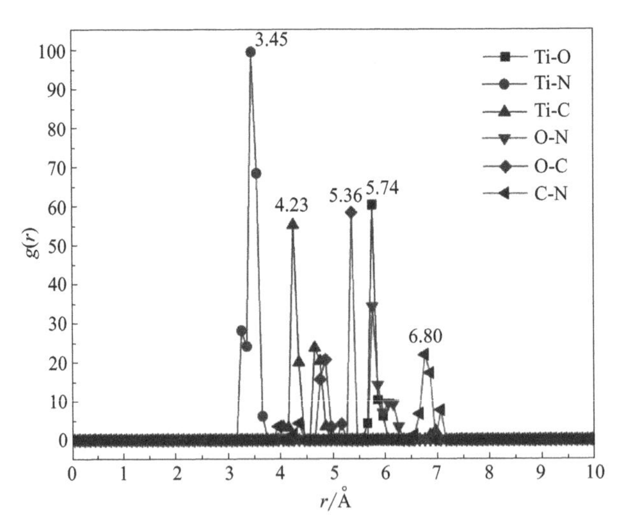

图 4-8 径向分布函数图

纳米管的内部。O-C、O-N、Ti-O 和 C-N 原子间距最高值分别为 5.36Å、5.74Å、5.74Å 和 6.8Å，很显然在升温处理后，TiO_2 与 g-C_3N_4 之间交叉的原子的键长小于未升温处理时它们之间的键长，原子间距离的减小代表着原子之间的作用力会变强。在这一过程中形成的异质结构在光催化过程中可以充当桥梁作用，转移了 TiO_2 与 g-C_3N_4 之间游离的光生空穴、电子，增大了电荷的转移效率，从而抑制 TiO_2 内部的空穴-电子对的过快复合，最终提升了一维半导体纳米材料的光催化活性。

4.2.3　催化性能

4.2.3.1　光催化效率分析

使用化学气相沉积法复合半导体材料具有简单、不会产生多余副产物影响光催化剂性能等优点。然而热缩聚所用原料用量决定着 TiO_2 上半导体的负载量，在本节中探讨了不同质量前驱体对改性纳米管光催化活性的影响。使用浓度为 10mg/L 的甲基橙染料溶液作为拟降解目标，光催化装置使用循环水冷却的 450W 高压汞灯作为光源，并使用滤光片将波长小于 400nm 的紫外线过滤从而得到可见光。根据实验结果绘制不同材料的甲基橙降解曲线，如图 4-9 所示。

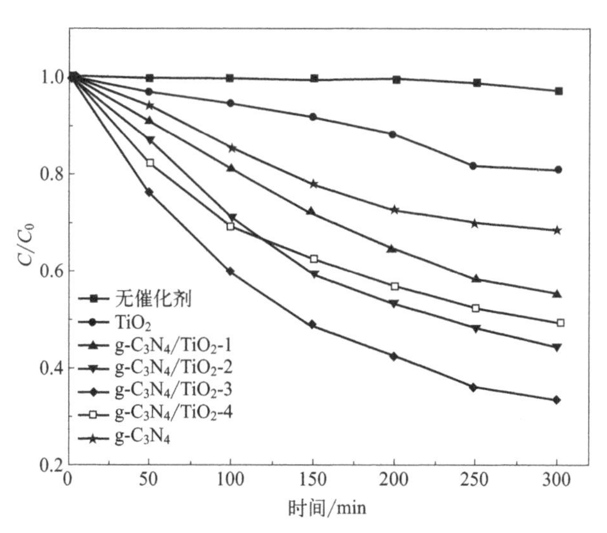

图 4-9　前驱体用量对光催化活性的影响

为了验证甲基橙溶液自身的稳定性，在实验中设置空白对照组，不添加任何光催化剂。如图 4-9 所示，当甲基橙溶液中没有投入光催化剂时，溶液仅在光照条件下降解，在反应进行到 300min 后溶液浓度几乎没有明显改变，这说明甲基橙溶液光解量很少，在可见光环境中能够保持良好的稳定性。当光催化剂为纯 TiO_2 纳米管时，甲基橙只有少量被降解，说明未改性的纳米管对可见光利用率较低。改性后的 TiO_2 纳米管在可见光条件下表现出更强的光催化活性，性能由强到弱依次为：$g\text{-}C_3N_4/TiO_2\text{-}3 > g\text{-}C_3N_4/TiO_2\text{-}4 > g\text{-}C_3N_4/TiO_2\text{-}2 > g\text{-}C_3N_4/TiO_2\text{-}1 > TiO_2$，说明纳米管上负载的 $g\text{-}C_3N_4$ 使 TiO_2 的光催化性能得到提升。异质结催化剂光催化活性随前驱体用量提升而升高，当设置前驱体用量为 3g 时，制备的异质结 $g\text{-}C_3N_4/TiO_2$ 纳米管具有最强的可见光催化性能，300min 内降解掉 66.76%的甲基橙溶液。原因在于半导体之间异质结构加速了光生空穴-电子的转移，有效延长了内部光生载流子保持活性的时间，从而提高了半导体的光催化活性。但当尿素质量达到 4g 时，改性纳米管活性相比底物为 3g 时下降，分析此时在 TiO_2 表面负载的 $g\text{-}C_3N_4$ 过多发生团聚的现象，有可能形成新的复合中心导致大量载流子在 $g\text{-}C_3N_4$ 内部快速结合丧失活性，内部的 TiO_2 没有转移足量电子导致半导体光催化活性下降；根据 SEM 分析结果，此时纳米管发展出部分孔洞结构也会导致反应活性位点有一定减少，削弱改性纳米管的催化能力。

4.2.3.2 光催化反应动力学分析

由于不同的光催化剂对甲基橙的降解率不同，在降解动力学中的表现也会有所变化，由此展开对 $g\text{-}C_3N_4/TiO_2$ 纳米管光催化降解反应动力学分析。如图 4-10 所示，根据 Langmuir-Hinshelwood 动力学模型，$-\ln(C/C_0)$ 与光催化反应时间之间线性拟合度良好，从上到下光催化反应速率逐渐降低，而改性后的纳米管活性明显优于未复合半导体的样品，这说明异质结催化剂的形成对光催化反应有促进作用。表 4-2 列出在使用不同催化剂条件下甲基橙溶液光催化降解过程中的动力学相关参数，可以看到在投加催化剂条件下相关系数 R^2 均在 0.95 以上，说明甲基橙降解过程符合准一级动力学方程。

表 4-2 前驱体用量对甲基橙溶液光催化降解过程中动力学参数的影响

样品	k/min^{-1}	R^2
TiO_2	0.0007	0.970
$g\text{-}C_3N_4/TiO_2\text{-}1$	0.0021	0.993
$g\text{-}C_3N_4/TiO_2\text{-}2$	0.0028	0.976
$g\text{-}C_3N_4/TiO_2\text{-}3$	0.0037	0.973
$g\text{-}C_3N_4/TiO_2\text{-}4$	0.0023	0.954

拟合方程常数 k 代表该样品光催化降解速率，根据表中数据，当前驱体用量为 3g 条件下制备的改性纳米管的 k 值为 0.0037min^{-1}，反应速率常数是

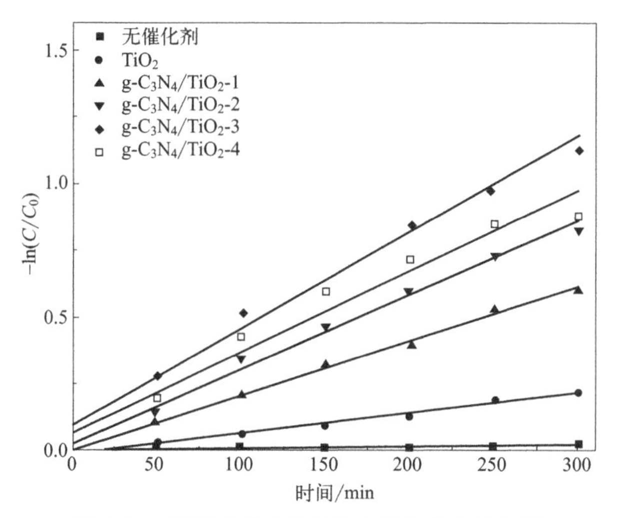

图 4-10　不同负载量样品的光催化动力学曲线

未改性 TiO_2 纳米管的 5.28 倍，通过以上分析，将此条件作为后续复合与降解实验的标准。

4.2.3.3　稳定性分析

光催化剂的循环使用寿命是实际应用重要的考察指标，在重复使用后仍然保持良好稳定性的催化剂能够有效降低治理废水的成本。本项实验为研究样品的循环使用寿命，选取上述试验中表现出最优性能的光催化剂 $g-C_3N_4/TiO_2-3$，在可见光条件下进行了连续光催化降解甲基橙溶液的实验，每一次循环实验对样品重复回收、洗涤、干燥的步骤，实验结果如图 4-11 所示。

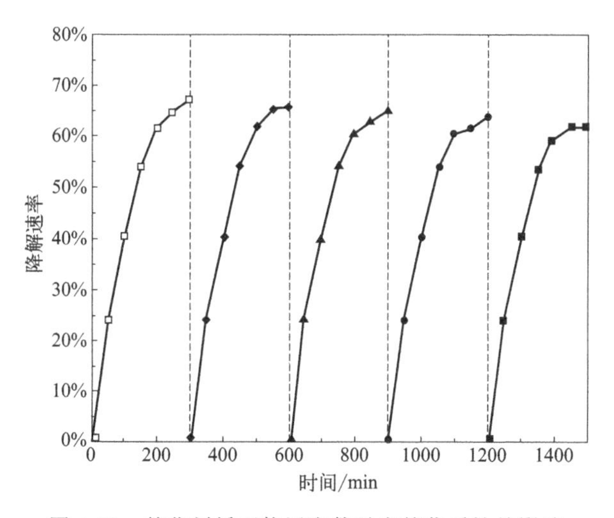

图 4-11　催化剂循环使用次数对光催化活性的影响

根据图 4-11 可知，$g\text{-}C_3N_4/TiO_2$ 纳米管的光催化性能较为稳定，在循环使用 5 次后，光催化降解率从第一次循环的 66.76%逐渐下降到第五次的 59.7%，仍然保持良好的可见光催化性能，这是由于异质结构持续转移光生空穴、光生电子，维持着催化剂可见光活性。图中还可以观察到随着循环反应次数的增加，光催化剂活性在反应末期逐渐下降，主要是由于纳米管在重复使用过程中吸附少量的污染物，这些污染物会附着在催化剂表面或孔洞内不易清除，逐渐积累并覆盖住纳米管口，影响光催化反应的活性位点与染料分子接触，使半导体产生的光生载流子数目降低导致光催化效率降低。另外由于不断重复洗涤等操作，催化剂的纳米管状结构有可能被损害，虽然能清除少量杂质但异质结构也可能在这一过程受损，最终导致 $g\text{-}C_3N_4/TiO_2$ 纳米管在多次循环后光催化活性降低。

4.2.3.4 光催化机理分析

根据以上表征结果与光催化实验数据，提出了异质结复合半导体材料的光催化反应机理，见图 4-12。锐钛矿型 TiO_2 纳米管由于具有较宽的禁带宽度(导带电势－0.5V，价带电势＋2.7V)，只能吸收波长小于 387nm 的紫外线，且内部的光生载流子的大量复合导致光催化活性较弱。而对于负载有适量非金属半导体的 $g\text{-}C_3N_4/TiO_2$ 纳米复合材料，$g\text{-}C_3N_4$ 以片或颗粒状沉积在纳米管表面或内部，最终两种半导体之间形成异质结构。

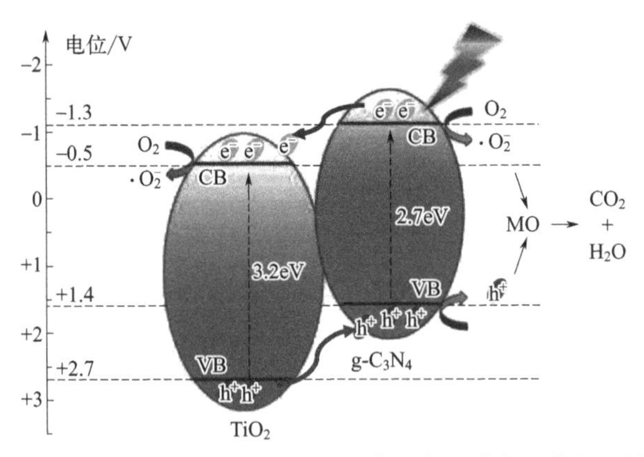

图 4-12 $g\text{-}C_3N_4/TiO_2$ 复合半导体材料光催化反应机理图

由于 $g\text{-}C_3N_4$ 拥有良好的能带结构（导带电势－1.3V，价带电势＋1.4V)，受到可见光照射时被激发，光生电子从价带跃迁到导带上时，价带上留下与之对应的光生空穴，见反应式(4-1)。由于 $g\text{-}C_3N_4$ 的导带电位低于 TiO_2 的导带电位，所以导带上的电子通过两个半导体之间紧密的异质结构转移到 TiO_2 的导带上，见反应式(4-2)。由于两种半导体的导带电位比 O_2 的还原电位更负，因此 g-C_3N_4 与 TiO_2 上的光生电子可以与催化剂表面吸附的溶解氧反应生成超氧自由基·O_2^-，见反应式(4-4)。与·OH/OH^- 和·OH/H_2O 相比 g-C_3N_4 价带负性更大，因此不能与溶液中的 H_2O 或 OH^- 反应生成羟基自由基·OH，所以此时在 g-C_3N_4 价带上汇聚的光生空穴 h^+ 可以直接参与到氧化还原过程。此外光生空穴也会从 TiO_2 价带转移到 g-C_3N_4 价带上，从而促进光电子在半导体之间的迁移，见反应式(4-3)。此时异质结光催化剂上的光生电子与 O_2 反应生成的超氧自由基与光生空穴作为活性物质作用于染料分子，并将其矿化为水和二氧化碳，最终降低了溶液的浓度，如反应式(4-5)所示。由此可见，g-C_3N_4/TiO_2 构建的异质结构促进了半导体内部光生载流子的传输，抑制了光催化剂表面光生空穴-电子对的过快复合，使光催化活性得到增强；同时将光吸收带红移，对可见光的利用率也有效提升。

g-C_3N_4/TiO_2 纳米管光催化降解甲基橙溶液可以用如下反应式表示：

$$g\text{-}C_3N_4 + h\nu \longrightarrow g\text{-}C_3N_4 + h^+(VB) + e^-(CB) \tag{4-1}$$

$$g\text{-}C_3N_4(CB) + e^- \longrightarrow TiO_2\ \text{纳米管}(CB) + e^- \tag{4-2}$$

$$TiO_2\ \text{纳米管}(VB) + h^+ \longrightarrow g\text{-}C_3N_4(VB) + h^+ \tag{4-3}$$

$$e^-(CB) + O_2 \longrightarrow \cdot O_2^- \tag{4-4}$$

$$\text{甲基橙} + \cdot O_2^-/h^+ \longrightarrow CO_2 + H_2O + \text{无机小分子} \tag{4-5}$$

根据光催化性能分析，改性后的光催化剂与未改性的 TiO_2 相比，可见光催化活性有了较为明显的提升，光催化原理正如上述分析的那样。然而当使用化学沉积工艺在纳米管表面负载过多的 g-C_3N_4 时，此时过量的半导体在 TiO_2 表面聚集并逐渐形成新的光生空穴-电子对复合中心，复合中心的载流子大量结合抑制了电子从 g-C_3N_4 传输到 TiO_2 的导带上，吸附在催化剂表面的溶解氧没有得到充足的电子导致生成的超氧自由基数量减少，而且复合中心的快速结合使光生载流子活性下降，最终影响复合催化剂的光催化反应活性，因此制备 g-C_3N_4 改性的 TiO_2 纳米管时需要控制负载量。

4.3　表面处理 g-C_3N_4/TiO_2 异质结

表面处理 TiO_2 纳米管阵列的方法得到越来越多学者的青睐。通过氧电浆处理表面，可提高 g-C_3N_4/TiO_2 纳米异质结的比表面积，而且可以有效抑制电子-空穴对的复合，将两种优点相结合，表面处理后的 g-C_3N_4/TiO_2 纳米异质可以增加催化剂吸附能力，降低电子的复合概率。以下研究所使用的纯

TiO_2 纳米管阵列是在乙二醇电解液体系中制备，制备条件为：40V 氧化电压、0.3%（质量分数）NH_4F 浓度、2%（体积分数）水添加量、12h 氧化时间及 25℃的电解液温度，2g g-C_3N_4 的复合量。

4.3.1 表面处理 g-C_3N_4/TiO_2 纳米管阵列的制备

对 g-C_3N_4/TiO_2 纳米管阵列表面采用四异丙氧基钛（TnB）和氧电浆联合处理，具体过程为：配制浓度为 2mol/L 的醋酸水溶液，取 15g 四异丙氧基钛（TnB）缓缓滴入醋酸水溶液中形成乳白色溶胶，经过 4d 的搅拌水解缩合后，溶液从乳白逐渐变成澄清，呈微透明状。将制备好的 g-C_3N_4/TiO_2 纳米管阵列浸入此微透明的溶液中后置入压力釜，以 200℃晶化 5h，待冷却后将试片取出采用去离子水冲洗后放入高温炉中以 500℃煅烧 30min（升温速率为 10℃/min），最后采用氧电浆以 80W 输出功率处理 TiO_2 纳米管阵列 10min（将纳米管阵列置于反应器中，以真空抽气至 7Pa 以下，重复以液态氮冷冻、除气、解冻三次即可进行电浆处理），即得到表面处理后的 g-C_3N_4/TiO_2 纳米管阵列。

4.3.2 特性分析

4.3.2.1 表面形貌分析

图 4-13 为纯 TiO_2 纳米管阵列、g-C_3N_4/TiO_2 纳米异质结以及氧电浆处理 g-C_3N_4/TiO_2 异质结的 FESEM 照片。纯 TiO_2 纳米管阵列表面光滑，孔径均匀，如蜂窝状紧密排列，平均内管径约为（93±5）nm，管壁厚约（15±5）nm，如图 4-13(a) 所示，图 4-13(e) 为纯 TiO_2 纳米管阵列的底部照片，可观察到底部是封闭的，呈光滑平整的五角形或六角形结构，平均直径也在（93±5）nm，管口内径和管底内径一致说明形成的纳米管是圆柱形结构。图 4-13(b) 为 TiO_2 纳米管阵列与 g-C_3N_4 复合异质结的 FESEM 表面照片。从图中可观察到在表面上纳米管与纳米管之间有一些絮状物出现，图 4-13(c) 为氧气电浆处理 g-C_3N_4/TiO_2 纳米异质结后 FESEM 表面照片，纳米管保留明显的孔道结构，说明表面处理没有破坏 TiO_2 纳米管结构，且发现表面纳米粒子分散得更加均匀。图 4-13(d) 为氧气电浆处理 g-C_3N_4/TiO_2 纳米异质结后的截面图，也发现这些纳米粒子在侧壁出现，纳米管与这些微小纳米颗粒相互接触，有利于电荷的传输和分离。管长约为 12.03μm。从放大的内嵌图观察到管是垂直的，且管壁光滑，有竹节状出现。这些 TiO_2 纳米粒子的出现能够增加 TiO_2 纳米管的比表面积，提高催化剂的吸附性能。而且在 TiO_2 纳米

管阵列表面形成一个非常薄的阻挡层，促使电子在界面分散来增加电子传递，同时又可捕获自由电子，以阻止电子的复合。图 4-13(f)～(i)为 C、N、Ti 和 O 的元素扫描图像，Ti 和 O 元素在复合物中分布较多，且可清晰地观察到 C、N、Ti 和 O 元素分布都比较均匀，表面 g-C_3N_4 纳米颗粒在 TiO_2 纳米管内外均匀分布。

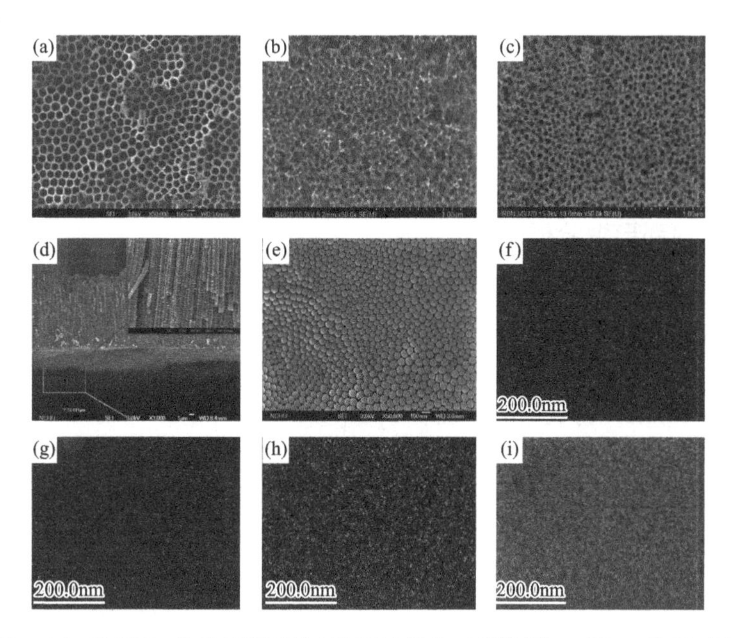

图 4-13　(a) 纯 TiO_2 纳米管阵列的 FESEM 图像（俯视图）；(b) g-C_3N_4/TiO_2-2 纳米管的 FESEM 图像（俯视图）；(c) 氧等离子体处理 g-C_3N_4/TiO_2-2 纳米管的 FESEM 图像（俯视图）；(d) 氧等离子体处理 g-C_3N_4/TiO_2-2 纳米管的横截面图；(e) 氧等离子体处理 g-C_3N_4/TiO_2-2 纳米管的俯视图；(f) ～ (i) C、N、Ti 及 O 的元素扫描图像

4.3.2.2　表面粗糙度分析

表面粗糙度借助于原子力显微镜（AFM）研究。图 4-14 为纯 TiO_2 纳米管、g-C_3N_4/TiO_2 纳米异质结和氧电浆表面处理后 TiO_2 纳米管的 3-D AFM 图。TiO_2 纳米管的均方根（R_q）为 92.8，平均粗糙度（Ra）为 76.6。引入 g-C_3N_4 纳米粒子复合 TiO_2 纳米管的均方根（R_q）为 167.9，平均粗糙度（Ra）为 135.8，表明催化剂表面粗糙度有所增加。而在氧电浆处理后均方根（R_q）为 140.4，平均粗糙度（Ra）为 107.2，催化剂表面粗糙度却有所降低，这可能是由于氧电浆具有清洁性能，可以清除表面的污染物。表面粗糙度的增加有助于提高催化剂的吸附能力。

图 4-14　纯 TiO_2 纳米管阵列和表面处理后 TiO_2 纳米管阵列的 AFM 图

(a) 纯 TiO_2 纳米管阵列；(b) g-C_3N_4 复合 TiO_2 纳米管；(c) 氧电浆处理 g-C_3N_4/TiO_2 纳米管

4.3.2.3　内部形貌分析

图 4-15 为 TiO_2 纳米管和氧电浆处理 g-C_3N_4/TiO_2 纳米异质结的 TEM 照片。图 4-15(a) 可以清楚看见管状竹节状结构，且清楚看到两相边界异质结构。图 4-15(b) 可以看出 TiO_2 纳米管的晶格常数为 0.35nm，归属于 (101) 晶面。图 4-15 (c) 为氧电浆处理 g-C_3N_4/TiO_2 纳米异质结的 TEM 照片，可以看出管状结构，且两相边界清晰，若干部位可见复合物的存在。图 4-15(d) 可以看出两相边界清楚，g-C_3N_4 的晶格常数为 0.325nm，归属于 (002) 晶面，证明复合成功，氧电浆处理后的催化剂有利于电子的传递。

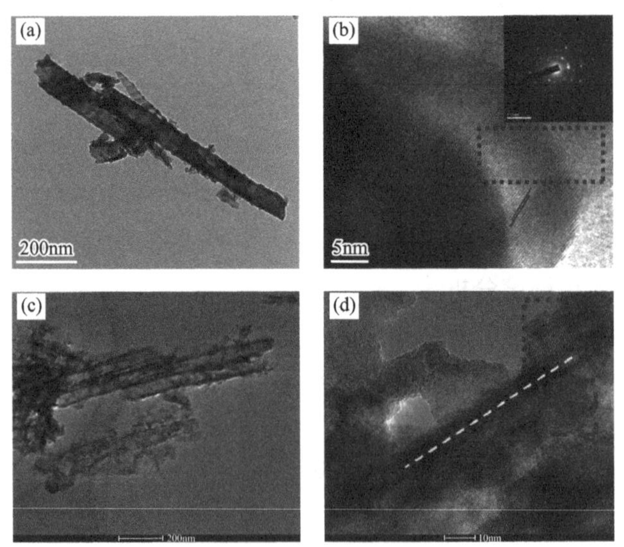

图 4-15　(a) TiO_2 纳米管的 TEM 图片；(b) TiO_2 纳米管的 HRTEM 图像；

(c) 氧电浆处理 g-C_3N_4/TiO_2-2 纳米管的 TEM 图片；

(d) 氧电浆处理 g-C_3N_4/TiO_2-2 纳米管的 HRTEM 图像

4.3.2.4 晶相结构分析

图4-16为TiO_2纳米管、不同含量$g-C_3N_4/TiO_2$纳米异质结以及氧电浆处理$g-C_3N_4/TiO_2$纳米异质结的XRD衍射图。从图中可以看出，27.5°处出现的特征峰归属为$g-C_3N_4$的（002）晶面（JCPDS No.87-1526）。25.3°、37.8°、48.0°、53.9°特征衍射峰分别为TiO_2锐钛矿相晶型结构的（101）、（004）、（200）和（105）晶面（JCPDS No 21-1272）。40.8°晶面特征峰归属于TiO_2纳米管晶红石相特征峰。27.5°的$g-C_3N_4$特征峰在异质结构仍然存在，证明是两者的复合结构，且$g-C_3N_4$的引入没有改变TiO_2纳米管的晶型结构，与SEM和TEM的结构相吻合。在氧电浆处理$g-C_3N_4/TiO_2$纳米异质结后，仍然保留完整的晶相，因此，表面处理对晶相没有影响。然而，经过表面处理后，27.5°特征峰出现一定的红移，这可能是由于电浆处理后引起的空位以及缺陷等对TiO_2纳米管和$g-C_3N_4$的结构引起拉伸运动所致。

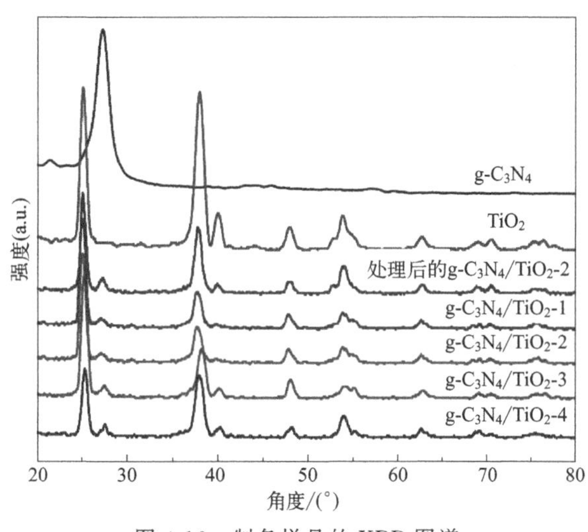

图4-16 制备样品的XRD图谱

4.3.2.5 光吸收性能分析

图4-17为TiO_2纳米管、$g-C_3N_4/TiO_2$纳米异质结以及氧电浆处理$g-C_3N_4/TiO_2$纳米异质结的UV-vis DRS图。从图中可以看出，纯TiO_2纳米管在390nm以下的紫外光区域显示出强烈的光吸收。$g-C_3N_4$复合TiO_2纳米管后，相较于TiO_2纳米管，光吸收边发生红移。光吸收强度在400～800nm范围内最强，这说明$g-C_3N_4/TiO_2$纳米异质结的电子复合率降低。当表面氧电浆处理后，催化剂的可见光吸收强度有红移，这是TiO_2表面产生的氧缺陷引起

的，这些氧缺陷的形成导致在纯 TiO_2 纳米管的导带以下出现了子能带。一般来说，参与光催化过程的载体数量增多，就会具有优良的可见光吸收性能，从而提高光催化活性。禁带宽度定义为电子从基态（HOMO，价带顶端）到激发态（LUMO，导带底端）的最小能量值。方程（4-6）给出 TiO_2 纳米管的光子能量与吸收系数的关系为：

$$\alpha \propto \frac{(h\nu - E_g)^{\eta}}{h\nu} \tag{4-6}$$

式中，ν 为入射光子频率；η 为指数；h 为普朗克常量；E_g 为光吸收最小能量（即禁带宽度）。指数 η 与电子转移的类型有关。电子转移分为直接转移和间接转移两类。在吸收光子后转移电子与空穴具有同样的动量为直接电子转移。而间接电子转移与振动有关，是指光子从晶格释放的能量。因此，光子动量等同于电子-空穴间动能之差，满足能量守恒和晶体动量守恒定律，遵循选择性规则，η 值为 1/2、3/2、2 和 3，分别对应为允许直接转移、禁止直接转移、允许间接转移和禁止间接转移。TiO_2 的 η 为 1/2，将图 4-17(a) 通过计算转化为图 4-17(b)，以 $h\nu$ 为横坐标，$(\alpha h\nu)^2$ 为纵坐标，外推线的截距就是禁带宽度 E_g。计算的 g-C_3N_4、纯 TiO_2 纳米管、g-C_3N_4/TiO_2 纳米异质结及氧电浆处理 g-C_3N_4/TiO_2 纳米异质结的禁带宽度分别为 2.85eV、3.23eV、3.00eV 和 3.03eV。根据推断禁带宽度一部分取决于物质的结晶度，高结晶度薄膜的禁带宽度与晶体的体材料相似，而低结晶度薄膜的禁带宽度要高于相应的体材料。此处禁带宽度的降低主要是由于表面出现高结晶度的 g-C_3N_4，可以改变 TiO_2 纳米管阵列的表面状态，改变光性质。另外，氧电浆的处理，在异质结区域，引入杂质能级和缺陷能级，使禁带宽度降低，降低了电子激发所需的能量，光吸收发生红移，有利于可见光吸收。

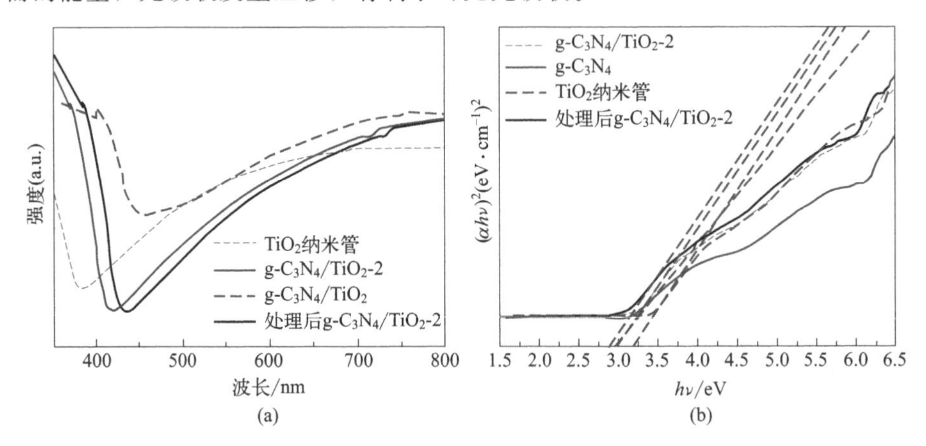

图 4-17 (a) 制备样品的 UV-vis DRS 图；(b) $(\alpha \cdot h\nu)^2$ 随光子能 ($h\nu$) 的变化图

4.3.2.6 元素组成分析

XPS是用来分析 TiO_2 纳米管元素组成及表面电荷状态的有效手段。图4-18为 g-C_3N_4/TiO_2 纳米异质结以及氧电浆处理 g-C_3N_4/TiO_2 纳米异质结的高分辨 Ti(2p)和 O(1s)的 XPS 光谱图。在图4-18(a) 和 (b) 中使用 XPS Peak41 软件将 Ti 2p 分为 $Ti^{4+}(2p_{1/2})$、$Ti^{4+}(2p_{3/2})$、$Ti^{3+}(2p_{1/2})$及 $Ti^{3+}(2p_{3/2})$ 四个状态。g-C_3N_4/TiO_2 纳米异质结的 Ti(2p)中 Ti^{4+} 的原子含量为8.8%。当氧电浆处理表面后 Ti(2p)中 Ti^{4+} 的原子含量减少至24.1%，Ti(2p)的 Ti^{3+} 状态由8.8%增加至24.1%，其发生的反应为

$$TiO_2(Ti^{4+})+e^- \longrightarrow Ti_2O_3(Ti^{3+}) \tag{4-7}$$

纳米管在 O (1s) 中也可以发现相应的变化，表面处理后 Ti_2O_3 含量从12.2%增至25.2%，显示高价态的 Ti^{4+} 被还原成低价态的 Ti^{3+}，会产生氧空位和过剩的电子，改变电子结构。氧电浆处理后也会产生一些物种，如 O^-、O_2^-、O^+、O_2^+ 以及 H·、OH·自由基和光子能量。其中 O^+ 和 O_2^+

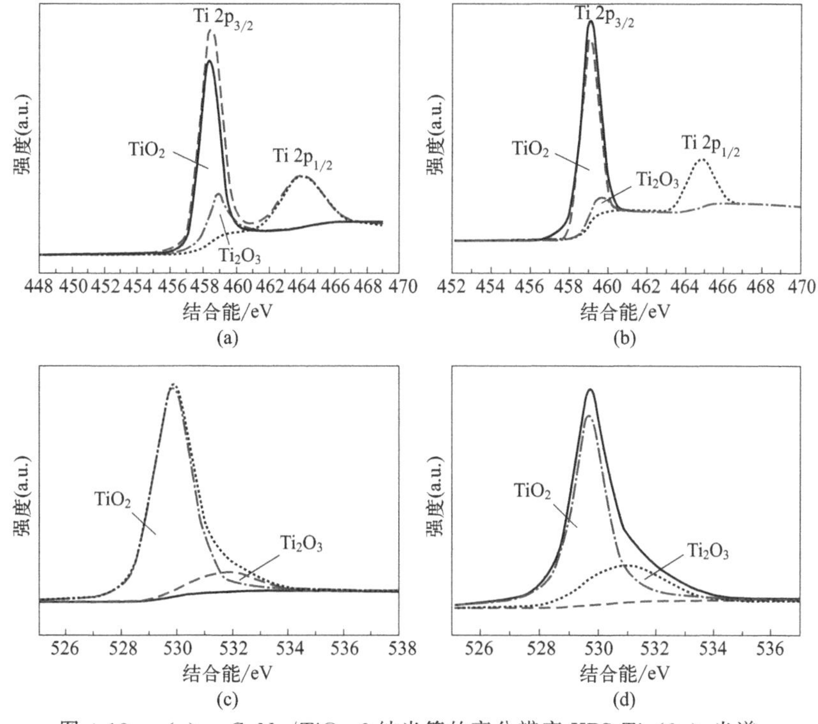

图4-18　(a) g-C_3N_4/TiO_2-2 纳米管的高分辨率 XPS-Ti (2p) 光谱；(b) 经氧电浆处理的 g-C_3N_4/TiO_2-2 纳米管；(c) g-C_3N_4/TiO_2-2 纳米管的 XPS-O (1s) 光谱；(d) 经氧电浆处理的 g-C_3N_4/TiO_2-2

会将 Ti^{3+} 氧化为 Ti^{4+}，O^{-} 和 O_2^{-} 会将 Ti^{4+} 还原成 Ti^{3+}。在 XPS 分析中发现，经过氧电浆处理后 Ti^{3+} 的原子含量增加，则说明产生的 O^{-} 和 O_2^{-} 物种较多，这有利于污染物和催化剂之间的电子传递。

4.3.2.7 EIS 曲线测试

采用电化学交流阻抗分析太阳能电池的光电转化性能提高的原因。图 4-19 为 TiO_2 纳米管及表面处理 TiO_2 纳米管的电化学阻抗 Bode 图。通常 Bode 曲线分为三个频率区域，低频区（在 mHz 之间）、中频区（1～100Hz）和高频区（在 kHz 之间）。催化剂与污染物界面间的电荷转移由中频峰给出，此处电子寿命也为电子在催化剂与污染物界面间存在的时间。为了更清晰地观察，将图 4-19 的 Bode 图分为（a）和（b）。图（a）为 TiO_2 纳米管、$g\text{-}C_3N_4/TiO_2$ 纳米异质结以及氧电浆处理 $g\text{-}C_3N_4/TiO_2$ 纳米异质结的 Bode 图，图（b）为 TiO_2 纳米管、$g\text{-}C_3N_4/TiO_2$ 纳米异质结以及氧电浆处理 $g\text{-}C_3N_4/TiO_2$ 纳米异质结的 Nyquist 图。利用 Z-View 软件中的等效电路进行拟合，等效电路如

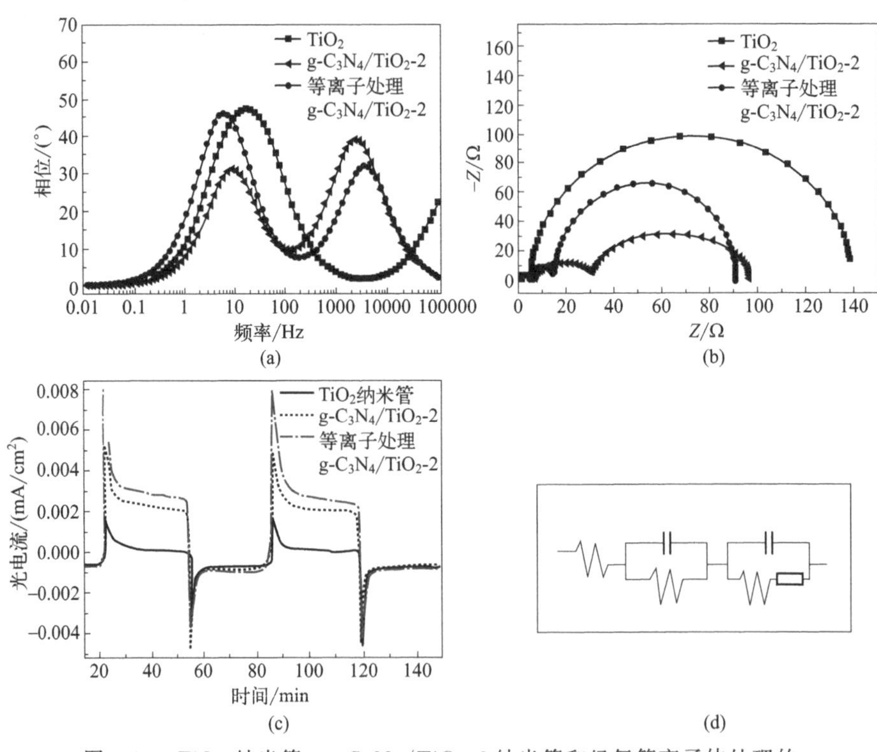

图 4-19 TiO_2 纳米管、$g\text{-}C_3N_4/TiO_2$-2 纳米管和经氧等离子体处理的 $g\text{-}C_3N_4/TiO_2$-2 纳米管的电化学阻抗谱

(a) Bode 相图；(b) Nyquist 图；(c) 等效电路；(d) 光电流响应

图4-19(c)所示。由图可见，TiO_2纳米管、$g\text{-}C_3N_4/TiO_2$纳米异质结以及氧电浆处理$g\text{-}C_3N_4/TiO_2$纳米异质结的中频峰分别出现在17.33Hz、9.40Hz和7.58Hz，可见表面处理后中频峰的频率峰向低频区移动，催化剂电子寿命可通过公式（4-8）求算。

$$\tau=\frac{1}{2\pi f_{max}} \tag{4-8}$$

式中，τ为电子寿命；f_{max}为中频峰的最大频率。

纯TiO_2纳米管、$g\text{-}C_3N_4/TiO_2$异质结构和氧电浆处理$g\text{-}C_3N_4/TiO_2$异质结的电子寿命分别为9.19ms、16.9ms和21.0ms。相对于纯TiO_2纳米管，$g\text{-}C_3N_4/TiO_2$异质结的电子寿命明显延长，这表示复合结构能有效抑制电子的复合。这是由于$g\text{-}C_3N_4$和TiO_2形成异质结构，可以使电子-空穴分离，降低电子复合概率。氧电浆处理后，会产生大量缺陷，缺陷的存在，在半导体带隙中产生缺陷能级，能够捕获空穴。转移电荷电阻（R_{ct}）由能斯特曲线获得，纯TiO_2纳米管、$g\text{-}C_3N_4/TiO_2$异质结构以及氧电浆处理$g\text{-}C_3N_4/TiO_2$异质结的转移电荷电阻分别为66Ω、35Ω和32Ω。氧电浆处理后电阻值（R_{ct}）明显减小，有利于加速电子转移。图4-19(d)为TiO_2纳米管、$g\text{-}C_3N_4/TiO_2$异质结构和氧电浆处理$g\text{-}C_3N_4/TiO_2$异质结的瞬态光电流响应图。光电流响应与电荷分离和光响应有关。在暗态下，光电流密度接近于零，当光被打开时，光电流密度突然增大，这一现象表明，光电子成功地迁移到钛基底上，产生光电流。所有的样品均展示了尖锐向上的电流和平稳的一段电流。TiO_2纳米管、$g\text{-}C_3N_4/TiO_2$异质结和氧电浆处理$g\text{-}C_3N_4/TiO_2$异质结的瞬时电流密度分别为$1.66\times10^{-3}mA/cm^2$、$5.16\times10^{-3}mA/cm^2$和$8.12\times10^{-3}mA/cm^2$。氧电浆处理$g\text{-}C_3N_4/TiO_2$异质结的光电流响应明显高于TiO_2纳米管和$g\text{-}C_3N_4/TiO_2$异质结的光电流，大约为纯TiO_2纳米管的4.5倍，光电流的明显增加归因于光电子的分离和转移，以提高光催化降解效率。而且产生的氧空位作为捕获位降低电子-空穴对复合。$g\text{-}C_3N_4/TiO_2$异质结的光电流高于TiO_2纳米管光电流响应的3倍，显示了TiO_2纳米管的限域效应和$g\text{-}C_3N_4$的小尺寸效应缩短了载流子的传输距离，因此有利于电子的转移。

4.3.3　催化性能

4.3.3.1　催化效率分析

选择布洛芬作为目标污染物来做光催化降解性能研究。不同$g\text{-}C_3N_4$含量的$g\text{-}C_3N_4/TiO_2$异质结的光催化降解性能如图4-20(a)所示。相较于纯TiO_2

纳米管，所有 $g\text{-}C_3N_4/TiO_2$ 异质结构光催化剂的降解性能都有所提高。这是由于异质结构可以导致窄带隙的出现，有利于吸收可见光。

由于 $g\text{-}C_3N_4$ 和 TiO_2 纳米管两者的协同效应，$g\text{-}C_3N_4$ 拓宽了可见光响应，抑制电子-空穴对复合。$g\text{-}C_3N_4$ 激发的光生电子转移至 TiO_2 纳米管导带上，TiO_2 纳米管产生的空穴转移至 $g\text{-}C_3N_4$ 价带。当 $g\text{-}C_3N_4$ 含量过高时导致光催化降解效率降低，这是由于过多的 $g\text{-}C_3N_4$ 纳米粒子导致长程的传输和电子分散路径，容易损失光电子以及造成电子-空穴对复合概率增大。

在氧气电浆处理后，$g\text{-}C_3N_4/TiO_2$ 异质结催化剂的光催化降解效率显著提高。在不同氧电浆处理时间（10min、15min、20min、25min）下，90min 后降解效率分别为 69%、95%、90%和 69%。如图 4-20(b) 所示，由氧电浆产生的大量的氧空位可以加速形成羟基和过羟基，这些活性物种可以加速催化反应的进行，加速电子的传递，显著提高光催化降解效率。

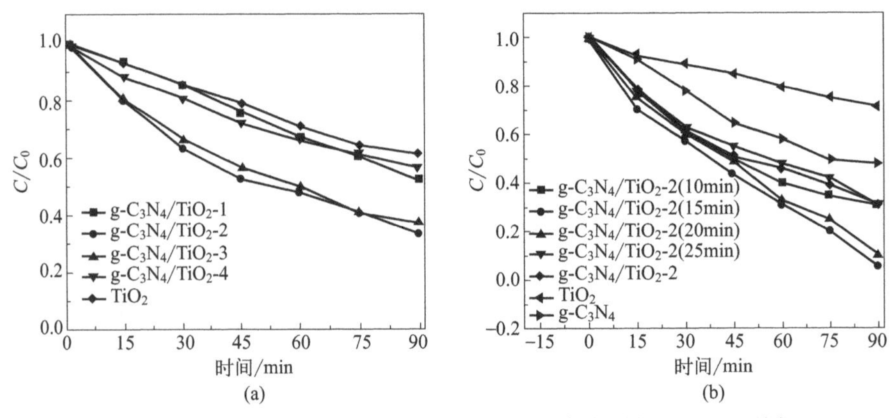

图 4-20 (a) 不同 $g\text{-}C_3N_4$ 含量催化剂的光催化活性及 (b) 不同氧电浆处理时间催化剂的光催化活性

4.3.3.2 稳定性分析

催化剂的重复使用率是检验光催化剂实际应用的一个重要指标。氧电浆处理 $g\text{-}C_3N_4/TiO_2$ 异质结光催化剂重复 7 次使用的降解效率如图 4-21 所示。在 1～3 次循环使用后光催化降解效率有轻微的降低。在 3 次循环催化使用后，催化效率没有明显改变。这是由于氧电浆处理后出现缺陷位，使表面动力提升，催化剂的催化稳定性提高。布洛芬的降解效率催化动力学由 $\ln(C_0/C_t)$ 和时间关系分析，满足一级动力学反应，曲线中的斜率为速率常数（k）。如图 4-22 所示，15min 氧电浆处理 $g\text{-}C_3N_4/TiO_2$ 异质结的速率常数为 0.0252min^{-1}，高于纯纳米管的速率常数（0.0036min^{-1}）和 $g\text{-}C_3N_4/TiO_2$ 异质结催化剂的速率常数（$0.0124min^{-1}$）。电子能量是在光催化过程中决定电能量消耗的重要参数。计算公式为：

$$EE/O=\frac{P\times t\times 1000}{V\times \lg(C_0/C_t)}\quad [kW\cdot h/(m^3\cdot order)] \tag{4-9}$$

式中，P 为输入能量，kW；t 为照射时间，h；V 为体积，L；C_0 为布洛芬起始浓度；C_t 为布洛芬在某一时间的浓度。使用反应动力学数据，EE/O 由以下公式表示：

$$EE/O=\frac{38.4\times P}{V\times k} \tag{4-10}$$

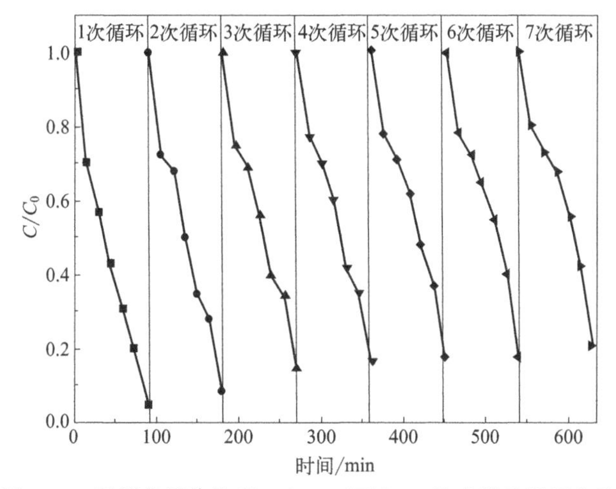

图 4-21　氧等离子体处理 $g\text{-}C_3N_4/TiO_2\text{-}2$ 纳米管的循环实验

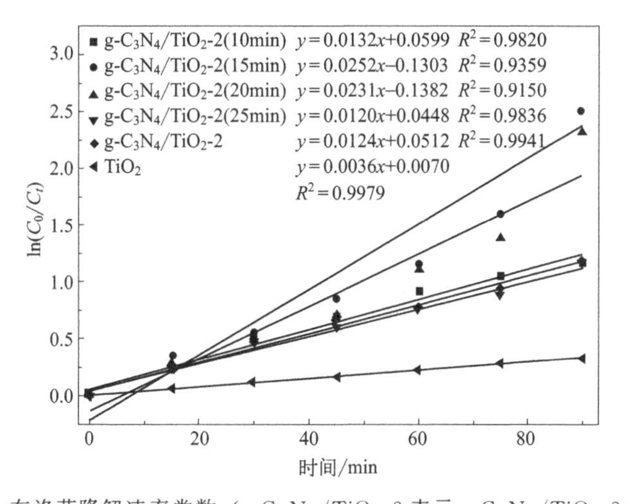

图 4-22　布洛芬降解速率常数（$g\text{-}C_3N_4/TiO_2\text{-}2$ 表示 $g\text{-}C_3N_4/TiO_2\text{-}2$ 纳米管）

15min 氧电浆处理 g-C_3N_4/TiO_2 异质结、g-C_3N_4/TiO_2 异质结和 TiO_2 纳米管的 *EE/O* 值分别为 0.5079kW·h/(m^3·order)、1.0323kW·h/(m^3·order)、3.5556kW·h/(m^3·order)。氧电浆处理的异质结 *EE/O* 值较低，是由于电浆处理后的缺陷引起键的扰动，电能消耗最低，这样有利于催化降解行为的进行。

图 4-23(a) 为添加 EDTA、TBA（叔丁醇）和 BQ（对苯醌）的氧电浆处理 g-C_3N_4/TiO_2-2 纳米管光催化降解图。捕获实验用来检测催化反应的活性物种，EDTA、TBA 和 BQ 被分别用来捕获 h^+、·O_2^- 和·OH。随着 EDTA 的添加，光催化降解效率显著提高，表明空穴并不是光催化降解的活性物种。空穴的捕获可以阻止电子-空穴对复合，以提高电子利用率。当添加 BQ 和 TBA 后光催化降解效率降低，说明·O_2^- 和·OH 两者是光催化降解过程中的活性物种。图 4-23(b) 为样品的自旋电子共振（ESR）分析图。

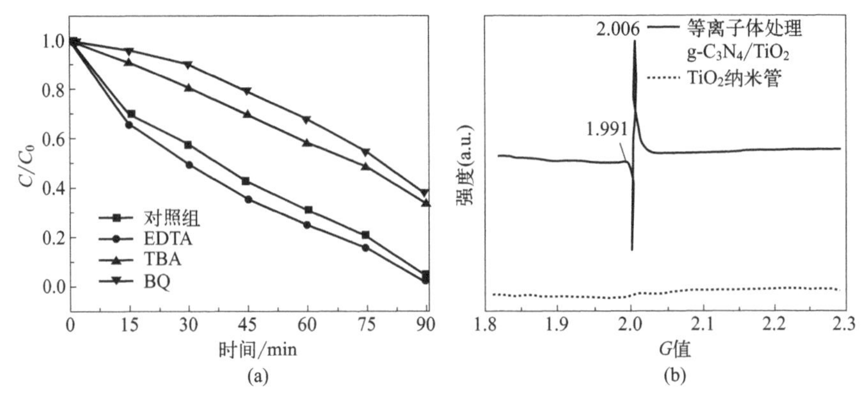

图 4-23　(a) 添加 EDTA、TBA 和 BQ 的氧电浆处理 g-C_3N_4/TiO_2-2 纳米管光催化降解图及 (b) 氧电浆处理 g-C_3N_4/TiO_2-2 纳米管和 TiO_2 纳米管的 ESR 光谱

ESR 是一种非常灵敏的检测含有未成对电子的顺磁性物质的技术，已经被广泛应用于验证氧缺陷和 Ti^{3+} 物种的存在。从图中可以看出，纯 TiO_2 纳米管没有显示任何信号峰，表明此时催化剂没有 Ti^{3+}。氧电浆处理后的 g-C_3N_4/TiO_2 异质结在 $g=2.006$ 处产生非常强的信号峰，这个峰是由此时催化剂的未配对电子产生，表明此时样品通过 Ti^{3+} 和离域电子诱导产生了含有一个电子的氧缺陷。

4.3.3.3 光催化机理分析

基于上述结果表征，提出了空位缺陷型 g-C_3N_4/TiO_2 异质结电荷载体转移和分离的机理示意图（如图 4-24 所示）。在模拟光照射下，g-C_3N_4 和 TiO_2

同时被激发，通过构建界面氧缺陷层而促进 g-C_3N_4 的价带中光生空穴在接触界面与 TiO_2 的导带中的电子复合[5]。然后，TiO_2 的价带空穴与 H_2O 结合生成羟基自由基，加速 g-C_3N_4 的导带上的电子传递。由此，光生载流子在空间中得到了有效分离。

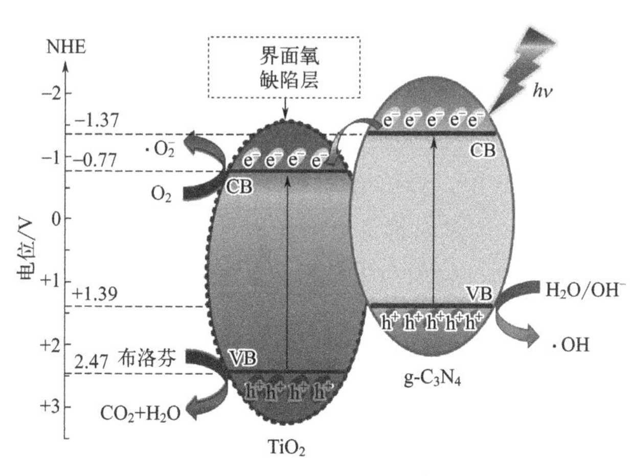

图 4-24 光催化机理示意图

4.4 本章小结

综上所述，本章使用化学气相沉积（CVD）工艺，以尿素为前驱体，成功将 g-C_3N_4 负载到阳极氧化法制备的 TiO_2 纳米管上，并对其进行表面处理，使用 XRD、SEM、XPS 等仪器表征分析了 g-C_3N_4 前驱体用量对复合光催化剂晶体结构、微观结构、元素价态等理化性质的影响，随后进行了光催化活性测试，最终优选出具有最高光催化活性的 g-C_3N_4/TiO_2 材料，实验主要结论如下：

（1）开发了一种新方法即四异丙氧基钛和氧电浆联合处理技术来提高染料敏化太阳能电池的光电转化效率。相对于纯 g-C_3N_4/TiO_2 纳米管阵列，表面处理后 g-C_3N_4/TiO_2 纳米管阵列的光催化活性提高 28.24%。

（2）在物相分析过程中发现纳米管仍保持锐钛矿型的晶体结构，但还有少量金红石型，同时观察到 g-C_3N_4 的特征峰，而复合过程没有改变晶体结构；SEM 与 TEM 观察到纳米管形貌保持良好，管口与管壁可以观察到片层状的 g-C_3N_4；经过 XPS 对样品进行元素分析，证明两种材料成功复合，而复合光催化剂仍然维持 g-C_3N_4 和 TiO_2 的原始结构，半导体之间构建了异质结构，C、N 两种元素也没有进入晶体内部。

(3) 在可见光条件下使用光催化剂降解以甲基橙、布洛芬为目标的污染物，相比未负载 g-C_3N_4 的 TiO_2 纳米管阵列，具有异质结构的改性光催化剂表现出更强的光催化性能。这是由于纳米管表面及内壁负载有 g-C_3N_4，两种半导体复合之后形成的异质结构有利于半导体价带与导带上光生载流子的转移，增强了对太阳光的转换效率。可见光照射下，有效降解掉 66.76%的甲基橙溶液和 95%的布洛芬溶液，实验结果与微观结构、晶体结构等表征分析相符。该条件下制备样品光催化降解速率常数是未复合氮化碳的一维纳米管的 5.28 倍，在循环使用 5 次后仍然保持较高的光催化活性。

(4) 光催化反应过程中，异质结为 TiO_2 传输大量光生电子，反应活性物质主要为超氧自由基与 g-C_3N_4 价带上的光生空穴，这一阶段没有大量的羟基自由基生成，最终反应活性物质与甲基橙分子反应并将其矿化为 CO_2 和 H_2O 及其他小分子。

参考文献

[1] Mohamed M A, Zain M F M, Minggu L J, et al. Constructing bio-templated 3D porous microtubular C-doped g-C_3N_4, with tunable band structure and enhanced charge carrier separation. Applied Catalysis B: Environmental, 2018, 236: 265-279.

[2] Wang C L, Hu L M, Chai B, et al. Enhanced photocatalytic activity of electrospun nanofibrous TiO_2/g-C_3N_4 heterojunction photocatalyst under simulated solar light. Applied Surface Science, 2018, 430: 243-252.

[3] 倪静．氮化碳薄膜的制备与表征．北京：中国原子能出版社，2011.

[4] Yan M Y, Jiang Z Y, Zheng J M, et al. Theoretical study on transport-scheme conversion of g-C_3N_4/TiO_2 heterojunctions by oxygen vacancies. Applied Surface Science, 2020, 531: 147318.

[5] Liu X W, Li W Q, Hu R, et al. Synergistic degradation of acid orange 7 dye by using non-thermal plasma and g-C_3N_4/TiO_2: Performance, degradation pathways and catalytic mechanism. Chemosphere, 2020, 249: 126093.

第5章 稀土掺杂二氧化钛催化材料

稀土（rare earth，Re）元素包括元素周期表中ⅢB族中17种元素，对应15种镧系元素以及钇(Y)、钪(Sc)这两种性质与镧系元素近似的元素。稀土元素具有特殊的电子结构：具有未饱和的4f轨道与空的5d轨道，轨道外层被5s和5p轨道所覆盖，这种排布方式使其4f电子容易跃迁，在与半导体结合后进行光催化反应时5d空轨道还能够参与转移光生载流子。根据已报道的文献，将稀土元素负载到TiO_2光催化剂中可以起到不同的作用：提升催化剂的络合吸附能力从而提供更多的反应位点；当稀土离子掺杂TiO_2时，对锐钛矿型转变为金红石型时起抑制作用，而由于稀土元素的原子序数较大，粒子尺寸较大，其进入TiO_2内部时会引起晶格畸变同时抑制晶粒的生长，并在半导体表面造成一定的氧缺陷，晶格畸变与氧缺陷的存在能够有效转移内部的光生载流子，降低电子与空穴复合速率；引入的稀土元素作为杂质能级降低了自由电子跃迁所需的能量，从而进一步扩大半导体的光吸收带使其向可见光区域移动，最终促使光利用率提升。当稀土元素从离子态转变为氧化物时，由于三价的Re^{3+}外层d、s电子轨道没有电子，生成的稀土氧化物性质与半导体相似。

为了进一步提升异质结催化剂的光催化性能，本章引入稀土元素对二元催化剂改性。钐(Sm)、铒(Er)属于镧系稀土元素，得益于独特的电子轨道能够将红外光或可见光转换为可见光和紫外光，常被应用于制备上转换发光材料。为进一步提升光催化剂活性，研究稀土元素Sm、Er对光催化剂性能的影响，本章开展水热法制备稀土改性三元异质结光催化剂的实验，探讨不同制备条件对$g-C_3N_4/TiO_2$纳米管理化性质的影响，并考察不同条件下所制样品的光催化性能，最终对光催化反应机理进行分析。

5.1 Sm 掺杂 TiO_2 纳米管

5.1.1 材料制备

采用水热法制备 Sm_2O_3/TiO_2 纳米管阵列。配制 0.01mol/L、0.02mol/L、0.03mol/L 和 0.05mol/L 的 $Sm(NO_3)_3$ 溶液。将制备好的 TiO_2 纳米管阵列放置于装有 $Sm(NO_3)_3$ 溶液的 Teflon 反应釜中，装置如图 5-1 所示。100℃水热反应 12h 后，将试片取出，清洗干燥后，以 500℃煅烧 1h（升温速率为 10℃/min）。

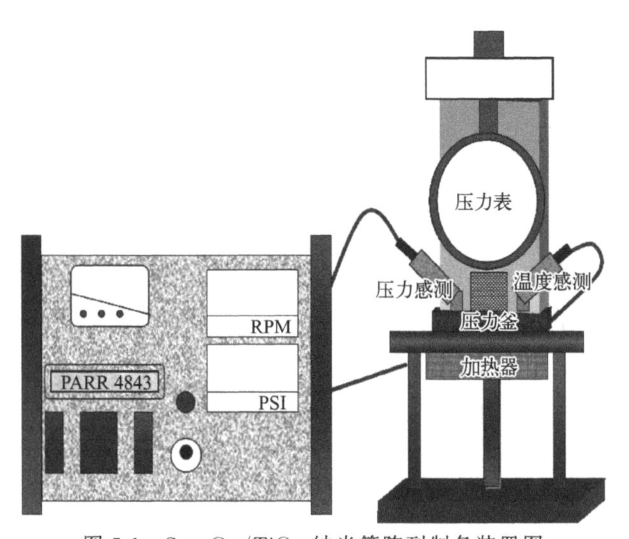

图 5-1 Sm_2O_3/TiO_2 纳米管阵列制备装置图

5.1.2 特性分析

70%的太阳光都在可见光和近红外光区部分，而 TiO_2 纳米管阵列只对紫外光部分有吸收作用，太阳光没有被充分使用，限制了太阳能转化效率。如果在 TiO_2 纳米管光催化剂中将吸收的紫外光转化为可见光和红外光，则更多的太阳光被利用，使 TiO_2 纳米管的光催化转化效率显著提高。稀土离子由于具有 4f 轨道和空的 5d 轨道结构，易产生多电子组态，其氧化物也具有导电性及优良的热稳定性等特点。其中 Sm^{3+} 是一种有效的激活剂，能级丰富，可将部分吸收的紫外波段光转换为所吸收的可见光波段[1]。通过荧光转换将紫外波段光转换至可见光波段范围内，使太阳光得以充分利用。而另一方面 Sm^{3+} 也

可以在 TiO_2 纳米管阵列表面形成一复合中心，增加催化剂的吸附能力。在本章工作中，采用水热法制备一系列不同浓度的 Sm^{3+} 改性 TiO_2 纳米管，对所制备样品进行 SEM、XRD 和 UV-vis DRS 表征，考察不同浓度 Sm^{3+} 改性 TiO_2 纳米管阵列的晶体结构、形貌、能带结构。

5.1.2.1 晶相结构分析

本章所使用的纯 TiO_2 纳米管在乙二醇电解液体系中制备，条件为：60V 氧化电压、0.3%（质量分数）NH_4F 浓度、2%（体积分数）水添加量、4h 氧化时间及 25℃的电解液温度。图 5-2 为 TiO_2 纳米管及不同浓度 Sm^{3+} 改性 TiO_2 纳米管的 XRD 衍射图。图 5-2(a) 中处于 25.1°和 48.1°的衍射峰分别归属为 TiO_2 锐钛矿相的（101）和（200）晶面衍射峰。当 Sm^{3+} 改性纳米管后的衍射峰与纯 TiO_2 纳米管的衍射峰相似，这说明 Sm^{3+} 改性并没有改变 TiO_2 纳米管的晶相和结构。而在 Sm^{3+} 改性 TiO_2 纳米管的衍射峰中并未出现 Sm 的特征衍射峰，这可以解释为 Sm^{3+} 的复合量较低或是具有高的分散性[2]。随着 Sm^{3+} 添加量的增加，TiO_2 锐钛矿相峰（101）和（200）的衍射峰强度是逐渐降低的。

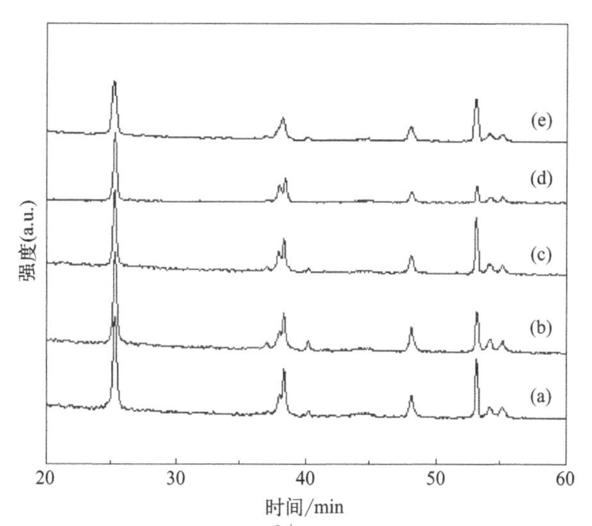

图 5-2 TiO_2 纳米管及 Sm^{3+} 改性 TiO_2 纳米管的 XRD 图

(a) TiO_2 纳米管；(b) 0.01mol/L Sm^{3+} 改性 TiO_2 纳米管；(c) 0.02mol/L Sm^{3+} 改性 TiO_2 纳米管；(d) 0.03mol/L Sm^{3+} 改性 TiO_2 纳米管；(e) 0.05mol/L Sm^{3+} 改性 TiO_2 纳米管

TiO_2 纳米管及 Sm_2O_3/TiO_2 纳米管阵列的峰位置、半高宽及峰高值列于表 5-1。随着 Sm^{3+} 浓度的增加，（101）晶面衍射峰的半高宽发生宽化，这是由于晶格尺寸变小所致。且随着 Sm^{3+} 浓度的增加，(101) 晶面衍射峰还发生了微弱的蓝移现象，这可以证明少量的 Sm^{3+} 进入 TiO_2 纳米管的晶格中。通常，Sm^{3+} 引入后在 TiO_2 纳米管中的空间分布状态一般有三种：TiO_2 纳米管的晶格间隙，晶格边界及 TiO_2 纳米管表面。由于 Sm^{3+} 半径（0.96Å）远远大于 Ti^{4+} 半径（0.68Å），故不能取代晶格中的 Ti^{4+}，所以 Sm^{3+} 的存在方式是一小部分在 TiO_2 纳米管的晶格间隙中，大部分分散在 TiO_2 纳米管表面。在晶格间隙中的 Sm^{3+} 会在一定程度上造成晶格的扰动，晶格尺寸及晶格扰动程度列于表 5-2。晶格扰动（CLD）可表示为：

$$\varepsilon=\frac{b}{4\tan\theta} \tag{5-1}$$

式中，θ 为布拉格半角；b 为半高宽。

从表 5-2 中可知，Sm_2O_3 改性后的 TiO_2 纳米管晶格尺寸降低，这可能是由于 Sm^{3+} 出现在晶格间隙，产生局部晶格畸变，畸变所产生的应力场会强烈地阻碍晶格边界的移动，TiO_2 纳米管中 O 原子容易逃离晶格，抑制晶粒的生长。而晶格扰动程度有所提高，这与 Sm^{3+} 在晶格间隙出现，产生晶格扭曲有关。

表 5-1 (101) 峰的半高宽和峰高值

材料	峰位置/(°)	半高宽 θ/(°)	峰高值
TiO_2 纳米管	25.40	0.36	153.5
0.01mol/L Sm^{3+} 改性 TiO_2 纳米管	25.38	0.36	153.5
0.02mol/L Sm^{3+} 改性 TiO_2 纳米管	25.37	0.36	152.8
0.03mol/L Sm^{3+} 改性 TiO_2 纳米管	25.36	0.38	151.2
0.05mol/L Sm^{3+} 改性 TiO_2 纳米管	25.34	0.40	151.0

表 5-2 TiO_2 纳米管及 Sm^{3+} 改性 TiO_2 纳米管的结晶参数

材料	晶格尺寸/nm	晶格扰动/10^{-3}
TiO_2 纳米管	59.5	2.586
0.01mol/L Sm^{3+} 改性 TiO_2 纳米管	56.8	2.710
0.02mol/L Sm^{3+} 改性 TiO_2 纳米管	55.1	2.793
0.03mol/L Sm^{3+} 改性 TiO_2 纳米管	53.9	2.855
0.05mol/L Sm^{3+} 改性 TiO_2 纳米管	51.5	2.989

5.1.2.2 表面形貌分析

图 5-3 为 TiO_2 纳米管及不同浓度 Sm^{3+} 改性 TiO_2 纳米管的 FESEM 照

片。纯 TiO_2 纳米管表面均匀有序[见图 5-3(a)]，管径约为 115nm，内嵌图为 TiO_2 纳米管的截面照片，管长约为 12μm。0.01mol/L、0.02mol/L 与 0.03mol/L 的 Sm^{3+} 改性 TiO_2 纳米管后，表面几乎无变化[见图 5-3(b),(c),(d)]，而 0.05mol/L Sm^{3+} 改性 TiO_2 纳米管后，表面出现絮状覆盖物[见图 5-3(e)]。

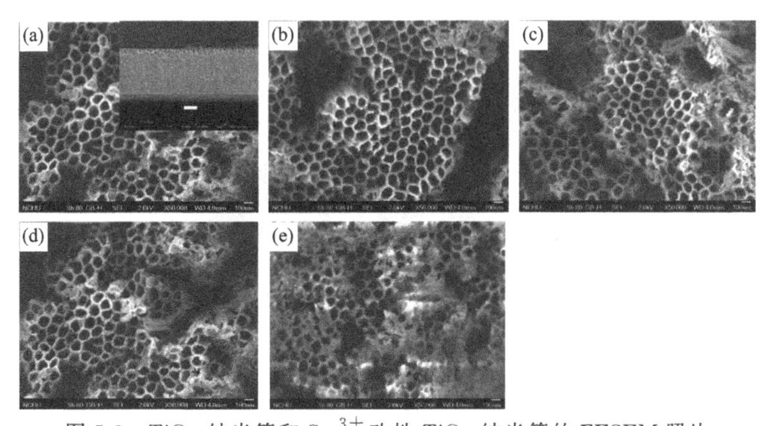

图 5-3　TiO_2 纳米管和 Sm^{3+} 改性 TiO_2 纳米管的 FESEM 照片

(a) 纯 TiO_2 纳米管；(b) 0.01mol/L Sm^{3+} 改性 TiO_2 纳米管；(c) 0.02mol/L Sm^{3+} 改性 TiO_2 纳米管；(d) 0.03mol/L Sm^{3+} 改性 TiO_2 纳米管；(e) 0.05mol/L Sm^{3+} 改性 TiO_2 纳米管

图 5-4 为 TiO_2 纳米管和 0.02mol/L Sm^{3+} 改性 TiO_2 纳米管的能量色散 X 射线光谱图（EDS）。纯 TiO_2 纳米管的 4.51keV（k_α）和 4.92keV（k_β）峰来自 Ti 元素，0.533keV 处的峰归属为 O 元素[见图 5-4(a)]。从图 5-4(b) 中可知，0.02mol/L Sm^{3+} 改性后，Sm 元素出现在 TiO_2 纳米管中，其元素组成为 Ti、O 和 Sm，则可以证明物质组成为 Sm_2O_3 和 TiO_2。

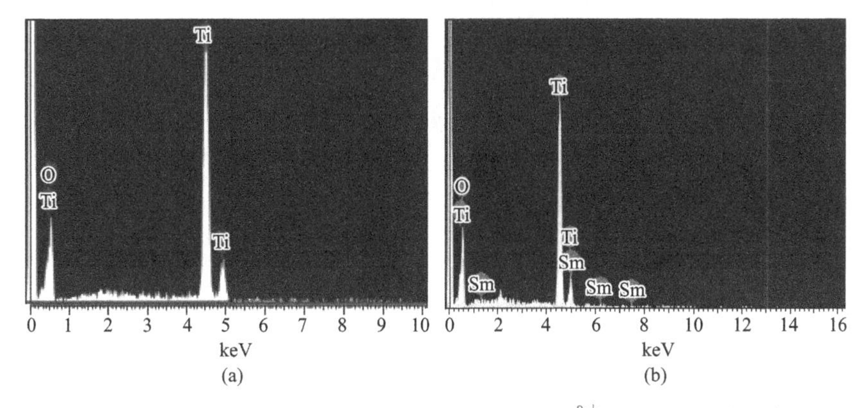

图 5-4　(a) TiO_2 纳米管的 EDS 图；(b) 0.02mol/L Sm^{3+} 改性 TiO_2 纳米管的 EDS 图

5.1.2.3 内部形貌分析

图 5-5 为 0.02mol/L Sm^{3+} 改性 TiO_2 纳米管的 TEM 照片。图中观察到排列整齐的 TiO_2 纳米管管状结构，管壁光滑，管径约为 115nm，且从管底部至顶部始终是一致的，与 FESEM 观察相符合。

图 5-5 0.02mol/L Sm^{3+} 改性 TiO_2 纳米管的 TEM 照片

图 5-6 为 0.02mol/L Sm^{3+} 改性 TiO_2 纳米管的 HRTEM 照片。从图中可观察到清晰的 TiO_2 纳米管的晶格条纹像。用 0.02mol/L Sm_2O_3 改性纳米管后，计算的晶格间距约为 0.357nm，相对于纯 TiO_2 纳米管，晶格间距稍有变大，这表明 Sm^{3+} 加入后 TiO_2 纳米管晶格发生膨胀。内嵌图为 TiO_2 纳米管的选区绕射图，得知 Sm_2O_3/TiO_2 纳米管是单晶结构。

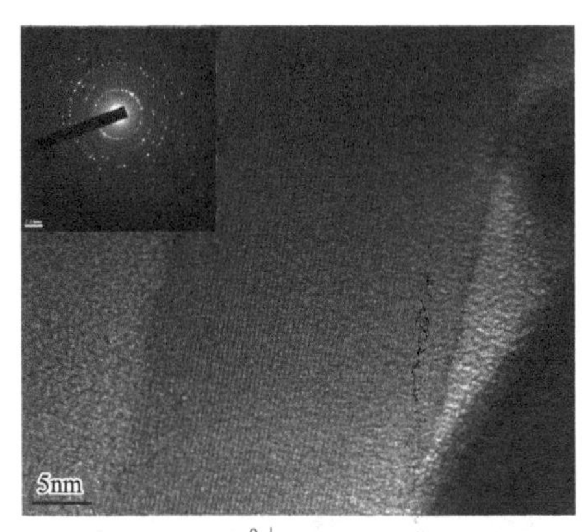

图 5-6 0.02mol/L Sm^{3+} 改性 TiO_2 的 HRTEM 照片

5.1.2.4 元素组成分析

表 5-3 为 0.02mol/L Sm^{3+} 改性 TiO_2 纳米管中各元素的原子百分比含量，

所谓原子百分比为各元素的原子含量与总原子含量的比值。从 0.01mol/L Sm^{3+} 改性 TiO_2 纳米管至 0.05mol/L Sm^{3+} 改性 TiO_2 纳米管，Sm 元素的原子百分比含量随着浓度的增加而增加。

表 5-3　TiO_2 纳米管及 Sm^{3+} 改性 TiO_2 的元素原子百分比含量

样品	Ti 2p/%	O 1s/%	Sm 3d/%
0.01mol/L Sm^{3+} 改性 TiO_2 纳米管	32.8	56.6	10.6
0.02mol/L Sm^{3+} 改性 TiO_2 纳米管	33.0	56.0	11.0
0.03mol/L Sm^{3+} 改性 TiO_2 纳米管	31.8	56.6	11.6
0.05mol/L Sm^{3+} 改性 TiO_2 纳米管	27.4	56.6	16.0

图 5-7 为 0.02mol/L Sm_2O_3/TiO_2 纳米管的 XPS 光谱图。0.02mol/L Sm_2O_3/TiO_2 纳米管的全光谱图如图 5-7(a) 所示，其中 C 元素来源于测试仪器中微量的有机物。

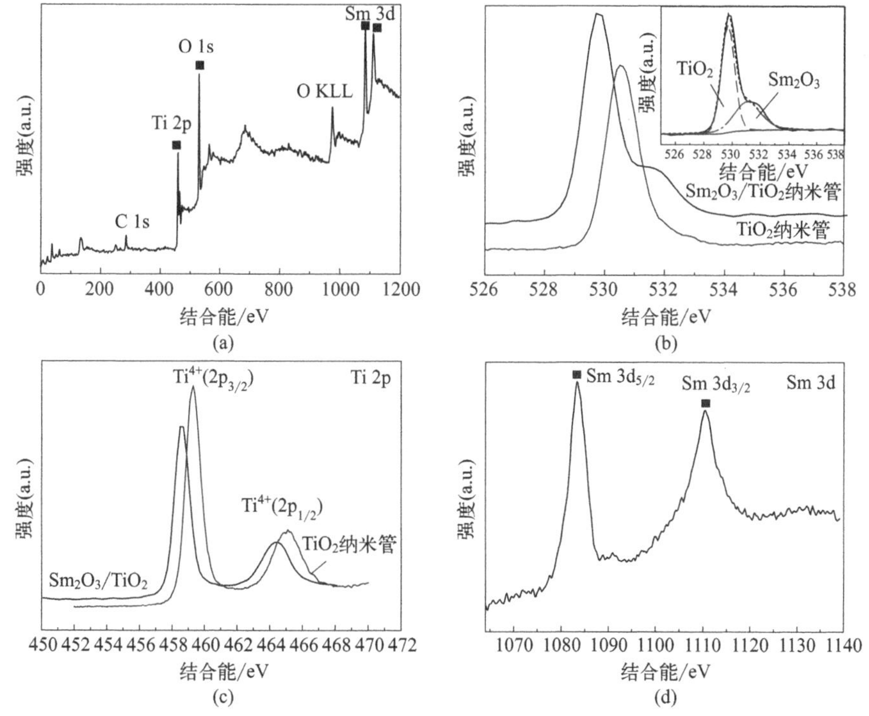

图 5-7　TiO_2 纳米管阵列及 0.02mol/L Sm^{3+} 改性 TiO_2 纳米管的 XPS 光谱图

(a) 全谱；(b) O 1s 能谱图；(c) Ti 2p 能谱图；(d) Sm 3d 能谱图

改性后的纳米管含有 Ti、O、Sm 元素。图 5-7(b) 为 0.02mol/L Sm_2O_3/TiO_2 纳米管中 O 1s 的高分辨 XPS 光谱。从图中可知，纯 TiO_2 纳米

管具有很好的 O 1s 对称峰，这说明在此情况下 O 只有一种存在状态。而 Sm_2O_3/TiO_2 纳米管出现不对称峰，说明 O 不只存在一种化学状态。采用 XPSPeak 41 软件将不对称峰分为 529.69eV 和 531.06eV 两个峰，如内嵌图所示，分别归属于 TiO_2 和 Sm_2O_3 的氧原子。图 5-7(c) 为 0.02mol/L Sm_2O_3/TiO_2 纳米管中 Ti 2p 的高分辨 XPS 光谱。从图中可知，纯 TiO_2 纳米管阵列在 459.3eV 和 465.0eV 处的两个特征峰分别归属为 Ti^{4+} ($2p_{3/2}$) 和 Ti^{4+} ($2p_{1/2}$)，说明 Ti 存在的化学状态为 Ti^{4+}。相对于纯 TiO_2 纳米管，Sm_2O_3/TiO_2 纳米管的特征峰向低能量移动，相似的位移在 O 1s 光谱中也可观察到。这是由于 Sm 的引入在 TiO_2 表面形成 Sm-O-Ti 键，影响了 Ti^{4+} 周围的化学环境，电子云密度降低。图 5-7(d) 为 0.02mol/L Sm_2O_3/TiO_2 纳米管中 Sm 3d 的高分辨 XPS 光谱。处于 1083.6eV 和 1110.4eV 的两个明显峰分别为 Sm $3d_{5/2}$ 和 Sm $3d_{3/2}$，这证实了 Sm 元素是以三价的形式存在的。

5.1.2.5 光吸收性能分析

图 5-8 为 TiO_2 纳米管和不同浓度的 Sm^{3+} 改性 TiO_2 纳米管的 UV-vis DRS 光谱图。纯 TiO_2 纳米管在 380nm 处有一明显的强吸收带边，这是电子从 O 2p 轨道向 Ti 3d 轨道的电子跃迁而形成的谱带。Sm_2O_3 改性后，吸收带向高波数方向移动，且随着 Sm_2O_3 浓度增大，红移程度增大，这一方面可能是由于电子从 O^{2-} 的 2p 轨道至 Sm^{3+} 的 4f 轨道的电子转移，将能量传递给

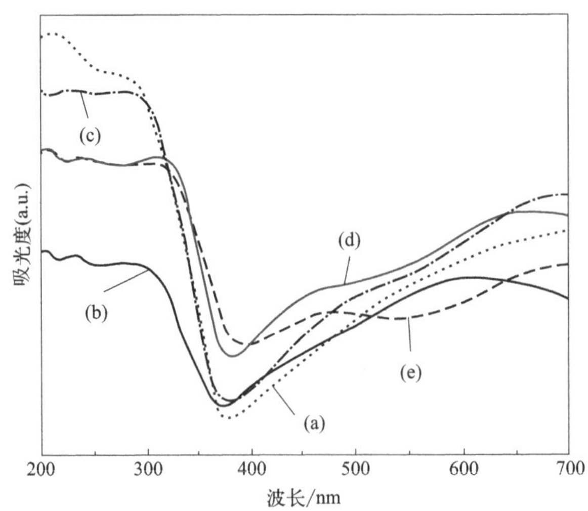

图 5-8 TiO_2 纳米管阵列及 Sm^{3+} 改性 TiO_2 纳米管的 UV-vis DRS 光谱图

(a) TiO_2 纳米管；(b) 0.01mol/L Sm^{3+} 改性 TiO_2 纳米管；(c) 0.02mol/L Sm^{3+} 改性 TiO_2 纳米管；(d) 0.03mol/L Sm^{3+} 改性 TiO_2 纳米管；(e) 0.05mol/L Sm^{3+} 改性 TiO_2 纳米管

TiO_2 纳米管。另一方面是由于 Sm^{3+} 的引入会改变 TiO_2 纳米管的能级结构，形成新的能级。新能级可以接受 TiO_2 价带上的激发电子，使能量小的光子激发到新能级以捕获电子，从而使吸收边红移。可见 Sm^{3+} 的引入拓展了光吸收范围，扩大了可见光的响应范围，提高太阳光利用率。禁带宽度被定义为电子从基态（HOMO，价带顶端）到激发态（LUMO，导带底端）的最小能量。以 $h\nu$ 为横坐标，$(\alpha h\nu)^2$ 为纵坐标作图，如图5-9所示，外推线的截距就是禁带宽度 E_g。计算的纯 TiO_2 纳米管禁带宽度为3.26eV。

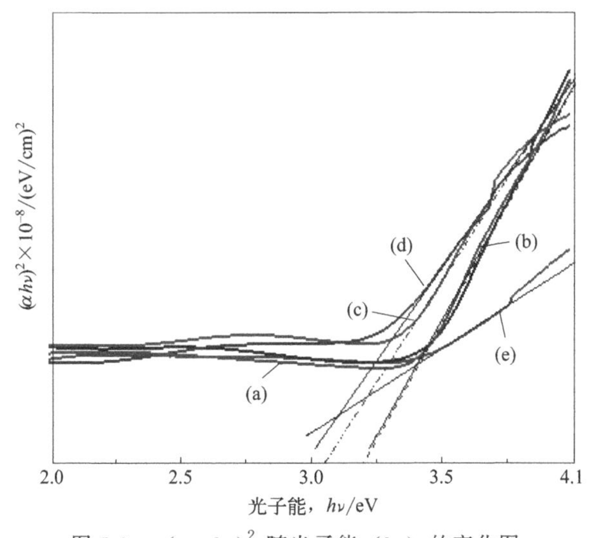

图5-9 $(\alpha\cdot h\nu)^2$ 随光子能（$h\nu$）的变化图

(a) TiO_2 纳米管；(b) 0.01mol/L Sm^{3+}；(c) 0.02mol/L Sm^{3+}；(d) 0.03mol/L Sm^{3+}；(e) 0.05mol/L Sm^{3+}

0.01mol/L Sm_2O_3、0.02mol/L Sm_2O_3、0.03mol/L Sm_2O_3 和 0.05mol/L Sm_2O_3 改性 TiO_2 纳米管后，禁带宽度分别为3.25eV、3.07eV、3.05eV、2.99eV。当0.01mol/L Sm_2O_3 改性 TiO_2 纳米管时禁带宽度几乎无变化，可见加入量太少，对禁带宽度无影响；随着 Sm^{3+} 浓度增加，禁带宽度向低能量方向移动，这一方面是因为 Sm^{3+} 和 Ti^{4+} 的原子轨道与 O^{2-} 形成Ti-O-Sm桥联键，改变 TiO_2 纳米管的能级结构，可以接受 TiO_2 价带上的激发电子，使低能量的光子激发，从而捕获电子，使禁带宽度降低；另一方面，在XRD分析中可知 TiO_2 晶粒尺寸降低，晶粒尺寸的减小说明了有更多的 Sm^{3+} 键合位覆于 TiO_2 纳米管表面。随着 Sm^{3+} 浓度的增加，键合位在 TiO_2 纳米管的表面出现增多，从而降低禁带。

5.1.2.6 荧光性能分析

图 5-10 为 TiO_2 纳米管的荧光（PL）光谱图。从图中发现在 550nm 处有一小的宽峰，来源于 TiO_2 纳米管的表面电子辐射复合[3]。由于 TiO_2 是离子型金属氧化物，价带是由 O 原子 2p 轨道填充，最低能量的导带是由 Ti 原子的 3d 轨道组成，Ti^{4+} 很容易被氧化变成 Ti^{3+}、Ti^{2+} 和 Ti^{+}，局部能级出现在禁带宽度内。这种表面状态可以作为荧光发射中心使 TiO_2 纳米管产生微弱的荧光峰。

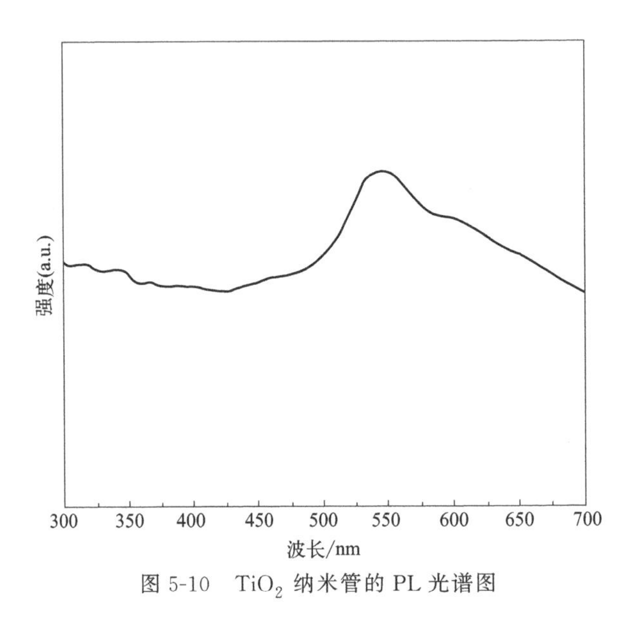

图 5-10　TiO_2 纳米管的 PL 光谱图

图 5-11 为不同浓度 Sm^{3+} 改性 TiO_2 纳米管的激发光谱图。发射波长设定在 613nm。从图中可知，在 373nm 处出现了强峰，归属于 TiO_2 纳米管的主体吸收带隙，说明具有从 TiO_2 纳米管主体到 Sm^{3+} 的有效能量转移。处于 410nm 的弱峰归属于 Sm^{3+} 的直接激发。而且随着 Sm_2O_3 浓度的增加，峰强度逐渐减弱，这可能是由于 Sm^{3+} 含量越多，对 TiO_2 纳米管的主体吸收影响越显著。

图 5-12 为不同浓度 Sm^{3+} 改性 TiO_2 纳米管阵列的发射光谱图。结合图 5-11 的激发光谱用来描述下转换过程，在 370nm 的激发波长下，随着 Sm_2O_3 浓度的增加，发射峰强度逐渐升高。当 Sm_2O_3 浓度为 0.02mol/L 时，发射强度最大。当浓度继续增加时，发射峰的强度却降低，这是因为 Sm^{3+} 在 TiO_2 纳米管表面增多，使 Sm^{3+} 与 Sm^{3+} 之间的距离缩进，Sm^{3+} 发射光很容易被邻近

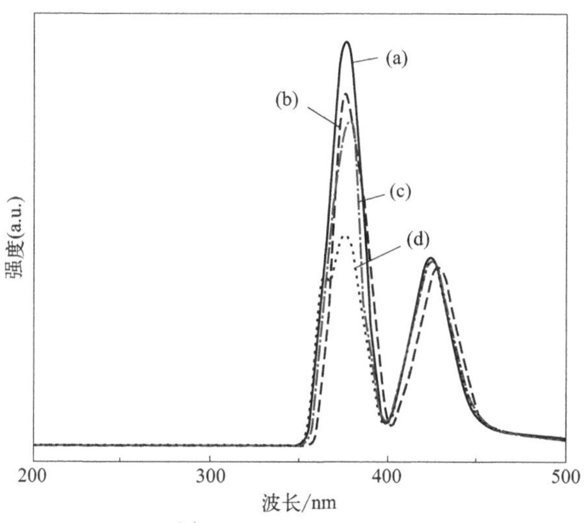

图 5-11　Sm^{3+} 改性 TiO_2 纳米管的激发光谱图

(a) TiO_2 纳米管；(b) 0.01mol/L Sm^{3+}；(c) 0.02mol/L Sm^{3+}；(d) 0.03mol/L Sm^{3+}

的 Sm^{3+} 所吸收，使发射峰强度降低，这就是所谓的浓度淬灭效应。图 5-12 中处于 586nm、614nm 及 667nm 的发射峰分别为 $4f^5$ 电子结构中 Sm^{3+} 的 $^4G_{5/2}$-$^6H_{5/2}$、$^4G_{5/2}$-$^6H_{7/2}$ 和 $^4G_{5/2}$-$^6H_{9/2}$ 的 f-f 电子转移。可见，在 370nm 的紫外波长激发下显示了 Sm^{3+} 的特征荧光性。这说明 Sm_2O_3 改性 TiO_2 纳米管后可以将太阳光的紫外光吸收转换为可见光吸收，提高可见光的利用率

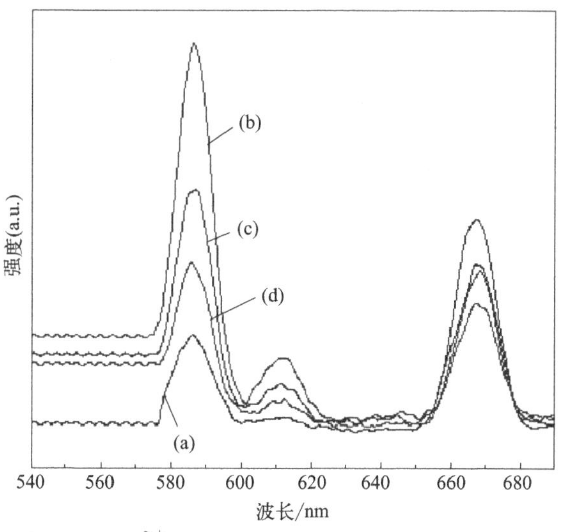

图 5-12　Sm^{3+} 改性 TiO_2 纳米管阵列的发射光谱图

(a) TiO_2 纳米管；(b) 0.01mol/L Sm^{3+}；(c) 0.02mol/L Sm^{3+}；(d) 0.03mol/L Sm^{3+}

（图 5-13）：①为在紫外波段激发产生激发电子的过程；②为激发电子至缺陷状态的非辐射能量转移过程；③为从缺陷状态至 Sm^{3+} 的非辐射能量转移过程；④为 Sm^{3+} 的发射过程。Sm^{3+} 出现后，稀土的荧光发射来自 TiO_2 纳米管表面缺陷引起的由 TiO_2 导带至 Sm^{3+} 的能量转移过程。能量转移并不是通过表面缺陷，而是直接发生在 Sm^{3+} 的内部核心能级至 ^6H_J 能级（$J=5/2$，7/2，9/2，11/2），会产生发射峰的分裂，它归因于斯塔克能级分裂，这种分裂是因为 Sm^{3+} 处于一种非立方体的晶体场中。理解为由于 Sm^{3+} 的出现使 TiO_2 的晶格产生扰动，出现非立方体的形状。一般来讲，Sm^{3+} 处于规则的晶体场环境中会具有很好的荧光光谱结构。

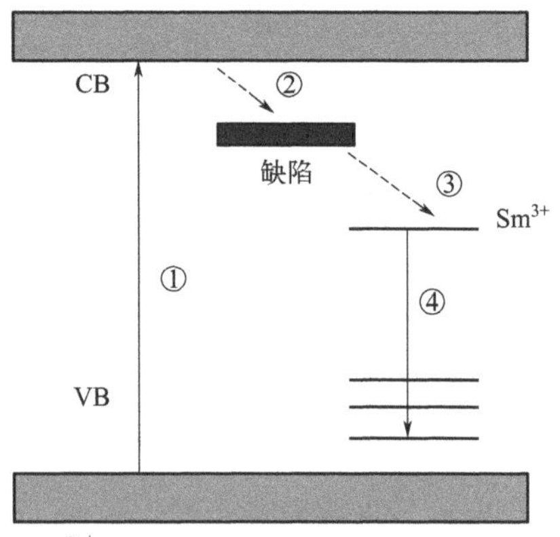

图 5-13　Sm^{3+} 改性 TiO_2 纳米管的光致发光过程示意图

5.1.3　光催化降解影响因素分析

5.1.3.1　不同 Sm 浓度

配制 5mg/L 的甲基橙溶液，pH 为 7，改变 Sm 离子浓度，光催化反应 150min，研究 Sm 离子的浓度对甲基橙光催化降解效率的影响，甲基橙溶液降解率随 Sm 离子浓度的变化曲线如图 5-14 所示。由图 5-14 可知，随着 Sm 离子浓度增加，降解率也随之增加，当 Sm 离子浓度为 0.02mol/L 时，降解率最高，达 93.1%。但 Sm 离子浓度继续增加时，降解率反而降低。

高浓度的 Sm^{3+} 存在时会使 TiO_2 的扭曲严重，产生缺陷，这些缺陷能够捕获入射电子，使电子利用率较低；另外，增加 Sm_2O_3 浓度，Sm^{3+} 在 TiO_2 纳米管表面增多，Sm^{3+} 与 Sm^{3+} 之间的距离变短，Sm^{3+} 发射光很容易被邻近的 Sm^{3+} 所吸收，产生浓度淬灭效应，故光催化降解效率显著降低。

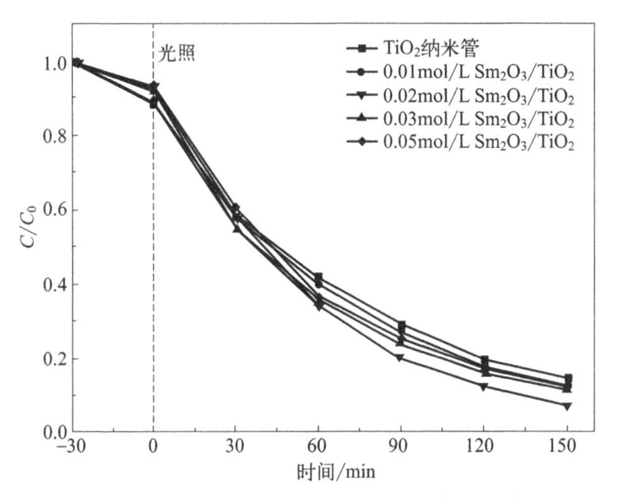

图 5-14　不同 Sm 离子浓度的光催化降解效率图

5.1.3.2　不同光强度

在反应体系中，通过改变体系中的入射光强度，研究光强度对降解率的影响。制备 5 份 10mg/L 甲基橙溶液，避光静置 30min，使用分光光度计测出溶液吸附率，之后每隔 30min 测量一次溶液吸光度的变化，根据图中曲线可以看出，入射光强度为氙灯 300W 降解效果最佳，吸附率为 81.4%，降解率为 95.5%，如图 5-15 所示。

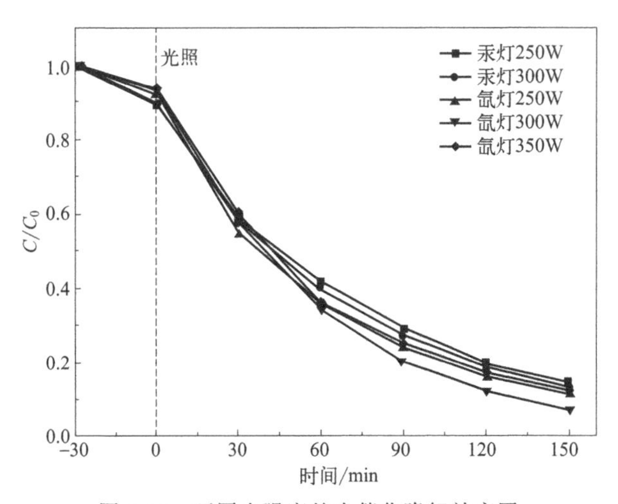

图 5-15　不同光强度的光催化降解效率图

当使用汞灯照射时，降解效率比氙灯照射时低，说明 Sm^{3+} 改性后对可见光的吸收有所提高。在氙灯照射下，随着光强度的提高，光催化降解效率升高，当达到 300W 时光催化降解效率达到最高，这是由于随着光强增加，产生的光子数目较多，催化剂受光激发产生高能电子-空穴对增多，溶液中的强氧化性羟基基团也随之增加，所以适当增加光照强度能促进甲基橙的降解。但光强太大时，由于电子-空穴对在表面的复合，甲基橙的降解效率反而下降，且当光子的利用率达到最大时，过多的光子无法得到利用。

5.1.3.3 不同 pH 值

配制 5mg/L 的甲基橙溶液，并以 1mol/L 的 HCl 溶液或 1mol/L 的 NaOH 溶液调节 pH 值，0.02mol/L Sm 离子浓度，进行光催化反应 150min，研究溶液的 pH 值改变对甲基橙光催化降解效率的影响，甲基橙溶液降解率随 pH 值的变化曲线如图 5-16 所示。

由图 5-16 可知，pH 值从 1 升到 3 时，甲基橙的降解率从 87.3% 升到 98.7%，pH>3 后，甲基橙的降解率随 pH 值的增大逐渐降低。这是由于碱性条件下，OH^- 将占据更多的反应活性位点，导致 Ti 基材料的电势和负电荷降低，从而影响催化剂的光催化活性。酸性条件下，溶液中含有大量 H^+，容易与光催化剂上游离出的电子结合，阻止电子和空穴的复合，进而增强光催化剂的活性。

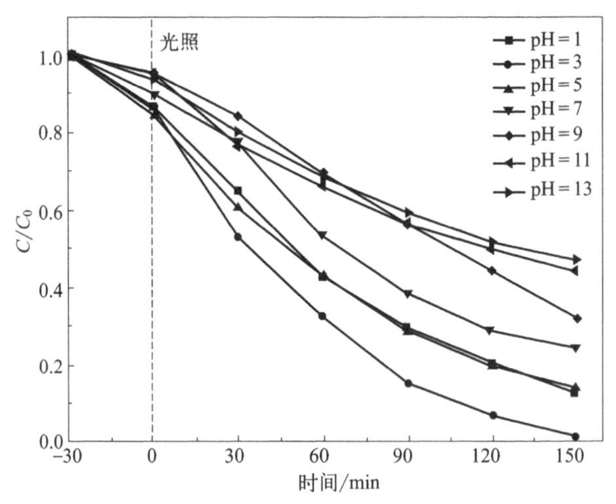

图 5-16 不同初始 pH 的光催化降解效率图

5.1.3.4 不同溶液初始浓度

配制初始质量浓度分别为 5mg/L、10mg/L、15mg/L、20mg/L 的甲基橙溶液，在 pH 为 3，0.02mol/L Sm 离子浓度，进行光催化反应 150min，研究甲基橙溶液初始浓度对光催化降解效率的影响，结果如图 5-17 所示。

由图 5-17 可知，甲基橙的降解率随溶液初始浓度的增加而减小，甲基橙

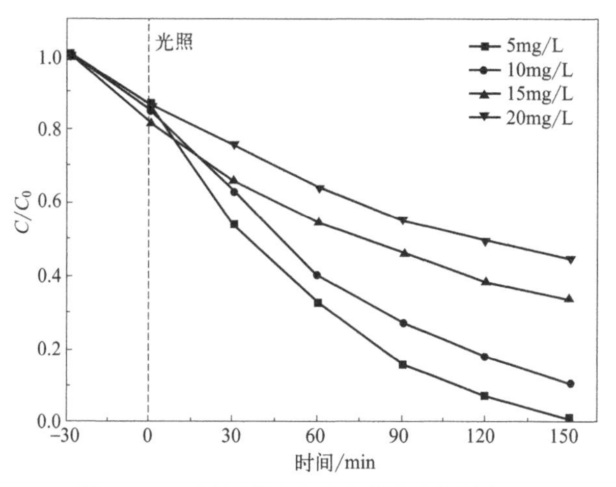

图 5-17　不同初始浓度的光催化降解效率图

初始浓度为 5mg/L 时，光照 150min 后其降解率为 98.7%。甲基橙初始浓度增加到 20mg/L 时，其降解率下降到 55.4%。这是因为光催化剂的活性是有限的，光照下产生的羟基自由基的数量是一定的，单位时间内分解甲基橙的数量是有限的。而且，高浓度的染料废水也会阻止催化剂对光的吸收，因此，甲基橙的降解率随浓度的增加而降低。

5.1.4　光催化稳定性分析

在优化条件下测试其循环利用次数。即甲基橙溶液 5mg/L，pH 值为 3，150min 为一个周期，循环使用，催化剂每做完一次实验用去离子水冲洗干净后再进行下一次实验。实验结果如图 5-18 所示。材料循环使用 8 次，其降解

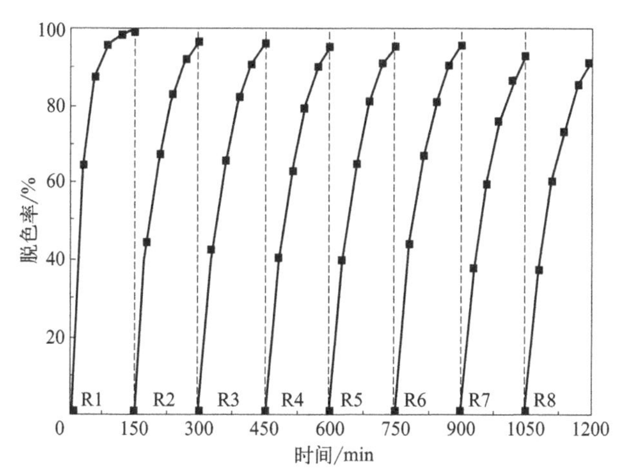

图 5-18　重复利用次数对甲基橙降解效率图

率变化范围为99.8%～91.3%。多次重复使用后，降解率依然能达到90%以上。由此可知表面的光催化剂在光催化反应的过程中并没有受到破坏，也没有脱落，Sm离子的添加增强了材料的循环利用效果[4]。其降解率下降的原因可能是催化剂在使用中表面或缝隙中附着污染物，覆盖住活性位点，导致光催化活性降低。

5.2 $Er/g\text{-}C_3N_4/TiO_2$ 纳米管

5.2.1 材料制备

配制一定浓度的 $Er(NO_3)_3$ 溶液，搅拌均匀后放置在水热釜的聚四氟乙烯内衬中。将制备好的 $g\text{-}C_3N_4/TiO_2$ 纳米管浸没在上述 $Er(NO_3)_3$ 溶液中，使用水热法设定在一定温度下处理，冷却到室温后使用去离子水冲洗干燥，450℃退火处理1h（升温速率为10℃/min），从而制备了不同浓度的 $Er/g\text{-}C_3N_4/TiO_2$ 三元异质光催化剂。

通过上述制备工艺，制备的不同水热温度下的纳米管分别标记为：$Er/g\text{-}C_3N_4/TiO_2$（80℃）、$Er/g\text{-}C_3N_4/TiO_2$（160℃）、$Er/g\text{-}C_3N_4/TiO_2$（200℃）；进一步优化制备条件，在160℃下制备不同稀土浓度的三元改性纳米管，分别标记为：$Er/g\text{-}C_3N_4/TiO_2$（1mmol/L）、$Er/g\text{-}C_3N_4/TiO_2$（3mmol/L）、$Er/g\text{-}C_3N_4/TiO_2$（5mmol/L）、$Er/g\text{-}C_3N_4/TiO_2$（7mmol/L）。

5.2.2 特性分析

在之前的研究中通过化学气相沉积工艺将 $g\text{-}C_3N_4$ 固定到 TiO_2 纳米管上，改性后的光催化剂加速异质结两侧半导体光生载流子的转移，促使空穴-电子对的分离，提升了量子效率，并且使改性 TiO_2 的吸收带红移，可见光条件下对甲基橙溶液表现出良好的催化活性[5]。然而由于晶体结构不同，半导体之间的异质结不能将二者紧密结合在一起，导致传输光生载流子的数量受到影响，二元催化剂可见光活性受到一定限制。

稀土元素包括元素周期表中ⅢB族中17种元素，对应15种镧系元素以及钇（Y）、钪（Sc）这两种性质与镧系元素近似的元素。稀土元素具有特殊的电子结构：具有未饱和的4f轨道与空的5d轨道，轨道外层被5s和5p轨道所覆盖，这种排布方式使其4f电子容易跃迁，在与半导体结合后进行光催化反应时5d空轨道还能够参与转移光生载流子。根据已报道的文献，将稀土元素

负载到 TiO_2 光催化剂中可以起到不同的作用：提升催化剂的络合吸附能力从而提供更多的反应位点；当稀土离子掺杂 TiO_2 时，对锐钛矿型转变为金红石型时起抑制作用，而由于稀土元素的原子序数较大，粒子尺寸较大，其进入 TiO_2 内部时会引起晶格畸变同时抑制晶粒的生长，并在半导体表面造成一定的氧缺陷，晶格畸变与氧缺陷的存在能够有效转移内部的光生载流子，降低电子与空穴复合速率；引入的稀土元素作为杂质能级降低了自由电子跃迁所需的能量，从而进一步扩大半导体的光吸收带使其向可见光区域移动，最终促使光利用率提升[6]。当稀土元素从离子态转变为氧化物时，由于三价的 Re^{3+} 外层 d、s 电子轨道没有电子，生成的稀土氧化物性质与半导体相似。

为了进一步提升异质结催化剂的光催化性能，引入稀土元素对二元催化剂改性。铒（Er）属于镧系稀土元素，得益于独特的电子轨道能够将红外光或可见光转换为可见光和紫外光，常被应用于制备上转换发光材料。为进一步提升光催化剂活性，为研究稀土元素 $Er(4f^{12}6s^2)$ 对光催化剂性能的影响，开展水热法制备稀土改性三元异质结光催化剂的实验，探讨不同水热温度、不同浓度稀土 $Er(NO_3)_3$ 水溶液对 $g\text{-}C_3N_4/TiO_2$ 纳米管理化性质的影响，测试不同条件制备样品的光催化性能并对光催化反应机理进行分析。

5.2.2.1 表面形貌分析

(1) 水热温度对催化剂形貌的影响

使用扫描电子显微镜对 3mmol/L $Er(NO_3)_3$ 水溶液中以不同水热温度制备的 $g\text{-}C_3N_4/TiO_2$ 纳米管进行测试，$g\text{-}C_3N_4/TiO_2$ 纳米管的制备条件为前驱体用量为 3g。如图 5-19 所示，样品分别对应 $Er/g\text{-}C_3N_4/TiO_2$（80℃）、$Er/g\text{-}C_3N_4/TiO_2$（160℃）、$Er/g\text{-}C_3N_4/TiO_2$（200℃）。

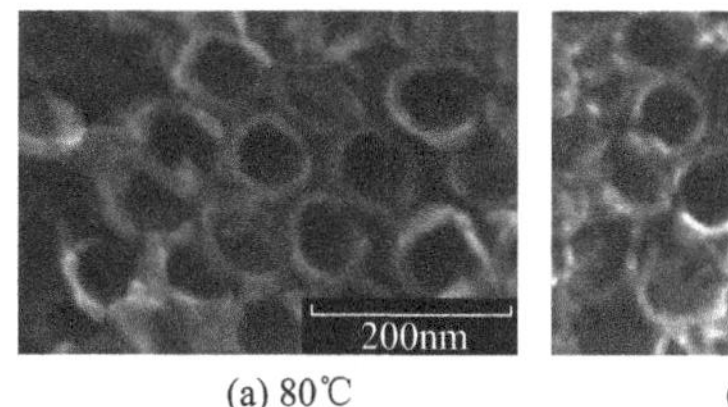

(a) 80℃

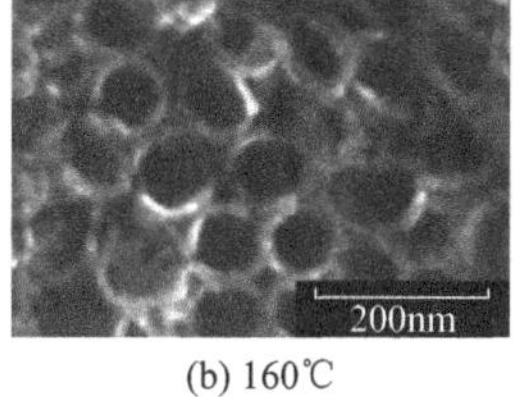

(b) 160℃

(c) 200℃

图 5-19 不同水热温度下制备的三元光催化剂 SEM 图像

图 5-19(a) 为 80℃下制备的改性纳米管，可以观察到样品维持着良好的结构，与水热处理前形貌变化不大。图（b）为 160℃下反应釜保温 12h 制备的改性纳米管，可以观察到管口有一定的形变，但是仍能维持纳米管状，表面还能观察到片层状的 $g\text{-}C_3N_4$。图（c）反应条件为 200℃水热釜中恒温 12h，

水热处理后的纳米管大面积碎裂倒塌，部分聚集呈颗粒状。这是由于密闭环境中，水热釜内部气压随着温度升高变大，此时内部反应非常剧烈，而改性 TiO_2 纳米薄膜与 Ti 基底相连，长度为 1.5μm 左右的纳米管状结构不稳定，在内部溶剂剧烈作用下纳米管大面积倒塌，进而团聚成直径数十纳米的纳米颗粒。原催化剂的纳米管有序结构被破坏导致比表面积大幅降低，进而影响其内部电子转移速率，吸附能力降低的同时反应活性位点数量下降，从而影响光催化效率。因此，为了保持具有独特尺寸效应的纳米管结构，后续试验选择以较低的温度 160℃作为水热反应温度。

(2) 水热反应溶剂浓度对催化剂形貌的影响

使用 SEM 对在 160℃下制备的不同 $Er(NO_3)_3$ 浓度（其余反应条件不变）的三元改性纳米管进行测试，图 5-20 中样品分别对应：$Er/g\text{-}C_3N_4/TiO_2$ (1mmol/L)、$Er/g\text{-}C_3N_4/TiO_2$ (3mmol/L)、$Er/g\text{-}C_3N_4/TiO_2$ (5mmol/L)、$Er/g\text{-}C_3N_4/TiO_2$ (7mmol/L)。

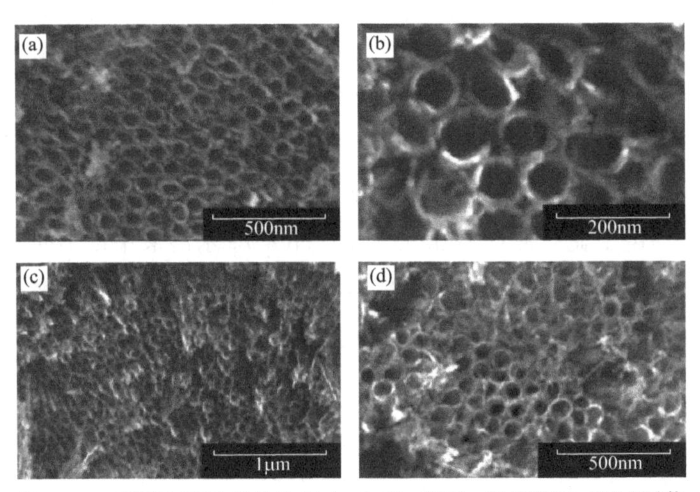

图 5-20 不同浓度下制备的 $Er/g\text{-}C_3N_4/TiO_2$ 纳米管的 SEM 图像

(a) 1mmol/L；(b) 3mmol/L；(c) 5mmol/L；(d) 7mmol/L

如图 5-20 所示，SEM 图像显示所有样品在 160℃水热处理后都能维持明显的纳米管结构。图 5-20(a) 为在 1mmol/L 稀土溶液中制备的样品，纳米管表面几乎没有变化，表面均匀有序。当溶剂 $Er(NO_3)_3$ 浓度为 3mmol/L 时，表面依然可以观察到 $g\text{-}C_3N_4$ 颗粒，孔洞结构保持完整。当以 5mmol/L 的 Er 改性 $g\text{-}C_3N_4/TiO_2$ 纳米管后，如图 5-20(c) 所示，表面不再十分平整，在离子作用下晶格发生一定程度的畸变导致部分纳米管开裂，形状有一定程度的扭曲，纳米管口观察到有少量絮状物。图 5-20(d) 显示当 Er 浓度升高到

7mmol/L时，纳米管表面变得粗糙并出现大量的絮状物，甚至有部分遮挡住了纳米管管口，使纳米管的比表面积下降。不同浓度下Er改性的g-C_3N_4/TiO_2纳米管管长基本维持原有长度，约为1.5μm。

继续对溶剂浓度为3mmol/L条件下制备的样品进行面扫元素分布（EDS elemental mapping）测试，得到了样品表面的元素分布图。从图5-21中可以观察到样品各种元素在体系内分布较为均匀，Ti元素浓度最高，占总元素含量的88%，其余C、N、O、Er四种元素占12%，说明Er元素经掺杂进入TiO_2纳米管中，各种元素在样品表面均匀分布。

图5-21 Er/g-C_3N_4/TiO_2纳米管（3mmol/L）的EDS面扫元素分布图

图5-22为在3mmol/L的$Er(NO_3)_3$水溶液中所制样品的能量色散光谱图（EDS）。可以观察到有明显的Ti、O峰，而在1.46keV、6.925keV、7.78keV处观察到微弱的Er元素峰。此时纳米管元素组成为C、O、Ti、N、

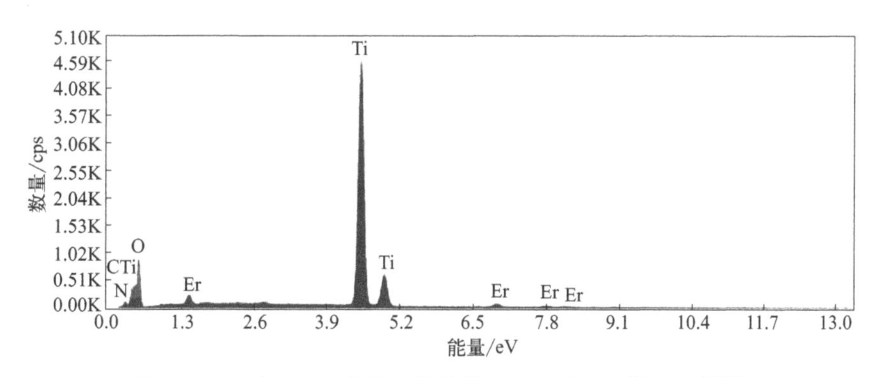

图5-22 Er/g-C_3N_4/TiO_2纳米管（3mmol/L）的EDS图像

Er，其他掺杂改性样品的结果与之相同，结合 EDS 面扫元素分析的结果，可以说明 Er 掺杂到改性的 TiO_2 纳米管上，且各种元素在样品表面均匀分布。

5.2.2.2 物相结构分析

对在不同浓度 $Er(NO_3)_3$ 溶液中改性后的 Er/g-C_3N_4/TiO_2 进行了 XRD 测试，扫描角度范围为 10°～80°，分析样品水热反应前后晶体结构的转变，结果如图 5-23 所示。从 XRD 图中观察到各样品在 $2\theta=25.3°$处均有较为明显的衍射峰，对应 TiO_2 的锐钛矿型（101）晶面，并且 48°、62.6°处的衍射峰的高度没有出现明显的变化，说明水热反应后的 TiO_2 纳米管仍保持着锐钛矿型的晶体结构。还观察到随着 Er 元素掺杂量增加，锐钛矿（101）晶面的特征峰逐渐向左偏移，这是由于 Er 元素改变了 TiO_2 晶体的晶胞参数，Er^{3+} 半径为 0.089nm，远大于 Ti^{4+} 的半径 0.061nm，导致 Er^{3+} 难以进入 TiO_2 的晶格，因此不会替换其中的 Ti^{4+}，稀土离子存在于晶格间隙使得锐钛矿的晶格发生畸变，晶粒大小也发生改变，最终导致对应（101）晶面的衍射峰发生偏移[7]。

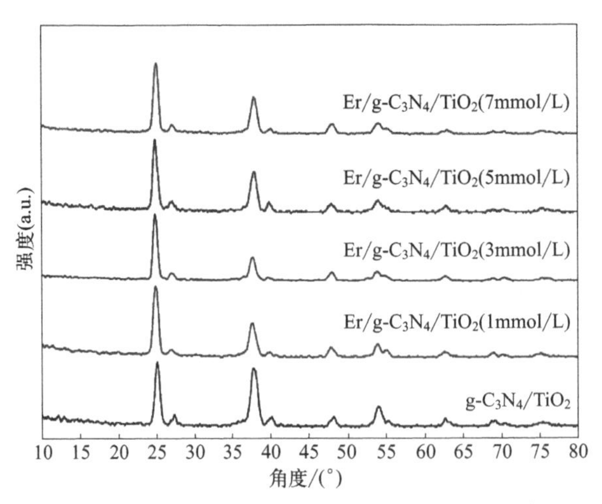

图 5-23 不同 Er 浓度下掺杂的催化剂 XRD 示意图

根据上述分析，Er 元素的掺杂并没有改变 g-C_3N_4/TiO_2 的晶相。另外，根据 XRD 衍射图谱，即使是最高浓度下（7mmol/L）制备的改性 TiO_2 纳米管，也没有观察到 Er_2O_3 的特征衍射峰，可以解释为 Er_2O_3 的负载量较低或者因为在样品中分散较为均匀，没有达到 XRD 仪器的最低检测标准。

5.2.2.3 元素价态分析

使用 X 射线能谱仪对 3mmol/L 条件下制备的 Er/g-C_3N_4/TiO_2 纳米管进

一步分析其元素组成、化学键等信息，图5-24为改性纳米管中各元素的XPS谱图。

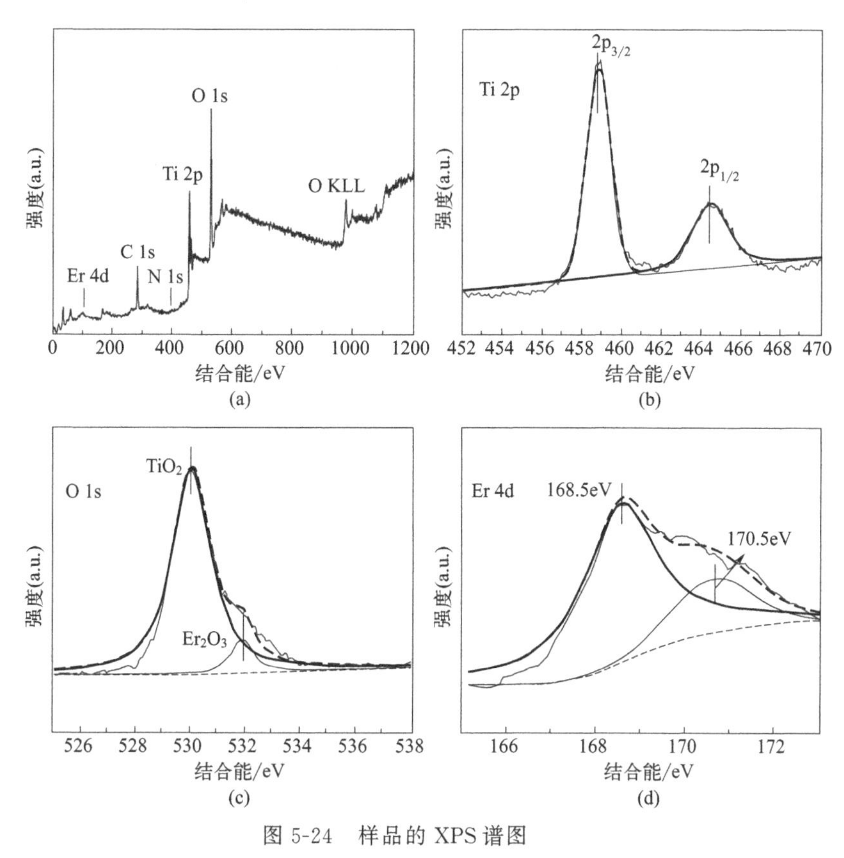

图5-24　样品的XPS谱图

(a) $Er/g\text{-}C_3N_4/TiO_2$ 全谱图；(b) Ti 2p谱图；(c) O 1s谱图；(d) Er 4d谱图

由图5-24(a)元素全谱图可以看出，$Er/g\text{-}C_3N_4/TiO_2$ 纳米管中存在着第五种元素，出现了对应Er元素的Er 4d吸收峰，说明水热改性后的纳米管中成功引入了Er元素。图5-24(b)是改性纳米管的高分辨率Ti 2p谱图，在458.8eV和464.4eV处明显出现两个峰，分别对应着Ti $2p_{3/2}$ 和Ti $2p_{1/2}$，说明此时 TiO_2 中Ti元素仍然以 Ti^{4+} 的形式存在。如图5-24(c)所示，可以使用高斯拟合将O 1s的高分辨率图谱分为两个吸收峰，主峰530.0eV对应 TiO_2 中以Ti-O形式存在的氧原子，而位于531.9eV的拟合峰表示一部分氧原子在 Er_2O_3 中以Er-O的形式存在。图5-24(d)为 $Er/g\text{-}C_3N_4/TiO_2$ 纳米管中Er 4d的高分辨率谱图，可以将不对称峰分为168.5eV与170.5eV两个拟合峰，根据O 1s与Er 4d的图谱分析证明此时样品中含有 Er_2O_3。

根据以上 XPS 元素分析，说明改性后的 TiO_2 纳米管中 Ti 元素仍然保持着原来的化学价态，稀土元素 Er 在水热反应后部分转化成氧化物 Er_2O_3，形成了最终的三元异质结光催化剂，结果与 EDS 分析一致。

5.2.2.4 微观结构分析

使用透射电子显微镜（TEM）对 Er/g-C_3N_4/TiO_2 进一步分析其微观形貌及内部结构，样品制备条件为 3mmol/L 的 $Er(NO_3)_3$ 溶液中 160℃ 水热 12h，如图 5-25 所示，可以观察到改性后的样品依然能维持完整、竖直的管状结构，上端开口，管壁较为光滑，能够观察到管壁上负载的片层状的 g-C_3N_4，说明在 160℃下使用水热法改性没有破坏纳米管原有结构，与 SEM 观察到的结果一致。

图 5-26 为样品在高倍透射电镜下的图像（内嵌图为电子衍射图），可以观察样品的晶格条纹。经过计算，此时样品的晶格间距为 3.54Å，与 g-C_3N_4/TiO_2 纳米管的晶格间距 3.51Å 相比略有增大，说明 TiO_2 纳米管经过水热反应改性后，进入半导体中的稀土元素一部分仍然保持着离子价态，由于 Er^{3+} 存在于锐钛矿 TiO_2 晶体间隙处，引起了晶格畸变，最终导致 TiO_2 的晶格间距增加。结果与 XRD 分析相对应，改性后的纳米管在晶型结构测试中衍射峰出现向小角度偏移的现象。根据插图中的电子衍射图判断此时的 Er/g-C_3N_4/TiO_2 属于单晶结构。

图 5-25 Er/g-C_3N_4/TiO_2 的 TEM 图像

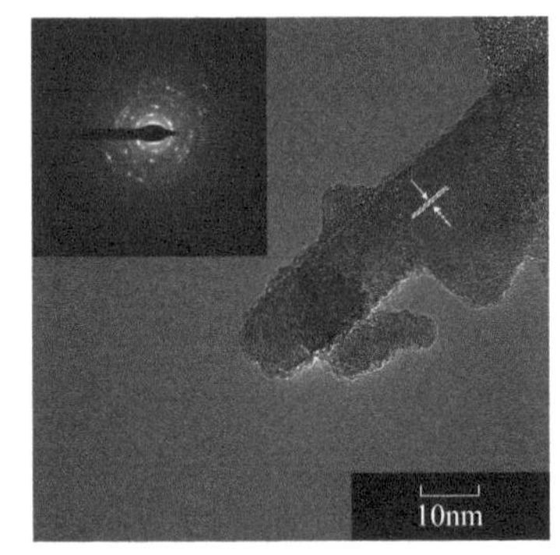

图 5-26 Er/g-C_3N_4/TiO_2（3mmol/L）的 HRTEM 图像与电子衍射图

5.2.3 光催化降解影响因素分析

甲基橙溶液在光催化降解过程中受到多种因素的影响，本节考察在不同条件下制备的光催化剂的活性，以及染料的初始浓度、初始 pH 值等因素对降解率的影响，并对光催化反应的动力学进行分析。

5.2.3.1 不同制备条件

(1) 不同水热反应温度制备的光催化剂性能分析

使用自制光催化装置，对制备条件为1mmol/L $Er(NO_3)_3$ 水溶液中、不同水热温度下（80℃、160℃、200℃）处理的 $g\text{-}C_3N_4/TiO_2$ 纳米管进行测试，$g\text{-}C_3N_4/TiO_2$ 纳米管的制备条件为前驱体3g。样品分别标记为 $Er/g\text{-}C_3N_4/TiO_2$（80℃）、$Er/g\text{-}C_3N_4/TiO_2$（160℃）、$Er/g\text{-}C_3N_4/TiO_2$（200℃）。样品在可见光条件下对甲基橙溶液的降解效果（C/C_0）与时间 t 之间的关系曲线如图5-27所示。

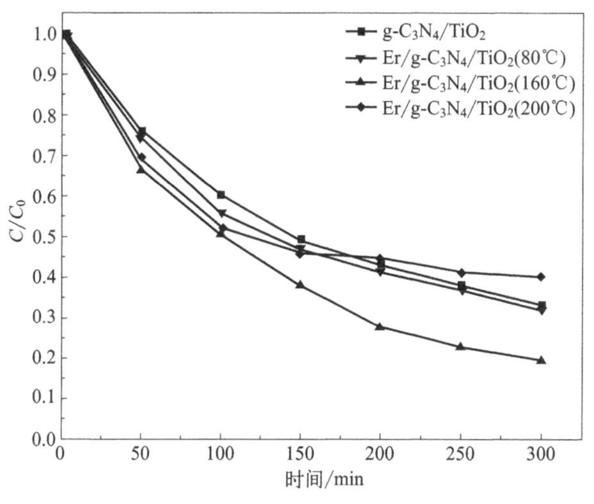

图5-27 水热反应温度对光催化性能影响

由图可知，当水热温度为80℃时，反应进行到300min时，光催化效率没有明显提升，甲基橙溶液降解率为68.3%，与未使用水热法改性的 $g\text{-}C_3N_4/TiO_2$ 纳米管降解效率近似。此时反应体系温度较低，Er元素并没有进入 TiO_2 的晶格中，在冲洗样品过程中大部分 Er^{3+} 被清洗掉，只有极少部分离子附着在催化剂上，对光催化性能提升十分有限。当反应体系提升到160℃时，在前200min内光催化反应以较快速度进行，并且染料降解率也最终提升到80.83%。当水热釜以200℃反应时，光催化效率在100min后逐渐变慢，且相比未掺杂Er的二元催化剂反应更慢一些。结合SEM形貌分析，在高温条件下密闭环境中水热反应剧烈，纳米管有可能在内部溶剂及气压共同作用下结构受到破坏，一部分倒塌团聚的纳米管转换成纳米颗粒状，由于粒径较大且比表面积较纳米管结构降低，内部电子传输速率下降，最终导致光催化反应速率持续下降。

根据以上分析，在80℃下只有极少量Er^{3+}对纳米管改性，对催化剂性能影响不大，而温度过高会破坏催化剂结构导致降解率下降，因此160℃是最佳的水热反应温度，印证了通过SEM分析得到的结论。

(2) 不同稀土浓度制备的光催化剂性能分析

为了讨论稀土Er的掺杂量对光催化性能的影响，$Er(NO_3)_3$水溶液浓度取1mmol/L、3mmol/L、5mmol/L、7mmol/L四个水平，$g\text{-}C_3N_4/TiO_2$纳米管为前驱体3g的条件下制备的样品，其余反应条件保持不变。样品在可见光条件下甲基橙溶液的降解效果（C/C_0）与反应时间t之间的关系曲线如图5-28所示。

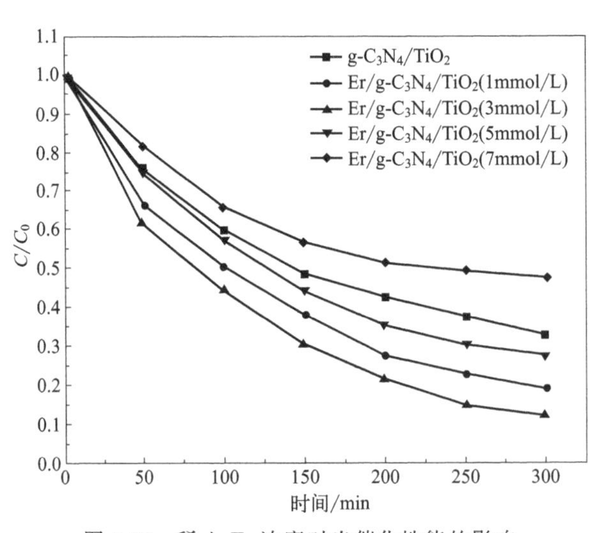

图5-28　稀土Er浓度对光催化性能的影响

如图5-28可以观察到，经过水热法处理后的三元催化剂在100min之内光催化速率显著提升。当使用$g\text{-}C_3N_4/TiO_2$纳米管处理甲基橙溶液时，降解率最终为67.2%，当硝酸铒溶液浓度为1mmol/L、3mmol/L时制备的改性纳米管分别降解掉80.8%、88%的甲基橙溶液。随着稀土浓度提升到5mmol/L、7mmol/L时，溶液的降解率从72.7%逐渐下降到52.42%。

稀土Er元素的加入，首先在原有异质结$g\text{-}C_3N_4/TiO_2$纳米材料的能带结构中充当了杂质能级，降低了光催化反应中自由电子跃迁所需的能量；然后，水热反应后生成了少量的Er_2O_3，稀土氧化物作为半导体材料吸附在TiO_2表面，使TiO_2内部的光生载流子转移速度上升，抑制了空穴-电子对的复合；而且改性过程中在半导体表面制造了一定数量的氧缺陷转移了一部分的光生载流子；在多重作用下，三元催化剂的光催化活性得到提升，对可见光利用率也得到增强。当硝酸铒溶液浓度达到 5mmol/L 时，光催化性能显著下降，这是由于 Er 元素掺杂量过多，体系内部达到饱和后多余的 Er^{3+} 生成的 Er_2O_3 增多，稀土氧化物在 TiO_2 表面形成新的光生空穴-电子复合中心，大量电子在内部快速结合导致光利用率下降。7mmol/L 硝酸铒条件下制备的样品 200min 后甲基橙降解率几乎不变，说明这之后只有极少量甲基橙被降解，最终降解率停留在 52.42%。在浓度为 3mmol/L 时制备的三元催化剂降解性能最强，可见光条件下对甲基橙降解率为 88%。

使用降解反应动力学方程分析光催化剂对降解速率的影响，由图 5-29 可知，稀土改性后的催化剂降解速率得到提升，经过拟合后的准一次动力学方程显示最佳条件（3mmol/L）下制备的光催化剂降解速率曲线的斜率常数 k 为 $0.0071min^{-1}$，是未掺杂稀土元素的纳米管的 2 倍。

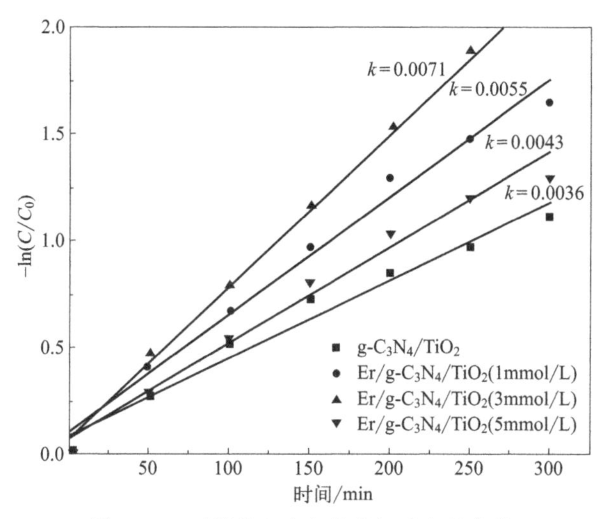

图 5-29　不同稀土浓度的降解动力学曲线

5.2.3.2　不同初始浓度

为考察甲基橙初始溶液浓度对甲基橙降解率的影响，配制 5mg/L、10mg/L、15mg/L、20mg/L 的甲基橙溶液，固定溶液 pH 值为 6.5，其他条件不变。三元光催化剂优选上一节中活性最强的即 3mmol/L 条件下制备的 $Er/g\text{-}C_3N_4/TiO_2$，根据不同甲基橙初始浓度下光催化降解率绘制曲线，如图 5-30 所示。

从图中可以看出，甲基橙溶液的降解率随溶质初始浓度升高而逐渐降低，当甲基橙初始浓度为 5mg/L 时光催化降解率最大，在 300min 内分解掉

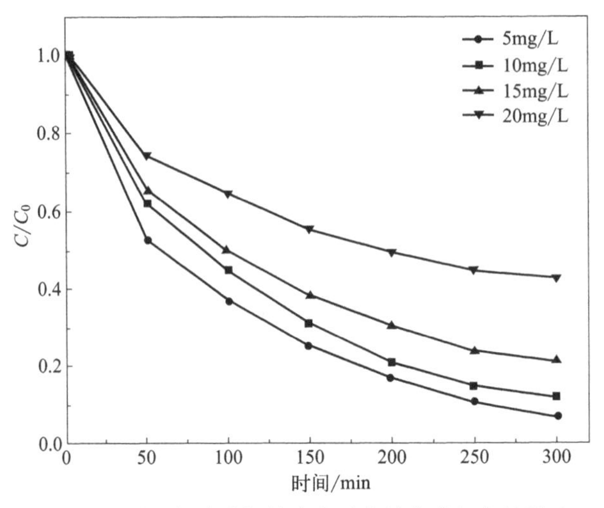

图 5-30 甲基橙溶液初始浓度对光催化降解率的影响

92.8%的染料溶液。初始浓度提升之后，光催化降解率从 10mg/L 时的 88% 逐渐下滑到 15mg/L 时的 78.9%。当初始浓度达到 20mg/L 时光催化效率显著下降，降解率只有 58.3%。造成这种现象的原因是，在固定的光照条件下反应体系内部产生的自由基等活性物质是有限的，只能降解固定数量的染料分子；并且随着甲基橙初始浓度提升，照射到催化剂表面的光子能量逐渐衰减，因此半导体内部受激发而产生的光生空穴-电子对的数量减少，这些具有氧化还原性的光生载流子数量降低导致半导体光催化活性减弱。在这两种因素作用下，随着甲基橙初始浓度提升，光催化活性物质减少，最终染料分子的降解率下降。

使用 Langmuir-Hinshelwood 准一级动力学方程对甲基橙初始浓度变化进行分析，从图 5-31 可以看出，不同初始浓度下的 $-\ln(C/C_0)$ 与光催化反应时间呈线性相关，说明降解反应符合准一级动力学方程，降解动力学反应参数见表 5-4。5mg/L 时的甲基橙降解速率是 20mg/L 时的 3.1 倍。为了保持实验的一致性，后续对光催化性能研究仍然采用 10mg/L 的甲基橙溶液。

表 5-4 改变甲基橙初始浓度的动力学反应参数

初始浓度/(mg/L)	k/min^{-1}	R^2
5	0.0084	0.993
10	0.0071	0.993
15	0.0051	0.975
20	0.0027	0.934

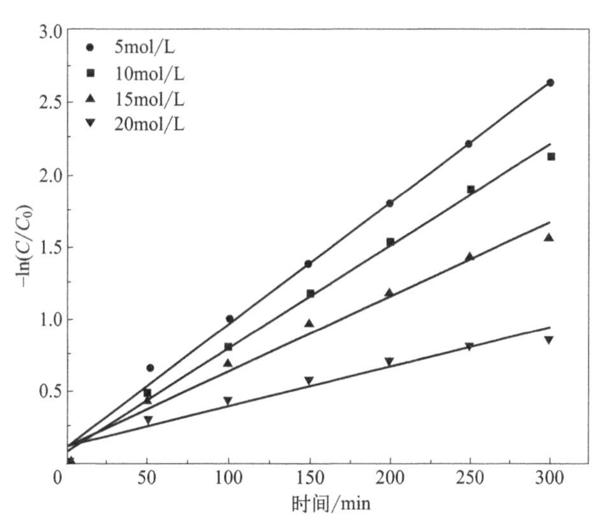

图 5-31 不同初始浓度的降解动力学曲线

5.2.3.3 不同初始 pH 值

甲基橙（$C_{14}H_{14}N_3SO_3Na$）是一种具有共轭结构的偶氮化合物，当 pH 值从 3.1 增加到 4.4 时水溶液由红色变为黄色，在不同的酸碱度中甲基橙以不同分子结构存在，酸性条件下呈蒽醌结构，碱性条件下以偶氮结构存在。为考察反应液初始 pH 值对降解率的影响，控制甲基橙初始浓度为 10mg/L，光催化剂为 $Er/g\text{-}C_3N_4/TiO_2$（3mmol/L），溶液的初始 pH 值选择 3、5、7、9、11 五个水平，最终根据反应 5h 后的降解率绘制初始 pH 值-降解率点线图。

如图 5-32 所示，可以明显观察到当初始 pH=3 时有最大的降解率，5h 内完全降解了 10mg/L 的甲基橙溶液，当 pH 值逐渐升高分别为 5、7、9、11 时，染液的最终降解率分别为 95.2%、86%、55.7%和 80%，说明甲基橙溶液的初始酸碱度对光催化反应有较大影响。甲基橙处于酸性条件下，此时的 TiO_2 复合材料由于零电荷点（ZPC）大于体系的 pH 值，在大量 H^+ 作用下半导体表面带有正电荷，这些正电荷对内部光生载流子的转移起促进作用，从而提高了光催化反应的降解率。当体系 pH 值大于改性 TiO_2 的零点电荷即溶液呈碱性时，半导体在溶液 OH^- 作用下表面带有负电荷，甲基橙溶液中存在一定数量的溶解氧（O_2），在得到催化剂表面的负电荷后转变为超氧自由基（$\cdot O_2^-$），促进光催化反应，使降解率在碱性体系时提升。

甲基橙分子在酸碱体系中有不同的结构，酸性条件下的蒽醌结构较为稳定，不易被降解。根据光催化结果，当 pH=3 时三元复合半导体材料表面所

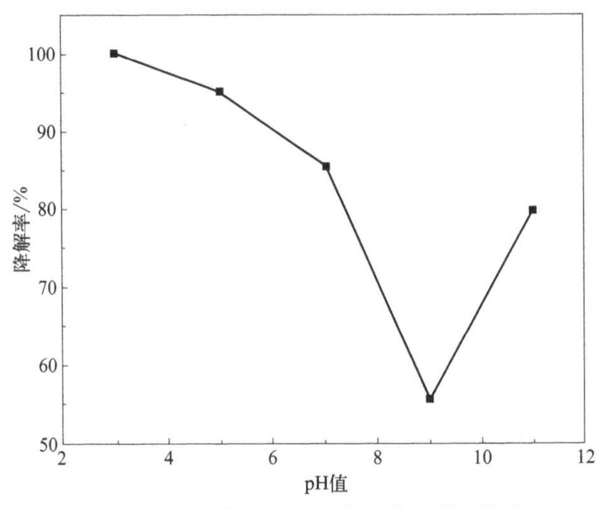

图 5-32 甲基橙初始 pH 值对降解率的影响

带正电荷对光催化活性的促进作用大于蒽醌结构对甲基橙分子的稳定作用，所以此时的降解率最高。随着溶液初始 pH 值升高，体系中 H^+ 数量降低导致改性 TiO_2 所带正电荷减少，由此产生的光催化活性基团活性下降，逐渐不能破坏酸性条件下甲基橙的蒽醌结构，导致甲基橙降解率下降。当溶液体系由中性转变为强碱性，甲基橙主要以偶氮结构存在，相比蒽醌结构前者的偶氮键更容易断裂。当 pH=11 时甲基橙降解率较 pH 值为 9 时有所提升可能是由于此时改性 TiO_2 纳米管表面带负电荷，而在碱性环境中产生的超氧自由基等活性基团数目增多，随着光催化反应的进行偶氮基团的裂解数量也随之增加，最终导致甲基橙降解率提升。

5.2.4 光催化稳定性分析

通过循环寿命测试考察改性三元催化剂的稳定性，催化剂损耗越少、越稳定，投入生产的成本越少。本项实验为研究样品的循环使用寿命，选取上述试验中表现出最优性能的改性光催化剂：$Er/g\text{-}C_3N_4/TiO_2$（3mmol/L），进行了连续光催化降解甲基橙溶液的实验，每一次循环实验对样品重复回收、洗涤、干燥的步骤。实验结果如图 5-33 所示。

由图 5-33 可知，经水热法处理后的三元异质结光催化剂仍然能保持良好的稳定性。新的改性材料循环测试 5 次后，降解率从 88% 下降到 80%。在引入稀土元素后，原来的异质结构没有在水热反应中破坏，与 Er_2O_3 一起牢固地结合到 TiO_2 纳米管上。同时在稀土氧化物、稀土离子作用下，光催化活性

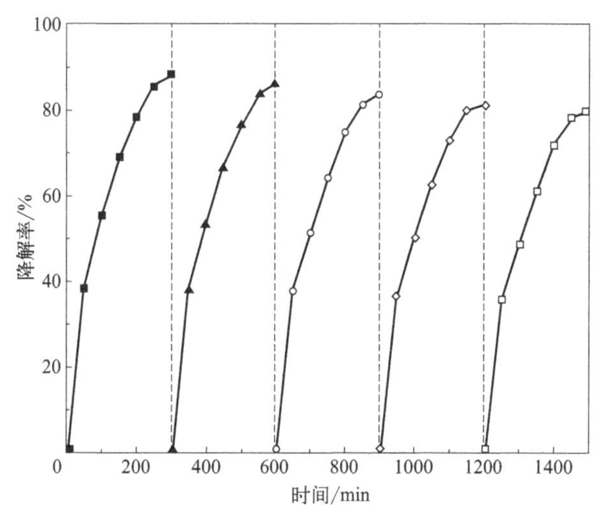

图 5-33 $Er/g\text{-}C_3N_4/TiO_2$ 循环使用次数对光催化性能的影响

相比 $g\text{-}C_3N_4/TiO_2$ 有显著提升。通过考察催化剂稳定性的光催化剂循环实验，说明 $Er/g\text{-}C_3N_4/TiO_2$ 具有良好的稳定性。经过水热处理后的半导体材料更紧密地结合在一起，使表面的光生载流子迁移速度加快[8]，延长了光生空穴-电子的寿命，从而在多次使用后仍然能保持较高的可见光催化活性与稳定性。

5.2.5 光催化机理分析

根据本章中对影响甲基橙降解因素的分析，本节对三元异质结纳米材料降解染料废液的反应机理进行讨论，反应机理图见图 5-34。

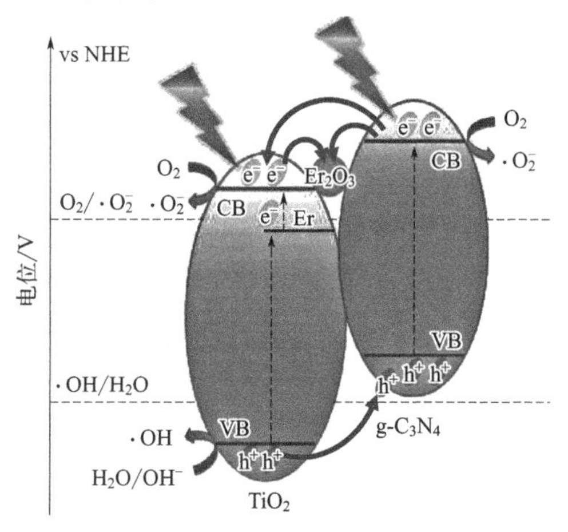

图 5-34 $Er/g\text{-}C_3N_4/TiO_2$ 光催化反应机理图

如图5-34所示，光催化剂在水热反应后仍能保持着异质结构并且引入了稀土Er元素形成新的能带架构[9]。在可见光照射下，氮化碳产生激发电子从异质结传输到TiO_2的导带上，见反应式(5-2)、式(5-3)；此时由于Er^{3+}在TiO_2能带中充当了杂质能级，降低了电子跃迁所需要的能量，所以一部分自由电子在可见光照射下受到激发跃迁到杂质能级最终到达价带，见反应式(5-4)、式(5-5)。氮化碳与二氧化钛价带上的光生电子主要与催化剂表面吸附的O_2发生反应生成超氧自由基，见反应式(5-9)；另一部分电子被表面的稀土氧化物Er_2O_3形成的复合中心吸引，见反应式(5-6)。而二氧化钛导带上的一部分光生空穴从异质结传输到氮化碳，见反应式(5-7)，另一部分与染料溶液中的H_2O、OH^-反应生成羟基自由基，见反应式(5-8)。在三元纳米材料降解染液过程中，超氧自由基、羟基自由基、光生空穴都对降解反应起促进作用，见反应式(5-10)。主要降解过程可以用如下反应式表述：

$$g\text{-}C_3N_4 + h\nu \longrightarrow g\text{-}C_3N_4 + h^+(VB) + e^-(CB) \tag{5-2}$$

$$g\text{-}C_3N_4(CB) + e^- \longrightarrow TiO_2(CB) + e^- \tag{5-3}$$

$$TiO_2 + h\nu \longrightarrow TiO_2(VB) + h^+(VB) + e^-(Er) \tag{5-4}$$

$$e^-(Er) \longrightarrow TiO_2(CB) + e^-(CB) \tag{5-5}$$

$$Er_2O_3 + e^-(CB) \longrightarrow Er_2O_3 \tag{5-6}$$

$$TiO_2(CB) + h^+ \longrightarrow g\text{-}C_3N_4(VB) + h^+ \tag{5-7}$$

$$h^+ + H_2O/OH^- \longrightarrow \cdot OH \tag{5-8}$$

$$e^-(CB) + O_2 \longrightarrow \cdot O_2^- \tag{5-9}$$

$$\text{甲基橙} + \cdot OH/\cdot O_2^-/h^+ \longrightarrow CO_2 + H_2O\ \text{无机小分子} \tag{5-10}$$

5.3 本章小结

本章采用水热法分别制备了稀土Sm^{3+}和Er^{3+}掺杂的TiO_2光催化材料，成功制备出Sm_2O_3/TiO_2纳米管和$Er/g\text{-}C_3N_4/TiO_2$纳米管，使用XRD、SEM、XPS等仪器对其光催化性能进行了表征，并且分析了不同制备条件、不同pH等因素对降解活性的影响，具体结论如下：

(1) Sm改善了TiO_2纳米管阵列光催化性能，随着Sm的含量逐渐增加，晶粒尺寸变小，但没有改变TiO_2纳米管阵列的晶相；Sm^{3+}掺杂后，拓宽了TiO_2纳米管阵列的光响应范围，使入射的太阳光充分利用；Sm^{3+}使TiO_2纳米管阵列具有荧光性质，将太阳光的紫外线吸收转化为可见光吸收，更多地激

发电子注入 TiO_2 纳米管导带，提高太阳能电池中的短路电流；Sm_2O_3 改性后，在 TiO_2 纳米管阵列表面形成 Ti—O—Sm 键，引起电荷的不平衡，使 TiO_2 纳米管阵列表面吸附更多的—OH，易与染料中—COOH 结合，TiO_2 纳米管阵列吸附更多的染料；Sm_2O_3 改性 TiO_2 纳米管阵列后电子寿命延长，不仅降低了电子-空穴对复合率，还抑制了 TiO_2 纳米管导带与电解液中 I_3^- 的复合，提高开路电压；同时 Sm_2O_3 分散在晶界中，提高了电子传输能力。

（2）不同制备和降解条件对 Sm_2O_3/TiO_2 纳米管的降解速率具有较大影响，当 Sm 离子浓度为 0.02mol/L、入射光强度为氙灯 300W、甲基橙溶液初始质量浓度为 5mg/L、初始 pH=3 时，降解效率最高，有 98.7%的甲基橙溶液被降解。这是由于：①高浓度的 Sm^{3+} 存在时，会使 TiO_2 的扭曲严重，产生缺陷，这些缺陷能够捕获入射电子，使电子利用率较低；②随着光强增加，溶液中的强氧化性羟基基团也随之增加，所以适当增加光照强度能促进甲基橙的降解；③酸性条件下，溶液中含有大量 H^+，容易与光催化剂上游离出的电子结合，阻止电子和空穴的复合，进而增强光催化剂的活性；④高浓度的染料废水也会阻止催化剂对光的吸收，导致甲基橙的降解率的降低。

（3）在 $Er/g\text{-}C_3N_4/TiO_2$ 纳米管微观形貌分析中，发现以 160℃水热温度制备的催化剂仍保持良好的纳米管结构，Er^{3+} 浓度在超过 3mmol/L 后制备的纳米管畸变程度较大。EDS 观察到催化剂表面由 Ti、O、C、N、Er 五种元素构成。在样品的 XPS 分析中对 O 1s、Er 4d 高分辨率图谱的拟合分析说明此时样品中存在 Er_2O_3，与 EDS 的结论相同。XRD 中观察到对应 TiO_2 锐钛矿（101）晶型的衍射峰逐渐向左偏移，结合元素分析说明 Er 元素成功被引入改性纳米管中，并且以 Er^{3+} 和 Er_2O_3 的形式存在。TEM 观察到改性的光催化剂维持着良好的纳米管形貌，而且电子衍射图说明此时晶体类型为单晶。

（4）引入稀土后的三元异质结光催化剂表现出更强的光催化性能。在不同水热温度下制备的样品中，160℃条件下的样品有最强的光催化活性；在不同浓度稀土溶液制备的改性纳米管中，3mmol/L 条件下的样品降解率最大达到 88%，此时的光催化降解速率常数是二元异质结催化剂的 2 倍，表征测试分析为催化剂的催化活性提供了理论依据。随着溶液初始浓度提升，甲基橙降解率逐渐下降，这是由于光照条件下催化剂产生的活性自由基数量固定，无法降解更多的染料分子。当溶液呈酸性时大量的 H^+ 使催化剂带有正电荷促进光生载流子的转移；当溶液呈碱性时，半导体受液体中大量 OH^- 影响带有负电荷，此时溶解氧得到电子变成超氧自由基对光催化有促进作用，在甲基橙溶液由酸性转变为碱性时降解率逐渐下降，随着体系碱性增强降解率再度提升。在光催化降解甲基橙过程中，$\cdot O_2^-$、$\cdot OH$、h^+都对降解反应起促进作用。

参考文献

[1] Pascariu P，Cojocaru C. Tuning of Sm^{3+} and Er^{3+}-doped TiO_2 nanofibers for enhancement of the photocatalytic performance：optimization of the photodegradation conditions. Journal of Environmental Management，2022，316：115317.

[2] 曹月婵．溶胶-凝胶法制备 Sm^{3+}、Eu^{3+} 掺杂纳米 TiO_2 的光学性质研究［D］．昆明：昆明理工大学，2013.

[3] 吴锦绣．稀土及其配合物的生物活性及其荧光性能．内蒙古：内蒙古人民出版社，2015.

[4] Peng F C，Gao H L，Zhang G L，et al. Synergistic effects of Sm and C Co-doped mixed phase crystalline TiO_2 for visible light photocatalytic activity. Materials，2017，10（2）：209.

[5] Zi T Q，Zhao X R，Liu C，et al. A facile route to prepare $TiO_2/g\text{-}C_3N_4$ nanocomposite photocatalysts by atomic layer deposition. Journal of Alloys and Compounds，2021，855：157446.

[6] 冯秀娟．离子型稀土矿区流域金属元素分布及评价．北京：化学工业出版社，2011.

[7] Talane T E，Mbule P S，Noto L L，et al. Sol-gel preparation and characterization of Er^{3+} doped TiO_2 luminescent nanoparticles. Materials Research Bulletin，2018，108：234-241.

[8] Naveen K S，Ashapurna D，Sohīnī S De，et al. Mesoporous monolith designs of mixed phased titania codoped Sm^{3+}/Er^{3+} composites：a super responsive visible light photocatalysts for organic pollutant clean-up. Applied Surface Science，2020，504：144350.

[9] Liu Y，Wang W G，Si M Z，et al.（Yb^{3+}，Er^{3+}）co-doped TiO_2/Ag_3PO_4 hybrid photocatalyst with enhanced activity for photodegradation of phenol. Applied Surface Science，2019，463：159-168.

第6章 四氧化三铁、氮化碳和二氧化钛复合催化材料

通过 TiO_2 和 $g\text{-}C_3N_4$ 的复合，能够有效抑制载流子的复合，达到提高材料光催化活性的目的。然而，由于材料不具备磁性，导致在光催化降解后难以回收，其中 Fe_3O_4 以其良好的磁性能，可以通过外加磁场与溶液快速分离，并且可以防止材料在回收的过程中发生团聚现象，提高材料耐久性。因此将 Fe_3O_4 复合可以使材料具备磁性，方便后续的回收再利用。本章通过制备 $Fe_3O_4/g\text{-}C_3N_4/TiO_2$ 来赋予材料新的磁性能，方便了对材料的回收。采用一系列表征手段 SEM、XRD、FTIR、XPS、PL、VSM（振动样品磁强计）对样品进行分析，对样品的外观形貌、物相组成、光学特性及磁性能等信息进行了分析。

6.1 材料制备

（1）$Fe_3O_4/g\text{-}C_3N_4$ 的制备

取一定量的尿素置于马弗炉中，以 550℃ 进行煅烧，控制升温速率为 10℃/min，然后对样品进行研磨得到 $g\text{-}C_3N_4$ 粉末。取一定质量 $g\text{-}C_3N_4$ 加入 $(CH_2OH)_2$ 中，随后加入 $C_2H_3O_2Na \cdot 3H_2O$、PEG、$(C_6H_9NO)_n$ 和 $Fe(NO_3)_3 \cdot 9H_2O$，超声分散后置于马弗炉中加热，冷却至室温用乙醇和去离子水交叉洗涤，制得 $Fe_3O_4/g\text{-}C_3N_4$ 样品。具体制备方法如图 6-1 所示。

（2）$Fe_3O_4/g\text{-}C_3N_4/TiO_2$ 的制备

将一定量的 $Fe_3O_4/g\text{-}C_3N_4$ 样品与去离子水混合，超声分散，向悬浮液中加入硝酸作为催化剂，再将一定质量的钛酸四异丙酯（TTIP）溶于悬浮液中，连续磁力搅拌使 TTIP 溶解。将所得溶液置于马弗炉中，在 110℃ 水热温度下反应 1h，然后用去离子水洗涤产物至中性，烘干后研磨得到 $Fe_3O_4/g\text{-}C_3N_4/TiO_2$ 粉末。具体制备过程如图 6-2 所示。

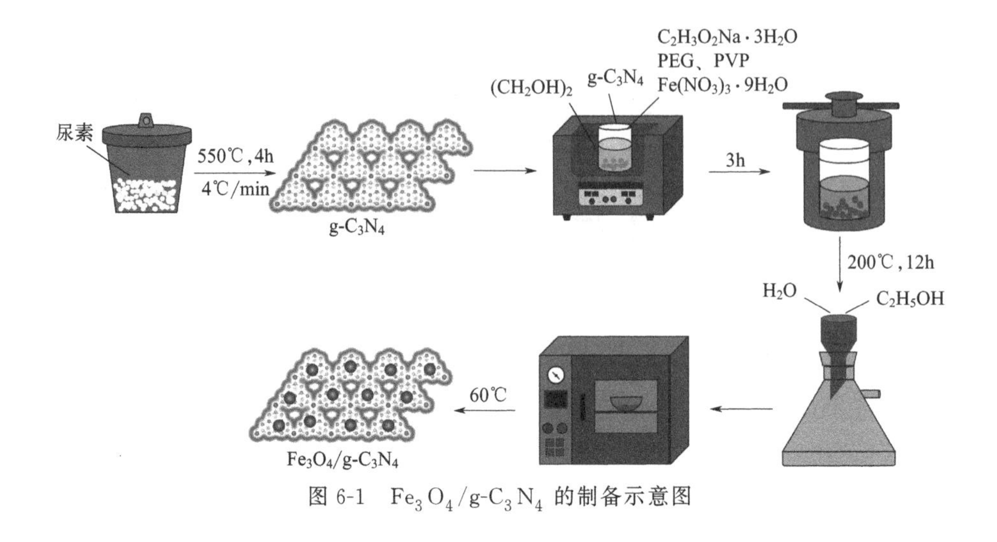

图 6-1　$Fe_3O_4/g\text{-}C_3N_4$ 的制备示意图

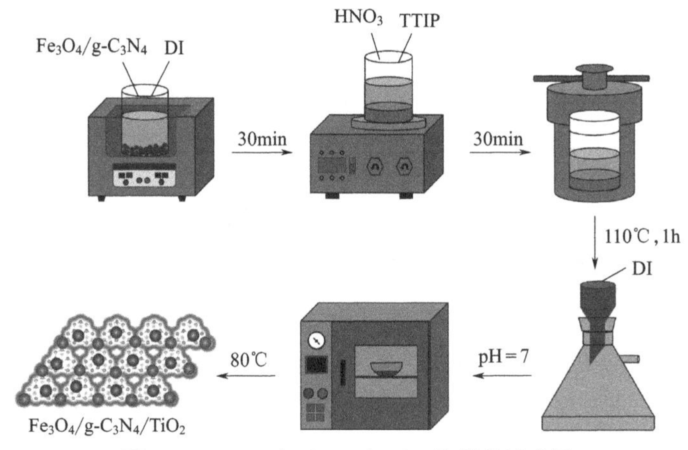

图 6-2　$Fe_3O_4/g\text{-}C_3N_4/TiO_2$ 的制备示意图

6.2 特性分析

6.2.1 表面形貌分析

为分析 $Fe_3O_4/g\text{-}C_3N_4/TiO_2$ 的表面形貌，对样品进行了 SEM 测试，如图 6-3 所示。

图 6-3(a) 为 $g\text{-}C_3N_4$ 的 SEM 图像，能够清晰地发现 $g\text{-}C_3N_4$ 表面为不规

则的薄片状结构，且有少数大小不均匀的球状 g-C_3N_4 尚未生成片状结构；图 6-3(b) 为 Fe_3O_4/g-C_3N_4 的 SEM 图像，由图中能够发现，g-C_3N_4 片状结构表面分布着大量大小不均的 Fe_3O_4 颗粒，且边界清晰，各颗粒粘连在一起，形成 Fe_3O_4/g-C_3N_4 复合体系；图 6-3(c) 为相同放大倍数下的 Fe_3O_4/g-C_3N_4/TiO_2 的扫描电镜图像，从图中可知，大量的 Fe_3O_4 和 TiO_2 纳米颗粒附着在 g-C_3N_4 的表面，各颗粒大小均匀，多数为球体，少数呈块状结构。从图中可以发现复合后样品的体积减小，并且分布均匀，这是由于 TiO_2 的引入抑制了 Fe_3O_4 晶粒的生长。此外，由于表面能较高，还可以看到少量粒子的团聚。

(a) g-C_3N_4　(b) Fe_3O_4/g-C_3N_4　(c) Fe_3O_4/g-C_3N_4/TiO_2的SEM图

图 6-3　样品的 SEM 图

6.2.2　物相结构分析

为了解 Fe_3O_4/g-C_3N_4/TiO_2 样品的物相组成，对样品进行了 XRD 测试，并且与 Fe_3O_4/g-C_3N_4 结果进行了对比，结果如图 6-4 所示。

图 6-4 为 Fe_3O_4/g-C_3N_4 和 Fe_3O_4/g-C_3N_4/TiO_2 的 XRD 图谱，可以看

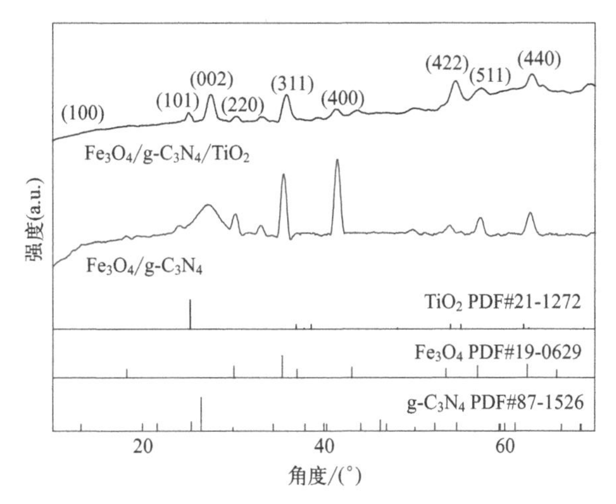

图 6-4　Fe_3O_4/g-C_3N_4、Fe_3O_4/g-C_3N_4/TiO_2 的 X 射线衍射图

出 $Fe_3O_4/g\text{-}C_3N_4/TiO_2$ 分别在 $2\theta=13.52°$、25.17°、27.19°、30.21°、35.62°、41.48°、53.76°、57.23°、62.84°处发现衍射峰，其中13.52°和27.19°处的峰对应于 $g\text{-}C_3N_4$ 标准卡PDF#87-1526的（100）和（002）晶面，25.17°处的峰与 TiO_2 标准卡PDF#21-1272的（101）晶面对应[1]，而30.21°、35.62°、41.48°、53.76°、57.23°、62.84°处的衍射峰对应于 Fe_3O_4 标准卡PDF#19-0629的（220）、（311）、（400）、（422）、（511）、（440）晶面。比较两个样品的XRD图谱，除了峰强度的变化，没有其他明显变化，这表明 TiO_2 的引入不会改变 $Fe_3O_4/g\text{-}C_3N_4$ 的晶体结构。$Fe_3O_4/g\text{-}C_3N_4/TiO_2$ 样品不仅显示了 TiO_2 的特征峰，而且完全显示了 $Fe_3O_4/g\text{-}C_3N_4$ 的特征峰，并且除以上特征峰外，未发现其他杂质的峰，说明 $Fe_3O_4/g\text{-}C_3N_4/TiO_2$ 样品成功制备且制备的样品较纯，并未引入新的杂质。

6.2.3 官能团分析

为了解 $Fe_3O_4/g\text{-}C_3N_4/TiO_2$ 的成键方式及官能团组成，对样品进行了FTIR测试，并且与 $g\text{-}C_3N_4$、$Fe_3O_4/g\text{-}C_3N_4$ 进行了比较，结果如图6-5所示。

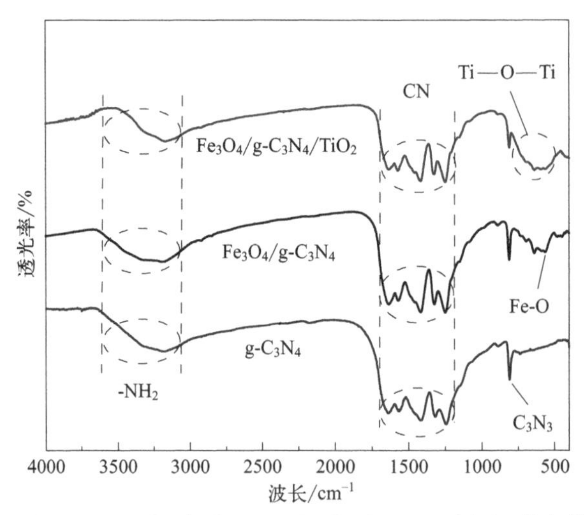

图6-5 $g\text{-}C_3N_4$、$Fe_3O_4/g\text{-}C_3N_4$、$Fe_3O_4/g\text{-}C_3N_4/TiO_2$ 的红外光谱图

图6-5为 $g\text{-}C_3N_4$、$Fe_3O_4/g\text{-}C_3N_4$、$Fe_3O_4/g\text{-}C_3N_4/TiO_2$ 的红外光谱图，由图可知，$Fe_3O_4/g\text{-}C_3N_4/TiO_2$ 样品在 $500\sim800cm^{-1}$、$614cm^{-1}$、$810cm^{-1}$、$1200\sim1700cm^{-1}$、$3100\sim3600cm^{-1}$ 处发现了衍射峰，其中位于 $500\sim800cm^{-1}$ 处的峰值对应于Ti—O—Ti键或Ti—O键；位于 $614cm^{-1}$ 处

的峰值是由 Fe_3O_4 结构中 Fe—O—Fe 键的拉伸振动引起的；810cm^{-1} 处的峰归因于 g-C_3N_4 的 s-三嗪（C_3N_3）单元弯曲振动；1200～1700cm^{-1} 的衍射峰对应于杂环 C—N 键和 C═N 键；3100～3600cm^{-1} 处出现的特征峰归因于 O—H 键和 N—H 键[2]。与 g-C_3N_4、Fe_3O_4/g-C_3N_4 相比，Fe_3O_4/g-C_3N_4/TiO_2 样品位于 3100～3600cm^{-1} 处的 O—H 键和 N—H 键、位于 1200～1700cm^{-1} 的 C—N 键和 C═N 键、位于 810cm^{-1} 处 s-三嗪环的峰强度均有所减弱，可能是由于样品中 g-C_3N_4 含量减少导致的，而 Fe_3O_4/g-C_3N_4/TiO_2 样品位于 614cm^{-1} 处 Fe—O—Fe 键的峰不明显，是由于与 Ti—O 键的峰相重合引起的。

6.2.4 元素分析

为分析 Fe_3O_4/g-C_3N_4、Fe_3O_4/g-C_3N_4/TiO_2 的元素价态等信息，对样品进行了 XPS 测试，结果如图 6-6 所示。

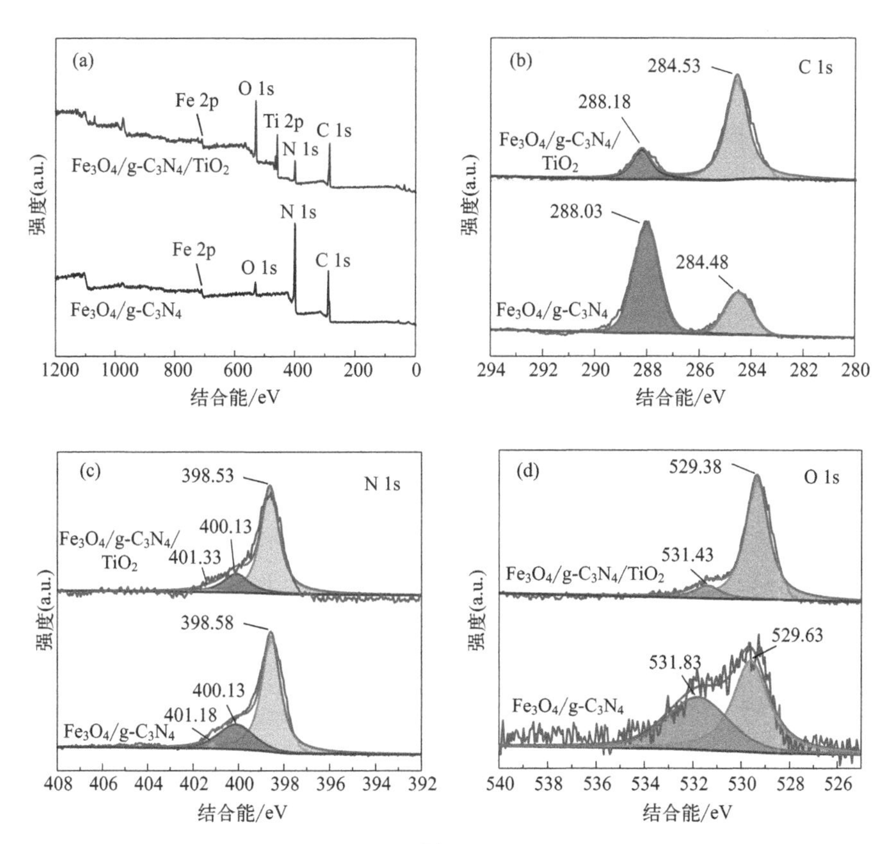

图 6-6

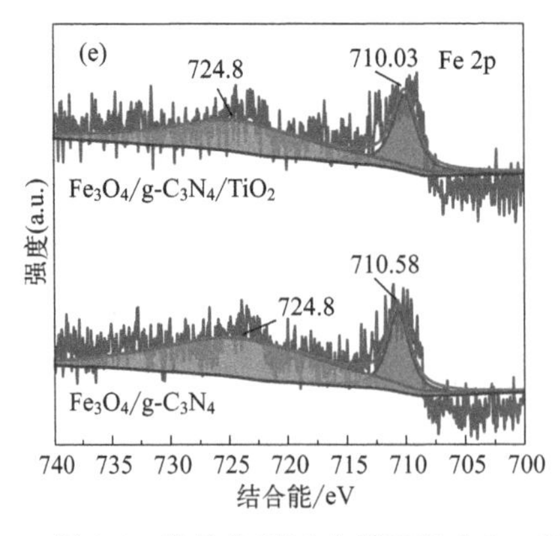

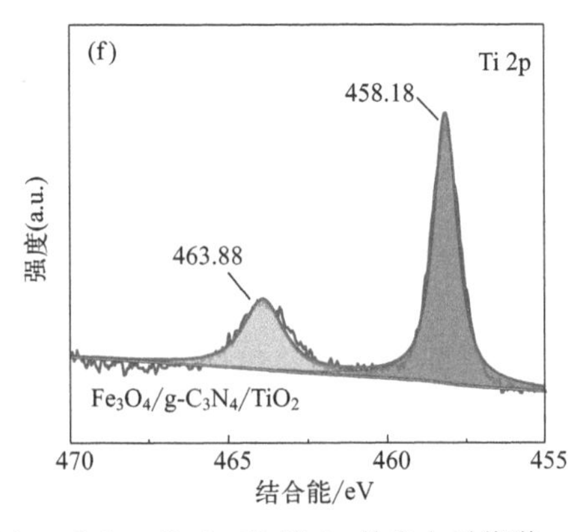

图 6-6　样品的 XPS 全谱图和 C 1s、N 1s、O 1s、Fe 2p 和 Ti 2p 的光电子能谱

(a) $Fe_3O_4/g\text{-}C_3N_4$ 和 $Fe_3O_4/g\text{-}C_3N_4/TiO_2$ 的 XPS 全谱图；

(b) ～ (f) C 1s、N 1s、O 1s、Fe 2p、Ti 2p 的高分辨率 XPS 光谱图

图 6-6(a) 为 $Fe_3O_4/g\text{-}C_3N_4$ 和 $Fe_3O_4/g\text{-}C_3N_4/TiO_2$ 的 XPS 全谱图，从图中可以看出，$Fe_3O_4/g\text{-}C_3N_4$ 样品存在 Fe、O、N、C 四种元素，而 $Fe_3O_4/g\text{-}C_3N_4/TiO_2$ 样品存在 Fe、O、Ti、N、C 五种元素，并且均未发现其他杂峰，证明制备的样品较为纯净，不存在其他杂质。图 6-6(b) 为 C 1s 光电子能谱图，由图中可以看出，$Fe_3O_4/g\text{-}C_3N_4$ 在 284.48eV 和 288.03eV 处出现两个峰，而 $Fe_3O_4/g\text{-}C_3N_4/TiO_2$ 中的两个振动峰分别出现在 284.53eV 和 288.18eV，其中 284.48eV 和 284.53eV 处的峰来源于材料的无定形碳，288.03eV 和 288.18eV 处的峰来源于 N-芳环中（N═C—N）的配位。图 6-6(c) 为 N 1s 光电子能谱图，其可以被分解为三个峰，$Fe_3O_4/g\text{-}C_3N_4$ 的 N 1s 峰分别出现在 398.58eV、400.13eV 和 401.18eV，而 $Fe_3O_4/g\text{-}C_3N_4/TiO_2$ 出现在 398.53eV、400.13eV 和 401.33eV，其分别对应于碳氮双键中 sp^2 杂化的 N 原子、碳氮单键中 sp^3 杂化的 N 原子和伯胺 N 原子（C—N—H）。图 6-6(d) 为 O 1s 光电子能谱图，O 1s 被分峰拟合为两个峰，$Fe_3O_4/g\text{-}C_3N_4$ 样品在 529.63eV 和 531.83eV，而 $Fe_3O_4/g\text{-}C_3N_4/TiO_2$ 出现在 529.38eV 和 531.43eV 处，其中 529.63eV 和 529.38eV 处的峰属于 $\alpha\text{-}Fe_3O_4$ 中的氧原子，而 531.83eV 和 531.43eV 处的峰归因于吸附的 O_2 中的氧原子。图 6-6(e) 为 Fe 2p 光电子能谱图，$Fe_3O_4/g\text{-}C_3N_4$ 的峰出现在 710.58eV 和 724.8eV，而 $Fe_3O_4/g\text{-}C_3N_4/TiO_2$ 的峰出现在 710.03eV 和 724.80eV，其中 710.58eV 和 710.03eV 的峰对应于 Fe $2p_{3/2}$，而 724.80eV 处的峰对应于 Fe $2p_{1/2}$。图 6-6(f) 为 Ti 2p 光电子能谱图，显示在 458.18eV 和 463.88eV 处的两个峰分别归因于 Ti $2p_{3/2}$ 和 Ti $2p_{1/2}$。因此，XPS 的结果可以说明 TiO_2 与 $Fe_3O_4/$

$g\text{-}C_3N_4$ 成功复合，各元素能量的细微变化说明 TiO_2 与 $g\text{-}C_3N_4$ 之间形成异质结，并非简单的物理混合。

6.2.5 光学性能分析

为了解 $Fe_3O_4/g\text{-}C_3N_4$ 与 $Fe_3O_4/g\text{-}C_3N_4/TiO_2$ 材料的光学性能、激发电子和空穴的重组情况，对样品进行了 PL 测试，如图 6-7 所示。

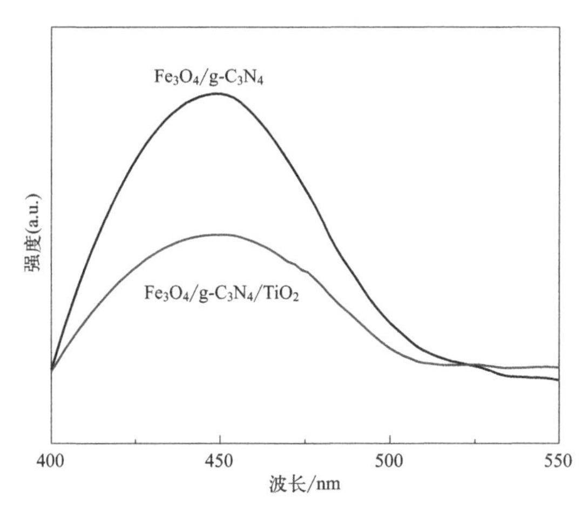

图 6-7 $g\text{-}C_3N_4$、$Fe_3O_4/g\text{-}C_3N_4$、$Fe_3O_4/g\text{-}C_3N_4/TiO_2$ 的 PL 光谱图

图 6-7 为在 315nm 的激发波长下得到的 $Fe_3O_4/g\text{-}C_3N_4$ 和 $Fe_3O_4/g\text{-}C_3N_4/TiO_2$ 样品的光致发光光谱图。从图中可以看出，$Fe_3O_4/g\text{-}C_3N_4$ 和 $Fe_3O_4/g\text{-}C_3N_4/TiO_2$ 样品在可见光波长范围内均出现了发射峰，与 $Fe_3O_4/g\text{-}C_3N_4$ 相比，$Fe_3O_4/g\text{-}C_3N_4/TiO_2$ 样品 PL 光谱峰强度明显降低，这说明材料经 TiO_2 的复合后，光生电子和空穴的重组受到了有效的抑制，参加光催化过程的可能性更高[3]，因此 $Fe_3O_4/g\text{-}C_3N_4/TiO_2$ 具有更好的光催化活性。

6.2.6 磁性能分析

通过 $Fe_3O_4/g\text{-}C_3N_4/TiO_2$ 样品的磁化曲线，分析了 $Fe_3O_4/g\text{-}C_3N_4/TiO_2$ 样品的磁性能，结果如图 6-8 所示。

图 6-8 为 $g\text{-}C_3N_4$ 和 $Fe_3O_4/g\text{-}C_3N_4/TiO_2$ 样品的 VSM 光谱图，由图可知，磁滞回线中没有发现磁滞、剩磁和矫顽力，可以认为样品具有超顺磁性，并且相比于 $g\text{-}C_3N_4$，$Fe_3O_4/g\text{-}C_3N_4/TiO_2$ 经复合后具有明显对称的磁化饱和值（0.13emu/g）的磁滞回线，能够在外加电场的作用下很容易被磁铁吸引，达到快速回收的目的。

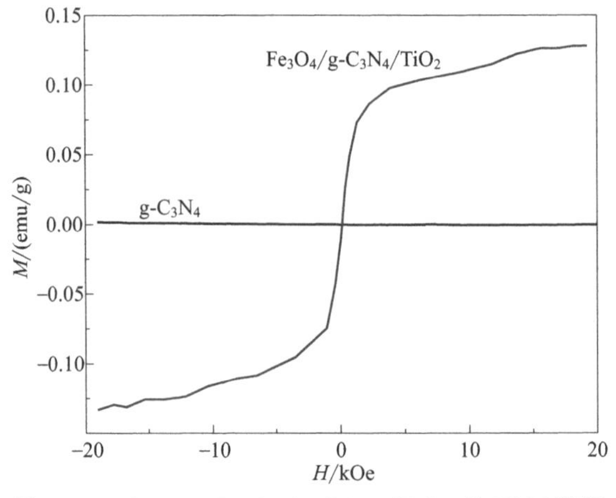

图 6-8 $g-C_3N_4$、$Fe_3O_4/g-C_3N_4/TiO_2$ 的 VSM 谱图

6.3 光催化性能分析

为考察最佳复合比例 $Fe_3O_4/g-C_3N_4/TiO_2$ 的降解活性，进行了催化降解实验。以 $g-C_3N_4$、$Fe_3O_4/g-C_3N_4$ 作对照，并以 RhB 的降解率作为考察的标准。光催化反应以 450W 的高压汞灯（配备 420nm 紫外截止滤光片）为可见光源，分别进行 $Fe_3O_4/g-C_3N_4/TiO_2$ 光催化降解 RhB 实验、$Fe_3O_4/g-C_3N_4/TiO_2$ 吸附 RhB 实验、$Fe_3O_4/g-C_3N_4$ 光催化降解 RhB 实验、$g-C_3N_4$ 降解 RhB 实验以及不添加样品的对照组，为减小误差，每组实验数据均取 3 次结果的平均值，降解结果如图 6-9 所示。

由图 6-9 可知，不添加样品的对照组可见光下吸光度没有明显变化，说明 RhB 光照下自身无法降解。在 $Fe_3O_4/g-C_3N_4/TiO_2$ 对 RhB 的吸附实验中，RhB 溶液前 60min 暗吸附阶段的吸光度值有明显的下降，而在给予光照后，RhB 溶液的吸光度并未发生明显的变化，说明 $Fe_3O_4/g-C_3N_4/TiO_2$ 样品在前 60min 的暗吸附阶段达到了吸附饱和状态。

在 $Fe_3O_4/g-C_3N_4/TiO_2$ 的光催化降解实验中，$Fe_3O_4/g-C_3N_4/TiO_2$ 样品在可见光下展现出优异的光催化活性，$Fe_3O_4/g-C_3N_4/TiO_2$ 在前 60min 的暗吸附阶段达到了吸附饱和状态，而在给予光照后，$Fe_3O_4/g-C_3N_4/TiO_2$ 样品对 RhB 的降解率不断增大，并且呈现减缓趋势。在光催化降解 100min 时，RhB 的降解效率达到 85.65%；在 120min 时，光催化效率达到最高，为 85.74%。而 $Fe_3O_4/g-C_3N_4$ 光催化 120min 降解率为 81.23%，$g-C_3N_4$ 光催化 120min 降解率为 54.86%。根据以上结果可知，Fe_3O_4 和 TiO_2 的引入能

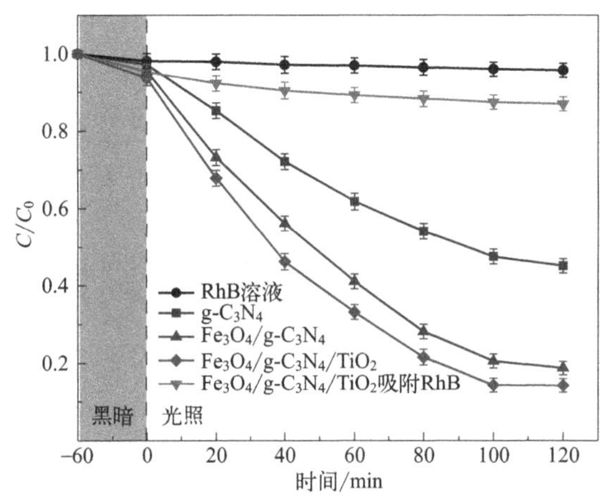

图 6-9 $Fe_3O_4/g\text{-}C_3N_4/TiO_2$ 的光催化活性测试

够显著提高 $g\text{-}C_3N_4$ 的光催化活性，$Fe_3O_4/g\text{-}C_3N_4/TiO_2$ 体系具有较好的光催化性能。

6.4 本章小结

通过水热反应制备 $Fe_3O_4/g\text{-}C_3N_4/TiO_2$ 复合材料，分析了 $Fe_3O_4/g\text{-}C_3N_4/TiO_2$ 样品的微观形貌、物质组成、元素价态、光学性质及磁性情况等，对样品进行了 SEM、XRD、XPS、FTIR、PL、VSM 测试，结果表明：经过复合，并未引入其他新的杂质；$Fe_3O_4/g\text{-}C_3N_4/TiO_2$ 与 $Fe_3O_4/g\text{-}C_3N_4$ 相比，粒径有所减小，且分布更为均匀，这有利于提供更多的活性位点；复合 TiO_2 后样品的衍射力增强，结晶性更好；并且通过对 $Fe_3O_4/g\text{-}C_3N_4/TiO_2$ 样品的磁滞回线的测试，发现样品具有较好的磁回收性能，方便多次利用。$Fe_3O_4/g\text{-}C_3N_4/TiO_2$ 材料光响应范围大大提高，使电子-空穴对的复合效率更低，光催化活性更强，对 RhB 的降解效果有了显著的提升。

参考文献

[1] Chen S J, Hu J P, Liu L, et al. Iron porphyrin-TiO_2 modulated peroxymonosulfate activation for efficient degradation of 2, 4, 6-trichlorophenol with high-valent iron-oxo species. Chemosphere, 2022, 309: 136744.

[2] Gokhan S, Erkan Y. $g\text{-}C_3N_4@TiO_2@Fe_3O_4$ multifunctional nanomaterial for magnetic solid-phase extraction and photocatalytic degradation-based removal of trimethoprim and isoniazid. ACS Omega, 2022, 7 (27): 23233.

[3] 李远勋，季甲．功能材料的制备与性能表征．西安：西安交通大学出版社，2018.

第7章 印迹型四氧化三铁、氮化碳和二氧化钛复合催化材料

在实际应用中多为高毒性、低浓度的污染物，催化剂无法对其进行选择性识别并降解。经研究发现，将分子印迹技术引入光催化材料的制备中，所制得的分子印迹聚合可以有效识别目标污染物，并进行吸附、降解，达到对高毒性、低浓度污染物的去除目的。分子印迹技术是一种分子专一性识别技术，能够与特定分子结合，快速、高效降解污染物，该技术在预先确定、实用性和选择性等方面都具有独特的优势。本章以金霉素（CTC）为模板分子、丙烯酸（AA）为功能单体、$Fe_3O_4/g\text{-}C_3N_4/TiO_2$ 为基底物，制备分子印迹型 $Fe_3O_4/g\text{-}C_3N_4/TiO_2$，并通过改变 CTC 与 AA 的摩尔比来确定 MIP-$Fe_3O_4/g\text{-}C_3N_4/TiO_2$ 的最佳复合比例。采用 SEM、TEM、XRD、FTIR、XPS、UV-vis DRS、PL、VSM、BET 表征方法对最佳复合比例下制得的材料进行测试，并对其微观形貌、物质组成、光学性质等信息进行分析。此外，为了考察材料的其他性能，进行了选择性和稳定性实验，通过自由基清除实验探究了各基团在光催化过程中的作用，并提出了可能的光催化反应机理。最后，经过单因素实验 CTC 的初始浓度、初始 pH 值、MIP-$Fe_3O_4/g\text{-}C_3N_4/TiO_2$ 添加量确定了 CTC 降解的最佳条件。

7.1 材料制备

印迹型 $Fe_3O_4/g\text{-}C_3N_4/TiO_2$ 的制备：首先将一定量 CTC 和 AA 加入乙腈溶液中，预组装 12h 后，加入 $Fe_3O_4/g\text{-}C_3N_4/TiO_2$、二乙烯基苯（DVB）和偶氮二异丁腈（AIBN）；在 65℃水浴 12h 前，用氮气浸泡 15min 去除氧气，然后密封；最后，将收集到的固体反复用甲醇洗涤，直到没有检测到 CTC，然后在真空烘箱中在 80℃下干燥 12h，得到印迹型 $Fe_3O_4/g\text{-}C_3N_4/TiO_2$ 材料（MIP-$Fe_3O_4/g\text{-}C_3N_4/TiO_2$）。具体制备过程如图 7-1 所示。为了进行比较，

采用相同的程序但未添加模板分子 CTC 合成了无模板分子的非印迹型 $Fe_3O_4/g\text{-}C_3N_4/TiO_2$ 材料（NIP-$Fe_3O_4/g\text{-}C_3N_4/TiO_2$）。

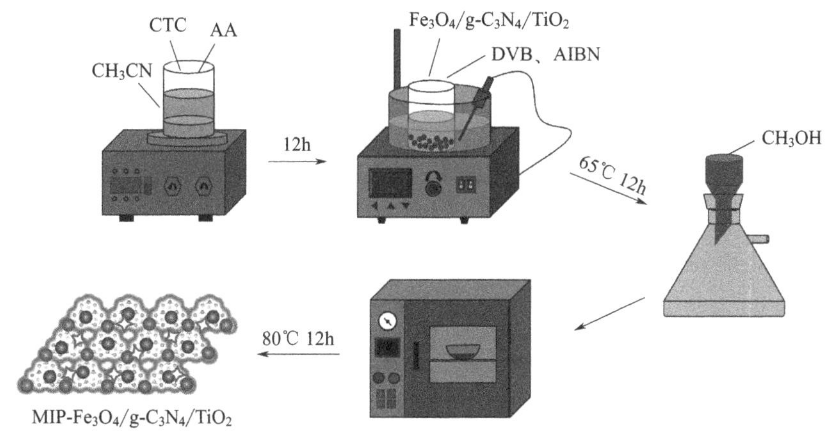

图 7-1　MIP-$Fe_3O_4/g\text{-}C_3N_4/TiO_2$ 的制备示意图

7.2 特性分析

7.2.1 表面形貌分析

为分析 MIP-$Fe_3O_4/g\text{-}C_3N_4/TiO_2$ 样品的表面形貌，对样品进行了 SEM 测试，如图 7-2 所示。

(a) $g\text{-}C_3N_4$　(b) $Fe_3O_4/g\text{-}C_3N_4/TiO_2$　(c) MIP-$Fe_3O_4/g\text{-}C_3N_4/TiO_2$ 的SEM图

图 7-2　样品的 SEM 图

图 7-2 为 500nm 比例尺下 $g\text{-}C_3N_4$、$Fe_3O_4/g\text{-}C_3N_4/TiO_2$ 和 MIP-$Fe_3O_4/g\text{-}C_3N_4/TiO_2$ 的扫描电镜图像，其中图（a）为 $g\text{-}C_3N_4$，可以清晰地看出 $g\text{-}C_3N_4$ 是一种典型的薄片状结构，表面光滑，并且存在少量颗粒状的 $g\text{-}C_3N_4$ 尚未生成层状结构；图（b）为 $Fe_3O_4/g\text{-}C_3N_4/TiO_2$，从图中可以看出，$g\text{-}C_3N_4$ 表面覆盖着球状和棒状的颗粒，结果表明，Fe_3O_4 和 TiO_2 在 $g\text{-}C_3N_4$

表面均匀聚集，各颗粒形状不一，多数为球状，其余为不规则块状；图（c）为 MIP-Fe_3O_4/g-C_3N_4/TiO_2，可以发现印迹过后样品产生了相似的形态，存在的差异是由印迹层引起的，MIP-Fe_3O_4/g-C_3N_4/TiO_2 表面光滑但有少量的团聚，从图中可知样品的粒径略有减小，且分布更加均匀，这会使比表面积增加，光催化活性增强。

为了解样品的元素分布，对其进行了 EDS 能谱测试，结果如图 7-3 所示。可以发现，MIP-Fe_3O_4/g-C_3N_4/TiO_2 存在 C、N、O、Ti、Fe 五种元素，且分布较为均匀。EDS 能谱中 C、N、O、Ti、Fe 的峰较强，其余的弱峰可能是来自喷金处理的 Au、样品台中的 Cu 等。结合上述 XRD 结果，证明 MIP-Fe_3O_4/g-C_3N_4/TiO_2 被成功制备。

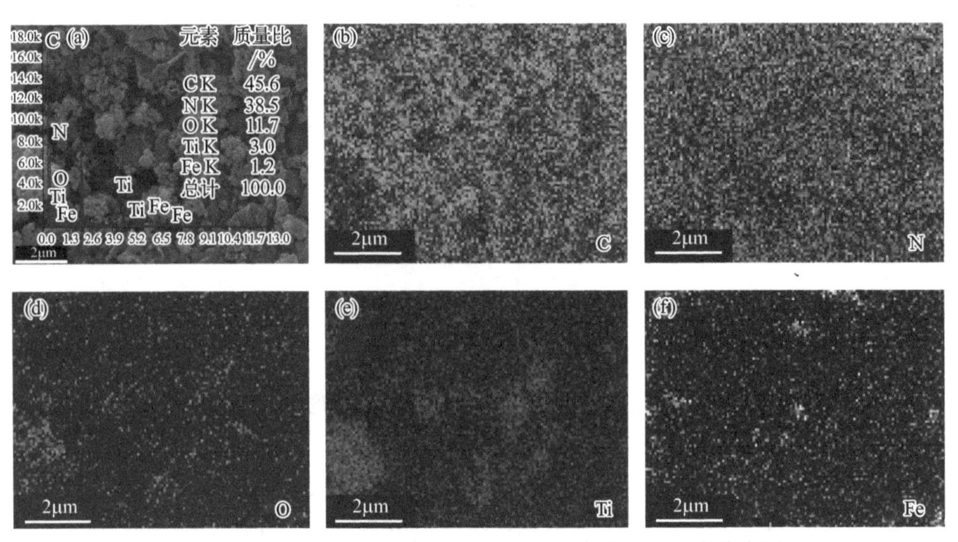

图 7-3 MIP-Fe_3O_4/g-C_3N_4/TiO_2 的元素含量及元素分布图

（a）总元素分布；（b）C；（c）N；（d）O；（e）Ti；（f）Fe

7.2.2 内部结构分析

为分析 MIP-Fe_3O_4/g-C_3N_4/TiO_2 的纳米结构及异质结构建情况，对样品进行了 TEM 测试，结果如图 7-4 所示。

图 7-4 为 MIP-Fe_3O_4/g-C_3N_4/TiO_2 样品 5nm 下的 TEM 透射电镜图像，其中图（a）可以看出 Fe_3O_4 和 TiO_2（暗球形）在二维 g-C_3N_4 表面图层紧密，分散性良好。图（b）为 MI-FCT 的 HR-TEM 图像，相邻两条条纹的平面间距分别为 0.26nm、0.353nm 和 0.315nm，各条纹平滑均匀，且相交，分别对应于 Fe_3O_4 的（311）平面、TiO_2 的（101）平面和 g-C_3N_4 的（002）

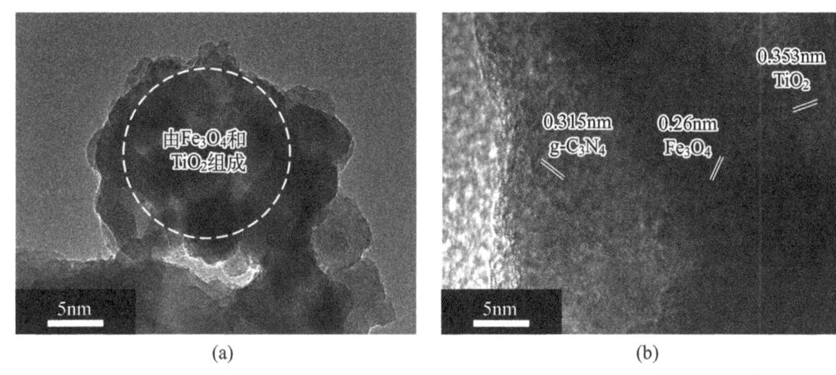

(a) (b)

图 7-4 MIP-Fe_3O_4/g-C_3N_4/TiO_2 的 TEM 图像（a）及 HR-TEM 图像（b）

平面。这证实了 Fe_3O_4、TiO_2 和 g-C_3N_4 薄片之间异质结的成功构建。综上所述，印迹层不会影响 MIP-Fe_3O_4/g-C_3N_4/TiO_2 的原始结构。

7.2.3 物相结构分析

为了解 MIP-Fe_3O_4/g-C_3N_4/TiO_2 和 NIP-Fe_3O_4/g-C_3N_4/TiO_2 的物相组成，对其进行了 XRD 测试，并且与 g-C_3N_4、Fe_3O_4/g-C_3N_4/TiO_2 结果进行了对比，如图 7-5 所示。

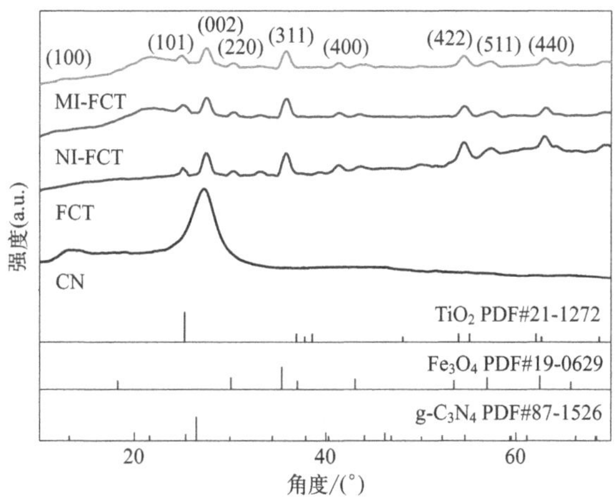

图 7-5 g-C_3N_4、Fe_3O_4/g-C_3N_4/TiO_2、NIP-Fe_3O_4/g-C_3N_4/TiO_2、MIP-Fe_3O_4/g-C_3N_4/TiO_2 的 X 射线衍射图

图 7-5 为 g-C_3N_4、Fe_3O_4/g-C_3N_4/TiO_2、NIP-Fe_3O_4/g-C_3N_4/TiO_2 和 MIP-Fe_3O_4/g-C_3N_4/TiO_2 的 XRD 图谱，从图中可以看出，MIP-Fe_3O_4/g-C_3N_4/TiO_2 分别在 $2\theta=13.49°$、25.17°、27.21°、30.23°、35.61°、41.47°、

53.77°、57.25°、62.83°处出现衍射峰，其中13.49°和27.21°处观察到的特征峰归因于 g-C_3N_4 的（100）和（002）晶体平面（PDF＃87-1526）[1]，30.23°、35.61°、41.47°、53.77°、57.25°、62.83°处出现的衍射峰源于 Fe_3O_4 的（220）、（311）、（400）、（422）、（511）、（440）晶面（PDF＃19-0629），而25.17°处的峰则对应于 TiO_2 的（101）晶面（PDF＃21-1272）。对比 Fe_3O_4/g-C_3N_4/TiO_2、NIP-Fe_3O_4/g-C_3N_4/TiO_2 和 MIP-Fe_3O_4/g-C_3N_4/TiO_2 样品的XRD图谱，除了峰强度略有降低，没有其他明显变化，说明印迹过后不会影响材料的结构，且未引入新的杂质。g-C_3N_4 与其他三个样品相比，峰值明显降低，这是由于复合和印迹使材料中 g-C_3N_4 的比例变小的原因。

7.2.4 官能团分析

为了解 MIP-Fe_3O_4/g-C_3N_4/TiO_2 的成键方式及官能团组成，对样品进行了FTIR测试，并且与 Fe_3O_4/g-C_3N_4/TiO_2、NIP-Fe_3O_4/g-C_3N_4/TiO_2 进行了对比，结果如图7-6所示。

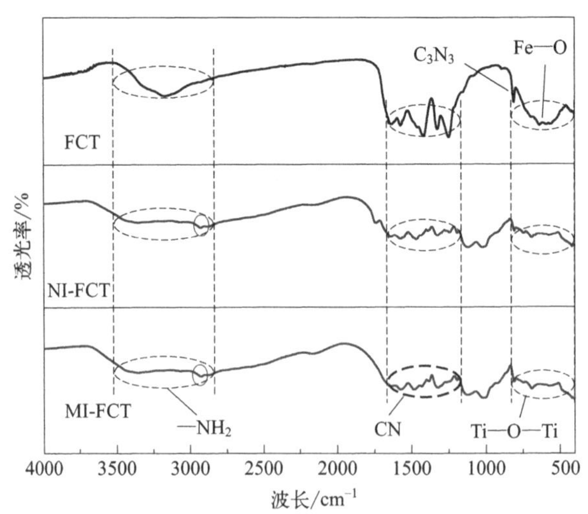

图7-6 Fe_3O_4/g-C_3N_4/TiO_2、NIP-Fe_3O_4/g-C_3N_4/TiO_2 和 MIP-Fe_3O_4/g-C_3N_4/TiO_2 的红外光谱图

图7-6显示的是 Fe_3O_4/g-C_3N_4/TiO_2、NIP-Fe_3O_4/g-C_3N_4/TiO_2 和 MIP-Fe_3O_4/g-C_3N_4/TiO_2 的红外光谱图。由图可知，样品在500～800cm^{-1} 处的振动峰归因于Ti—O—Ti或Ti—O键；在614cm^{-1} 处的峰值与Fe—O键有关；810cm^{-1} 处的峰是s-三嗪（C_3N_3）单元引起的[2]；1200～

$1700cm^{-1}$ 处的峰对应于杂环碳氮单键和碳氮双键；而 $3100 \sim 3600cm^{-1}$ 处出现的衍射峰源于O—H键和N—H键。此外，在 $2950cm^{-1}$（C—H键）处的峰值表明存在分子印迹多聚物。印迹后样品的峰强度有所减弱是由于印迹层的存在引起的，并且MIP-Fe_3O_4/g-C_3N_4/TiO_2 和 NIP-Fe_3O_4/g-C_3N_4/TiO_2 的峰值重合，说明CTC模板分子已成功去除。上述结果与EDS分析结果一致，说明MIP-Fe_3O_4/g-C_3N_4/TiO_2 被成功制备，且印迹后并不影响材料的原始化学键和官能团。

7.2.5 元素分析

为了解 Fe_3O_4/g-C_3N_4、Fe_3O_4/g-C_3N_4/TiO_2 和 MIP-Fe_3O_4/g-C_3N_4/TiO_2 的元素价态等信息，对样品进行了XPS测试，结果如图7-7所示。

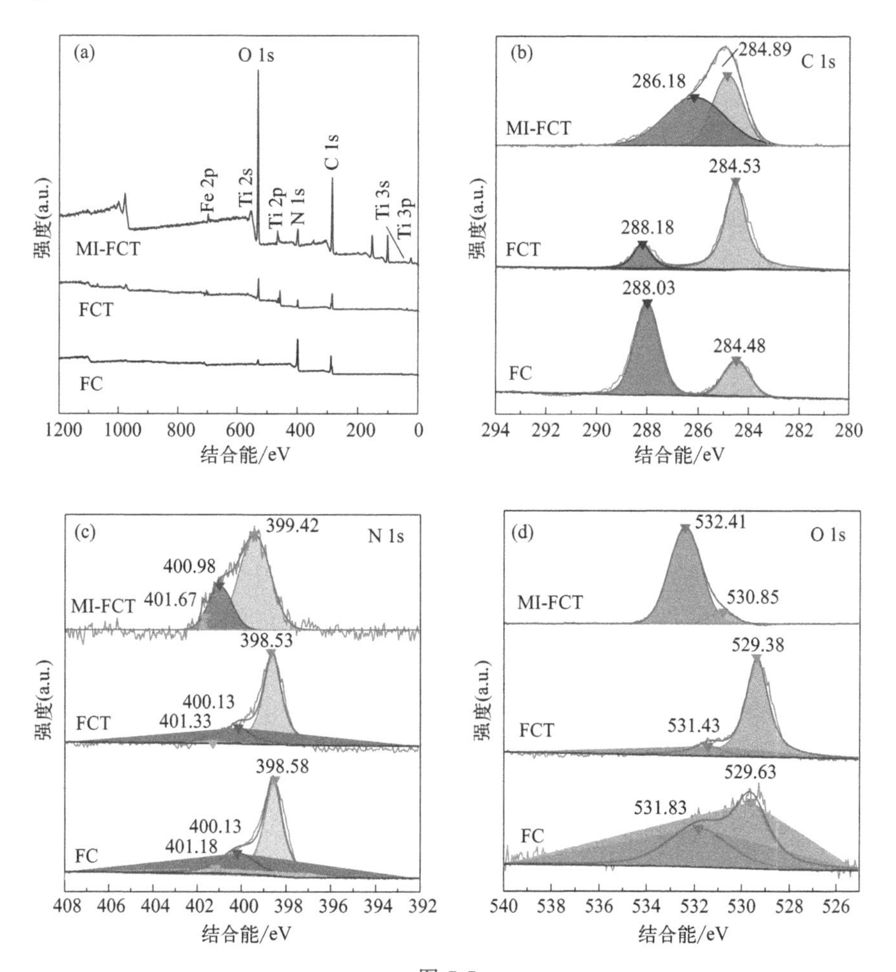

图7-7

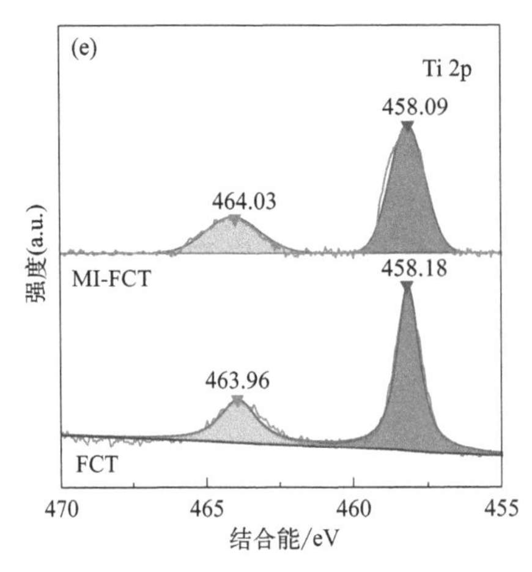

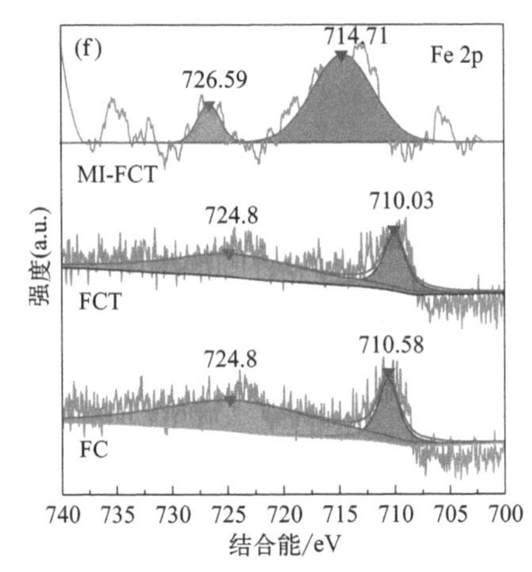

图 7-7 样品的 XPS 全谱图和 C 1s、N 1s、O 1s、Ti 2p 和 Fe 2p 的高分辨率 XPS 光谱图

(a) Fe_3O_4/g-C_3N_4、Fe_3O_4/g-C_3N_4/TiO_2 和 MIP-Fe_3O_4/g-C_3N_4/TiO_2 的 XPS 全谱图；

(b) ～ (f) C 1s、N 1s、O 1s、Ti 2p 和 Fe 2p 的高分辨率 XPS 光谱图

图 7-7(a) 为 Fe_3O_4/g-C_3N_4、Fe_3O_4/g-C_3N_4/TiO_2 和 MIP-Fe_3O_4/g-C_3N_4/TiO_2 的 XPS 全谱图，由图中信息可知，Fe_3O_4/g-C_3N_4 样品存在 C、N、Fe、O 四种元素，Fe_3O_4/g-C_3N_4/TiO_2 和 MIP-Fe_3O_4/g-C_3N_4/TiO_2 样品存在 C、N、Fe、O、Ti 五种元素，这与 EDS 结果一致，说明 MIP-Fe_3O_4/g-C_3N_4/TiO_2 材料被成功制备，且样品较为纯净。图 7-7(b) 为 C 1s 光电子能谱图，由图可以看出，各样品中 C 的振动峰有两个，其中 284.48eV、284.53eV 和 284.89eV 处的峰归因于表面非晶碳的 C—C 配合，288.03eV、288.18eV 和 286.18eV 处的特征峰与 g-C_3N_4 的 N—C＝N 中的 C 键（sp^3）有关。图 7-7(c) 为 N 1s 光电子能谱图，其可以被分峰拟合为三个峰，其中 398.58eV、398.53eV 和 399.42eV 处的峰对应于碳氮双键中 sp^2 杂化的 N 原子，400.13eV 和 400.98eV 处的峰归因于碳氮单键中 sp^3 杂化的 N 原子，401.18eV、401.33eV 和 401.67eV 处的特征峰对应于伯胺 N 原子（C—N—H）。图 7-7(d) 为 O 1s 光电子能谱图，O 的振动峰可以被分峰拟合为两个峰，Fe_3O_4/g-C_3N_4 样品在 529.63eV 和 531.83eV 处、Fe_3O_4/g-C_3N_4/TiO_2 出现在 529.38eV 和 531.43eV 处，而 MIP-Fe_3O_4/g-C_3N_4/TiO_2 出现在 530.85eV 和 532.41eV 处，其中 529.63eV、529.38eV 和 530.85eV 处的峰与 α-Fe_3O_4 中的氧原子和二氧化钛中的 Ti—O 键有关，531.83eV、531.43eV 和 532.41eV 处的峰归因于 Ti—OH 键中的 O—H 基团和吸附空气中的氧原子。图 7-7(e) 为 Ti 2p 光电子能谱图，Fe_3O_4/g-C_3N_4/TiO_2 和 MIP-Fe_3O_4/g-C_3N_4/TiO_2 样品分别在 463.96eV、458.18eV 和 464.03eV、458.09eV 出现

特征峰，463.96eV 和 464.03eV 的峰对应于 Ti $2p_{1/2}$，458.18eV 和 458.09eV 的峰对应于 Ti $2p_{3/2}$。图 7-7(f) 为 Fe 2p 光电子能谱图，该特征峰可被分解为两个峰，其中 710.58eV、710.03eV 和 714.71eV 处的振动峰属于 Fe $2p_{1/2}$，而 724.80eV 和 726.59eV 处的峰属于 Fe $2p_{3/2}$。XPS 结果与之前 XRD 和 EDS 结果一致，说明 MIP-Fe_3O_4/g-C_3N_4/TiO_2 样品成功制备。此外，结合能的微小变化表明电子态发生了变化，这可能是由于分子印迹层的引入。

7.2.6 光学性能分析

样品对光的利用效率直接影响材料的光降解活性，为了解各样品对可见光的吸收性能及带隙宽度，进行了 UV-vis DRS 测试，结果如图 7-8 所示。

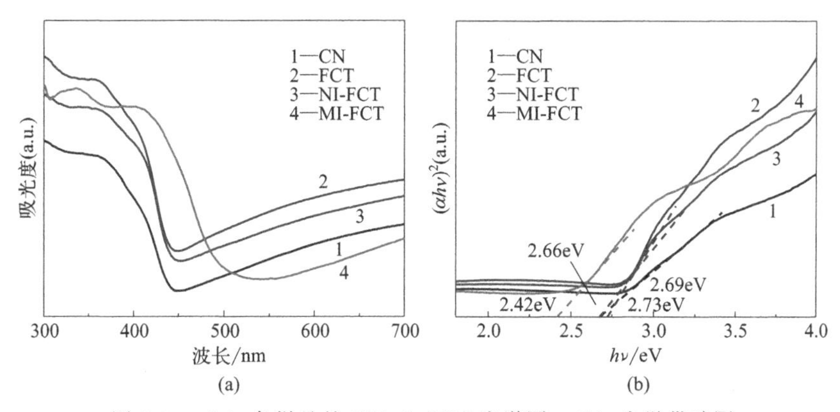

图 7-8 (a) 各样品的 UV-vis DRS 光谱图；(b) 光学带隙图

为了分析 g-C_3N_4、Fe_3O_4/g-C_3N_4/TiO_2、NIP-Fe_3O_4/g-C_3N_4/TiO_2 和 MIP-Fe_3O_4/g-C_3N_4/TiO_2 的光学特性，样品的 UV-vis DRS 光谱图和光学带隙图如图 7-8(a) 和 (b) 所示。由图中可知，g-C_3N_4 的吸收边缘约为 455nm，Fe_3O_4/g-C_3N_4/TiO_2 的吸收波长固定在 518nm 左右，远远大于 g-C_3N_4，可以吸收更多的可见光。同时，NIP-Fe_3O_4/g-C_3N_4/TiO_2 和 MIP-Fe_3O_4/g-C_3N_4/TiO_2 的吸收波长减小，表明印迹层可以提高漫反射率，降低光的吸收能力[3]。根据公式(7-1)，利用 $(\alpha h\nu)^2$ 对 $h\nu$ 作图，曲线的切线与 X 轴交点即为样品的带隙能：

$$(\alpha h\nu)^{\frac{1}{n}}=A(h\nu-E_g) \tag{7-1}$$

式中 α——摩尔吸收系数；

h——普朗克常数，$4.1356676969\times10^{-15}$ eV·s；

ν——入射光子频率；

n——常数，直接带隙半导体材料 n 取 1/2；

A——比例常数；

E_g——半导体光学带隙。

由图 7-8（b）可得，$g\text{-}C_3N_4$、$Fe_3O_4/g\text{-}C_3N_4/TiO_2$、NIP-$Fe_3O_4/g\text{-}C_3N_4/TiO_2$ 和 MIP-$Fe_3O_4/g\text{-}C_3N_4/TiO_2$ 的带隙能量分别为 2.69eV、2.73eV、2.66eV 和 2.42eV。说明经印迹后，材料的带隙在一定程度上有所减小。所有的研究结果表明，所制备的样品可以拓宽 $g\text{-}C_3N_4$ 的可见光响应。

为了解 $g\text{-}C_3N_4$、$Fe_3O_4/g\text{-}C_3N_4/TiO_2$ 和 MIP-$Fe_3O_4/g\text{-}C_3N_4/TiO_2$ 材料的光学性能、激发电子和空穴的重组情况，对材料进行了 PL 测试，如图 7-9 所示。

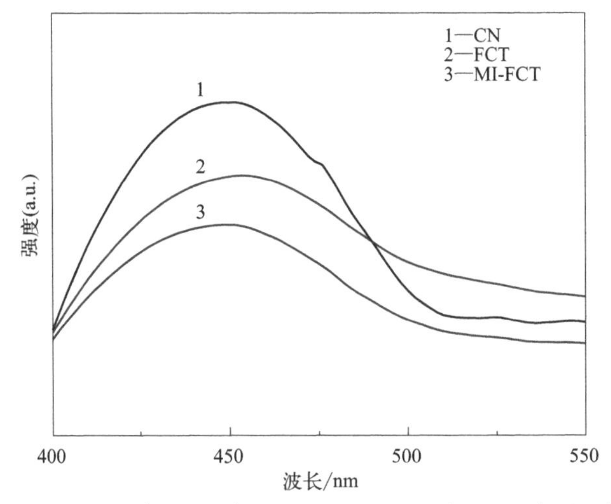

图 7-9　$g\text{-}C_3N_4$、$Fe_3O_4/g\text{-}C_3N_4/TiO_2$、MIP-$Fe_3O_4/g\text{-}C_3N_4/TiO_2$ 的 PL 光谱图

图 7-9 为在激发波长为 315nm 下得到的 $g\text{-}C_3N_4$、$Fe_3O_4/g\text{-}C_3N_4/TiO_2$ 和 MIP-$Fe_3O_4/g\text{-}C_3N_4/TiO_2$ 样品的光致发光光谱图。从图中可以看出，各样品在 440～470nm 之间有一个主峰，峰的强度与电子-空穴对的分离效率有关。$Fe_3O_4/g\text{-}C_3N_4/TiO_2$ 的 PL 强度低于 $g\text{-}C_3N_4$，说明复合对电子-空穴对的重组产生抑制作用，增强了电子和空穴的利用率。与 $g\text{-}C_3N_4$ 相比，MIP-$Fe_3O_4/g\text{-}C_3N_4/TiO_2$ 的强度进一步受到抑制，表明分子印迹层可以促进电子和空穴的分离。

7.2.7 磁性能分析

通过 MIP-$Fe_3O_4/g\text{-}C_3N_4/TiO_2$ 样品的磁化曲线，分析了样品的磁性能，结果如图 7-10 所示。

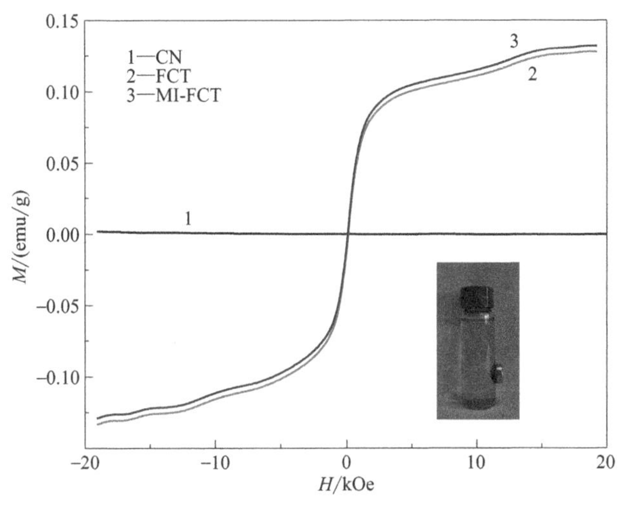

图 7-10 $g-C_3N_4$、$Fe_3O_4/g-C_3N_4/TiO_2$ 和 $MIP-Fe_3O_4/g-C_3N_4/TiO_2$ 的 VSM 谱图

图 7-10 为 $g-C_3N_4$、$Fe_3O_4/g-C_3N_4/TiO_2$ 和 $MIP-Fe_3O_4/g-C_3N_4/TiO_2$ 样品的磁滞回线，可以发现经过 Fe_3O_4 复合后，样品具有明显对称的磁化饱和值（0.13emu/g）的磁滞回线，并且经过印迹后，磁强度没有明显下降，说明样品能够很容易被磁铁吸引，达到快速回收的目的。图中的插图为通过磁性回收 $MIP-Fe_3O_4/g-C_3N_4/TiO_2$ 样品后的溶液，以上结果表明，$MIP-Fe_3O_4/g-C_3N_4/TiO_2$ 样品具有良好磁性，方便后续回收。

7.2.8 比表面积分析

为了分析各样品的比表面积及孔径分布，进行了 BET 分析，结果如图 7-11 所示，孔性质见表 7-1。

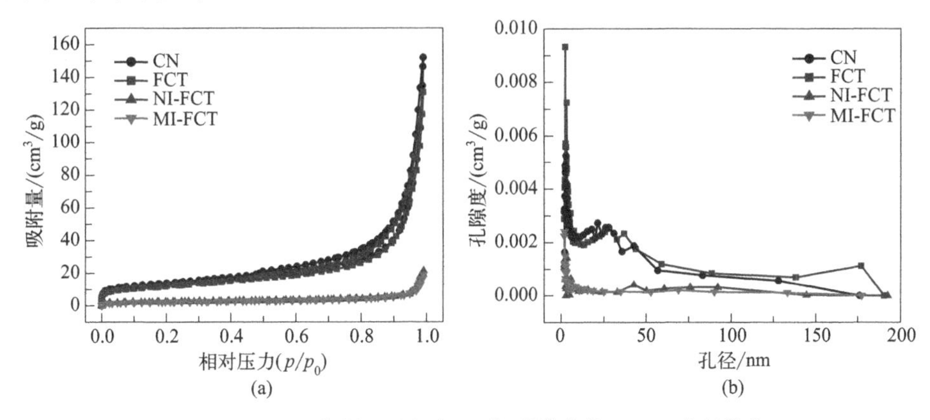

图 7-11 （a）各样品的氮气吸附-脱附曲线；（b）孔径分布

表 7-1 $g\text{-}C_3N_4$、$Fe_3O_4/g\text{-}C_3N_4/TiO_2$、NIP-$Fe_3O_4/g\text{-}C_3N_4/TiO_2$ 和 MIP-$Fe_3O_4/g\text{-}C_3N_4/TiO_2$ 孔性质

样品	比表面积/(m^2/g)	平均孔径/nm	孔隙体积/(cm^3/g)
CN	45.5990	20.2899	0.2352
FCT	41.9148	19.1436	0.2020
NI-FCT	30.1038	17.6519	0.1089
MI-FCT	31.8088	17.5026	0.1083

从图 7-11(a) 可以发现，各样品在低压区的吸附量较少，吸附气体量随相对压力的增加而上升。由于存在磁滞回线，吸附-脱附等温线表现为经典的Ⅳ型，表明该纳米复合材料为介孔材料，且纳米颗粒有团聚现象。由图 7-11(b) 和表 7-1 可知，$Fe_3O_4/g\text{-}C_3N_4/TiO_2$ 的比表面积和孔隙体积相比于 $g\text{-}C_3N_4$ 略有下降，原因是四氧化三铁和二氧化钛颗粒在 $g\text{-}C_3N_4$ 表面聚集。然而经印迹后，NIP-$Fe_3O_4/g\text{-}C_3N_4/TiO_2$（比表面积为 30.1038$m^2/g$，孔隙体积为 0.1089$cm^3/g$）和 MIP-$Fe_3O_4/g\text{-}C_3N_4/TiO_2$（比表面积为 31.8088$m^2/g$；孔隙体积为 0.1083$cm^3/g$）的比表面积和孔隙体积相比于 $Fe_3O_4/g\text{-}C_3N_4/TiO_2$ 有所下降，是由于印迹聚合物可能会堵塞 $Fe_3O_4/g\text{-}C_3N_4/TiO_2$ 表面。

7.3 光催化性能分析

7.3.1 光催化活性测试

为考察所制得的 MIP-$Fe_3O_4/g\text{-}C_3N_4/TiO_2$ 材料的光降解活性，对其进行了光催化活性实验，并且与商品化 TiO_2(P25)、$g\text{-}C_3N_4$、$Fe_3O_4/g\text{-}C_3N_4/TiO_2$、NIP-$Fe_3O_4/g\text{-}C_3N_4/TiO_2$ 作对比，并以 CTC 的降解率来考察 MIP-$Fe_3O_4/g\text{-}C_3N_4/TiO_2$ 的光催化活性。光催化反应以 450W 的高压汞灯（配备 420nm 紫外截止滤光片）为可见光光源，为减小误差，每组实验数据均取 3 次结果的平均值，降解结果如图 7-12 所示。

由图 7-12 能够发现，不添加样品的对照组 CTC 溶液在可见光下吸光度没有明显变化，说明 CTC 溶液自身不能分解。MIP-$Fe_3O_4/g\text{-}C_3N_4/TiO_2$ 吸附 CTC 反应中，前 60min 的避光处理使 CTC 溶液的吸光度值明显下降，而继续增加时间，吸光度变化极小，说明 MIP-$Fe_3O_4/g\text{-}C_3N_4/TiO_2$ 在 CTC 溶液中暗反应 60min 达到了吸附饱和状态。

在 MIP-$Fe_3O_4/g\text{-}C_3N_4/TiO_2$ 的光催化实验中，MIP-$Fe_3O_4/g\text{-}C_3N_4/$

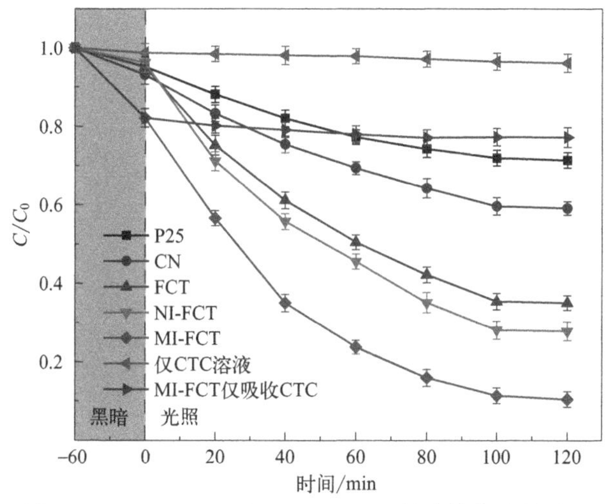

图 7-12　MIP-Fe_3O_4/g-C_3N_4/TiO_2 的光催化活性测试

TiO_2 样品在可见光下表现出良好的光降解活性，在前 60min 暗反应阶段吸附效率达到 17.81%，给予光照后，MIP-Fe_3O_4/g-C_3N_4/TiO_2 对 CTC 的降解率不断增加，但呈现减缓的趋势。在光照 120min 后，降解率达到 89.52%，而 NIP-Fe_3O_4/g-C_3N_4/TiO_2 对 CTC 的降解效率为 72.15%，Fe_3O_4/g-C_3N_4/TiO_2 的降解效率为 64.93%，g-C_3N_4 的降解效率为 40.87%，P25 的降解效率为 28.57%，可以发现所制备样品的降解效率均明显高于 P25。由以上结果可以认为，经印迹后的样品，光催化活性有明显的提高，MIP-Fe_3O_4/g-C_3N_4/TiO_2 体系具有较好的光催化性能。

7.3.2　动力学分析

为分析样品的光催化降解过程是否符合一级反应动力学方程，进行了动力学分析，动力学方程的准一级反应式为[4]：

$$-\ln(C/C_0)=kt \tag{7-2}$$

式中　C——t 时刻目标溶液的浓度，mg/L；

C_0——目标溶液初始浓度，mg/L；

k——反应速率常数，min^{-1}；

t——反应时间，min。

由图 7-13 可知，g-C_3N_4、Fe_3O_4/g-C_3N_4/TiO_2、NIP-Fe_3O_4/g-C_3N_4/TiO_2、MIP-Fe_3O_4/g-C_3N_4/TiO_2 和 P25 的线性相关系数 R^2 分别为 0.9916、0.9961、0.9944、0.9972、0.9668，这说明各样品对 CTC 溶液的降解均符合

一级动力学方程。

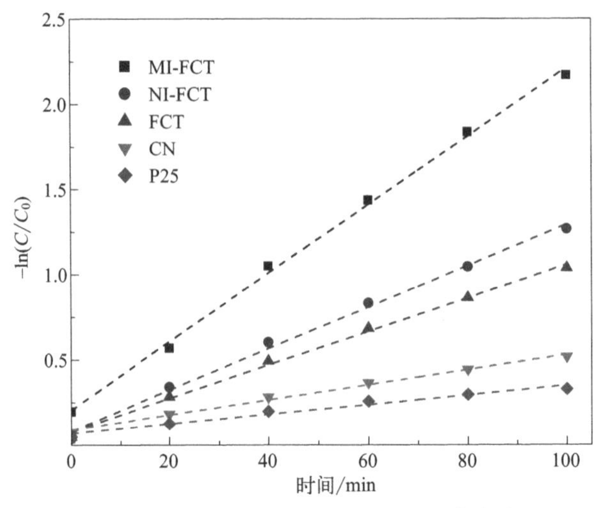

图 7-13　各样品降解 CTC 动力学拟合曲线

其中，$g\text{-}C_3N_4$、$Fe_3O_4/g\text{-}C_3N_4/TiO_2$、NIP-$Fe_3O_4/g\text{-}C_3N_4/TiO_2$、MIP-$Fe_3O_4/g\text{-}C_3N_4/TiO_2$ 和 P25 对 CTC 的降解速率常数 k 值与线性相关系数 R^2 值如表 7-2 所示。

表 7-2　各样品光催化降解动力学参数

样品	k/min^{-1}	R^2
P25	0.0028	0.9668
$g\text{-}C_3N_4$	0.0044	0.9916
$Fe_3O_4/g\text{-}C_3N_4/TiO_2$	0.0098	0.9961
NIP-$Fe_3O_4/g\text{-}C_3N_4/TiO_2$	0.0121	0.9944
MIP-$Fe_3O_4/g\text{-}C_3N_4/TiO_2$	0.0201	0.9972

从表 7-2 可知，MIP-$Fe_3O_4/g\text{-}C_3N_4/TiO_2$ 降解速率最高，$k=0.0201$，其次是 NIP-$Fe_3O_4/g\text{-}C_3N_4/TiO_2$ 和 $Fe_3O_4/g\text{-}C_3N_4/TiO_2$，说明 MIP-$Fe_3O_4/g\text{-}C_3N_4/TiO_2$ 对 CTC 的降解速率最快，反应最迅速，这是由于样品中的印迹层能够快速识别 CTC 分子。$g\text{-}C_3N_4$ 的 k 值略高于 P25，说明相比于 P25，制备的 $g\text{-}C_3N_4$ 仍具有较好的光催化性能。MIP-$Fe_3O_4/g\text{-}C_3N_4/TiO_2$ 的 k 值约为 $g\text{-}C_3N_4$ 的 5 倍，说明复合和印迹对 $g\text{-}C_3N_4$ 光性能的提升有显著作用，所制备的 MIP-$Fe_3O_4/g\text{-}C_3N_4/TiO_2$ 复合材料有良好的发展前景。

7.3.3 选择性及稳定性分析

7.3.3.1 选择性实验

由于四环素（TC）与CTC分子结构相似，都属于四环素类抗生素，为了探究所制备MIP-Fe_3O_4/g-C_3N_4/TiO_2的选择性光催化性能，将MIP-Fe_3O_4/g-C_3N_4/TiO_2和NIP-Fe_3O_4/g-C_3N_4/TiO_2用于光催化降解CTC、TC和RhB，通过对CTC、TC和RhB降解率的分析，考察MIP-Fe_3O_4/g-C_3N_4/TiO_2的特异性识别能力。光催化反应以450W汞灯为光源（配备420nm紫外截止滤光片），催化剂投加量为1.0g/L，TC浓度为20.0mg/L，实验结果如图7-14所示。

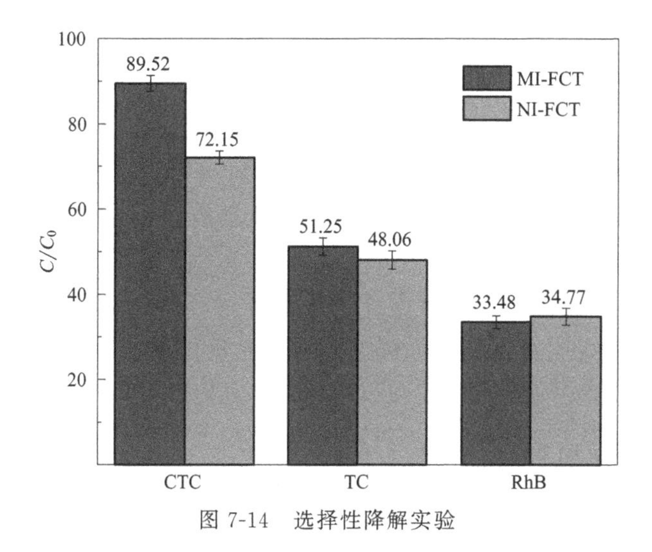

图7-14 选择性降解实验

图7-14为MIP-Fe_3O_4/g-C_3N_4/TiO_2和NIP-Fe_3O_4/g-C_3N_4/TiO_2对CTC、TC、RhB的降解结果。由图可知，MIP-Fe_3O_4/g-C_3N_4/TiO_2和NIP-Fe_3O_4/g-C_3N_4/TiO_2对CTC的降解率为89.52%和72.15%；对TC的降解率为51.25%和48.06%；对RhB的降解率为33.48%和34.77%。造成上述现象的原因是MIP-Fe_3O_4/g-C_3N_4/TiO_2材料表面存在CTC印迹空穴，可以快速吸附CTC分子，达到降解的目的。对TC的降解率高于RhB可能是由于TC分子结构类似于CTC，导致TC的去除率较高[5]。以上结果说明分子印迹修饰具有较好的位点识别能力，能够提高对特定污染物的选择性降解性能。

7.3.3.2 稳定性实验

稳定性是评价光催化性能的重要因素，为了分析MIP-Fe_3O_4/g-C_3N_4/

TiO_2 材料的稳定性，进行了 MIP-Fe_3O_4/g-C_3N_4/TiO_2 降解 CTC 的 5 次连续循环实验，并对每次循环后的样品进行了 XRD 测试，结果如图 7-15 所示。

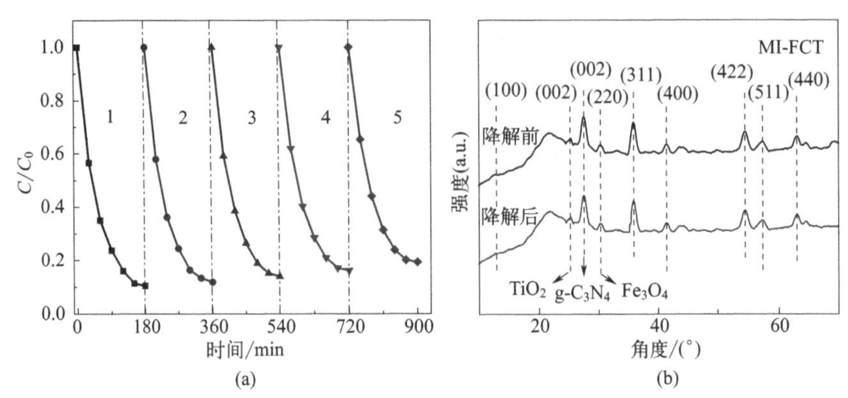

图 7-15 (a) MIP-Fe_3O_4/g-C_3N_4/TiO_2 降解 CTC 的循环实验；(b) 降解前后的 XRD 谱图

由图 7-15(a) 可知，从第 1 次到第 5 次循环实验，CTC 的降解效率仅降低了 8.81%，说明分子印迹聚合物能够有效地抑制光催化剂的腐蚀，即 MIP-Fe_3O_4/g-C_3N_4/TiO_2 具有良好的稳定性。MIP-Fe_3O_4/g-C_3N_4/TiO_2 表面的 CTC 残留可能会降低活性位点。MIP-Fe_3O_4/g-C_3N_4/TiO_2 在每次循环实验后的 XRD 分析如图 7-15(b) 所示。能够发现，经过循环试验后，所有的特征峰都没有变化，说明经过 5 次循环实验后，光催化剂的结构没有被破坏。因此，MIP-Fe_3O_4/g-C_3N_4/TiO_2 可以被认为是一种稳定的光催化剂。

7.3.4 光催化机理分析

7.3.4.1 自由基清除实验

为探究 MIP-Fe_3O_4/g-C_3N_4/TiO_2 样品降解过程中的主要活性基团，进行自由基清除实验。通常情况下，有机物被光解过程中主要有三种活性基团参与反应，包括 ·OH、h^+ 和 ·O_2^- 等。本研究叔丁醇（*t*-BuOH）、乙二胺四乙酸二钠（EDTA-2Na）和对苯醌（BQ），分别作为 ·OH、h^+ 和 ·O_2^- 的清除剂，实验结果如图 7-16 所示。

由图可知，在未添加清除剂时，光催化反应达到平衡时 MIP-Fe_3O_4/g-C_3N_4/TiO_2 的降解率为 89.52%，添加 ·O_2^- 清除剂 BQ 后，样品的降解效率变为 30.35%；添加 ·OH 清除剂 *t*-BuOH 后，样品的降解率降为 20.81%；添加 h^+ 清除剂 EDTA-2Na 后，样品的降解率降为 73.21%。从上述结果可以看出，BQ 和 *t*-BuOH 对光催化反应抑制作用最强，说明 ·O_2^- 和 ·OH 是光降解过程中的主要作用基团，而 h^+ 作用较小[6]。

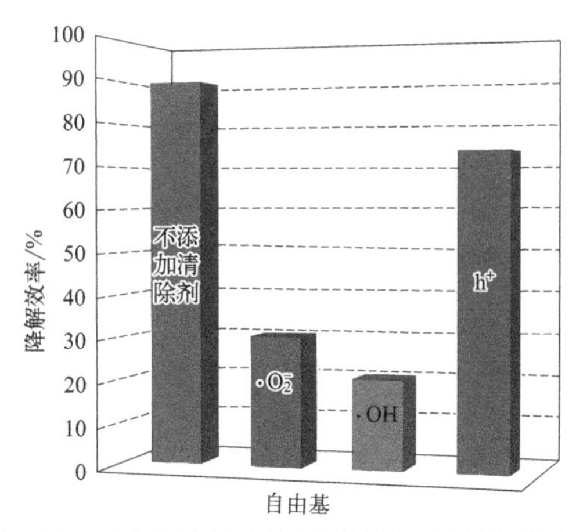

图 7-16 自由基清除剂对 CTC 溶液降解效率的影响

7.3.4.2 光催化机理

MIP-Fe_3O_4/g-C_3N_4/TiO_2 样品对 CTC 的催化机理可通过 Butler 和 Ginley 模型计算价带和导带得出，见公式(7-3)、式(7-4)：

$$E_{CB}=\chi-E^e-0.5E_g \tag{7-3}$$

$$E_{VB}=E_{CB}+E_g \tag{7-4}$$

式中 χ——半导体的绝对电负性；

E^e——氢标度上的自由电子能量（4.5eV）；

E_g——半导体的带隙能量。

通过计算得出 g-C_3N_4 的价带和导带分别为 2.25eV、−0.51eV，TiO_2 的价带和导带分别为 2.77eV、−0.33eV。根据以上的所有分析和表征结果，提出了 MIP-Fe_3O_4/g-C_3N_4/TiO_2 通过吸附-光催化协同去除 CTC 的可能机理，如图 7-17 所示。

通过水热法，使 TiO_2 和 Fe_3O_4 都附着在 g-C_3N_4 纳米片上，其中 g-C_3N_4 纳米片与有机分子有更多的吸附位点，从而可以高效吸附 CTC，如图 7-17(a) 所示，而且 MIP-Fe_3O_4/g-C_3N_4/TiO_2 的印迹空腔可以优先吸附 CTC，并排除其他结构不同的分子。光激发电荷在 TiO_2、g-C_3N_4 和 Fe_3O_4 之间的转移机理如图 7-17(b) 所示。由上可知，TiO_2 的禁带宽度为 3.1eV，价带位置为 2.77eV，导带位置为 −0.33eV；g-C_3N_4 的带隙和价带分别为 2.76eV 和 2.25eV，导带为−0.51eV。由于 g-C_3N_4 和 TiO_2 均为 n 型半导体，二者之间可以形成 n-n 型异质结。在光照下，光生电子从 g-C_3N_4 和 TiO_2 的价带

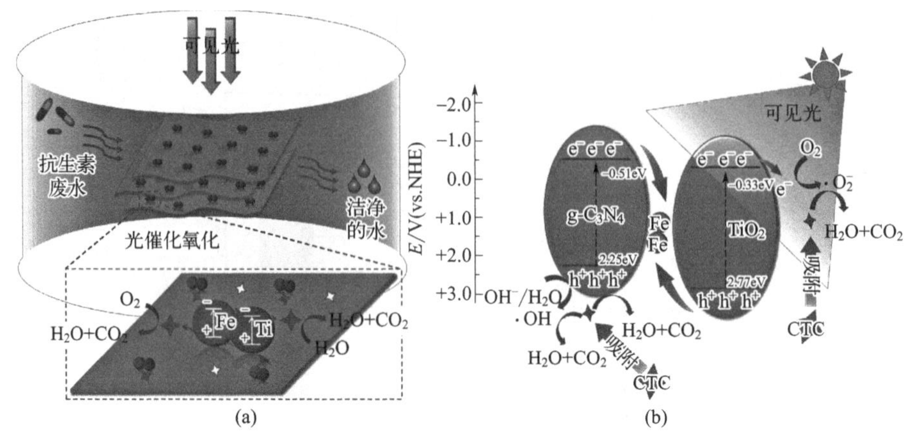

图 7-17 MIP-Fe_3O_4/g-C_3N_4/TiO_2 光催化机理图

（VB）激发到导带（CB），然后在 g-C_3N_4 和 TiO_2 的 VB 中留下空穴（h^+），累积的 h^+ 可与 OH^- 或 H_2O 反应生成·OH，然后将 CTC 氧化为 CO_2 和 H_2O。而电子会以 Fe^{3+} 为桥梁，从 g-C_3N_4 的 CB 转移到 TiO_2 的 CB 上，和 O_2 反应生成·O_2^-，用于 CTC 分子的降解。以上结论证明了·O_2^- 和·OH 是降解 CTC 的主要活性物种，与自由基清除实验结果一致。

7.4 光催化降解影响因素分析

7.4.1 不同初始浓度

在 CTC 溶液初始 pH 值为 7、MIP-Fe_3O_4/g-C_3N_4/TiO_2 样品添加量为 1.0g/L 的条件下，选取 CTC 初始浓度为 10.0mg/L、15.0mg/L、20.0mg/L、25.0mg/L、30.0mg/L 的溶液，进行降解实验，结果如图 7-18 所示。

图 7-18 为不同 CTC 初始浓度对 MIP-Fe_3O_4/g-C_3N_4/TiO_2 材料光催化降解效果的影响。由图中可以看出，在 CTC 初始浓度为 10.0mg/L 时，光催化效果最好，在光催化 120min 后，催化效率达到 91.77%，而当 CTC 初始浓度为 30.0mg/L 时，催化效率为 74.32%，催化效率随浓度的升高而降低，产生这一现象的原因可能是溶液的浓度越大对光的折射能力越强，使 MIP-Fe_3O_4/g-C_3N_4/TiO_2 材料对光的吸收率低，导致光催化性能变差。另一个原因是过多的 CTC 分子会堵塞印迹层，使 MIP-Fe_3O_4/g-C_3N_4/TiO_2 无法识别 CTC 分子，从而使光催化活性降低。因此，选取 CTC 初始浓度为 10.0mg/L 进行后续实验。

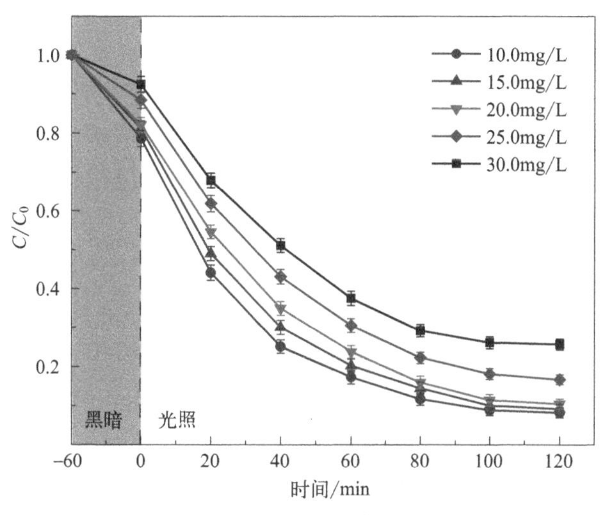

图 7-18 CTC 浓度对其降解率的影响

7.4.2 不同初始 pH 值

在金霉素溶液初始浓度为 10.0mg/L、MIP-Fe_3O_4/g-C_3N_4/TiO_2 样品添加量为 1.0g/L 的条件下，选取金霉素初始 pH 值为 3、5、7、9、11 的溶液，进行光催化降解实验，结果如图 7-19 所示。

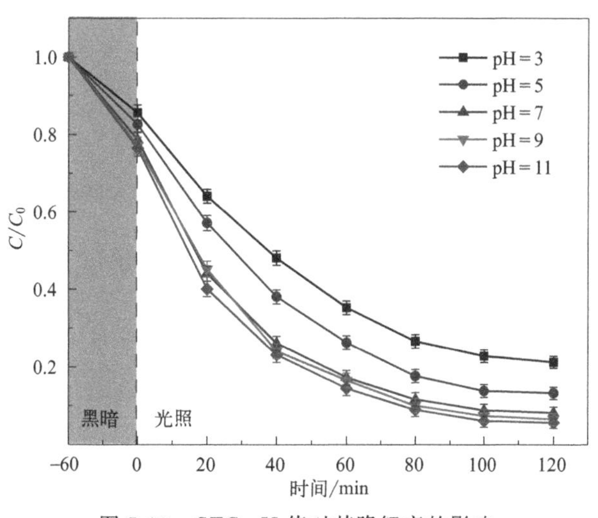

图 7-19 CTC pH 值对其降解率的影响

图 7-19 为不同 CTC 初始 pH 值对 MIP-Fe_3O_4/g-C_3N_4/TiO_2 材料光催化降解效果的影响。从图中可以看出，CTC 的催化效率随 pH 值增加而增加，

当 pH 为 3、5、7、9 时，光催化 120min 时的降解率分别为 78.65%、86.77%、91.32、93.48%。而当 pH 为 11 时，降解率为 94.34%。由此可见，MIP-Fe_3O_4/g-C_3N_4/TiO_2 材料在碱性条件下对 CTC 的降解效果最好，这由于碱性条件可以产生较多氢氧根离子，而氢氧根离子能够与空穴反应，生成具有强氧化性的羟基自由基，这与之前的自由基清除实验结果一致，因此，选取 CTC 初始 pH 为 11 进行后续实验。

7.4.3 不同催化剂投加量

在 CTC 溶液初始浓度为 10.0mg/L、pH 为 7 的条件下，分别添加 0.50g/L、0.75g/L、1.0g/L、1.25g/L、1.50g/L 的 MIP-Fe_3O_4/g-C_3N_4/TiO_2 样品进行光催化降解实验，结果如图 7-20 所示。

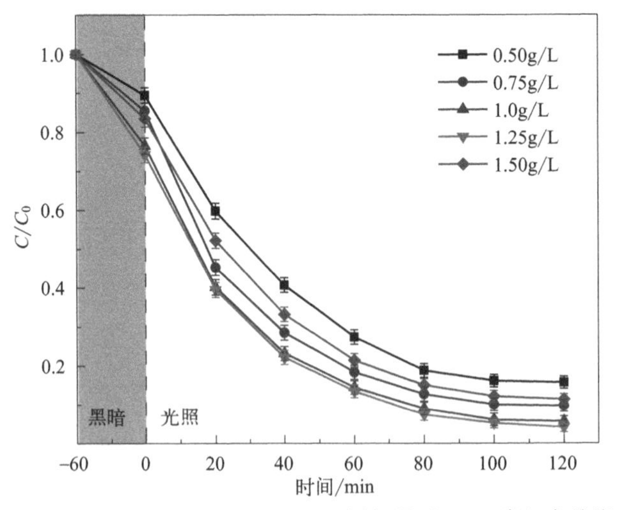

图 7-20　MIP-Fe_3O_4/g-C_3N_4/TiO_2 添加量对 CTC 降解率的影响

图 7-20 为不同 MIP-Fe_3O_4/g-C_3N_4/TiO_2 添加量对 CTC 降解效果的影响。从图中可知，随着 MIP-Fe_3O_4/g-C_3N_4/TiO_2 添加量的增多，光降解效果呈先增大后减小的趋势。当 MIP-Fe_3O_4/g-C_3N_4/TiO_2 添加量为 0.50g/L、0.75g/L、1.0g/L、1.25g/L 时，降解效率随添加量的增加而升高，在添加量为 1.25g/L 时，降解效率最高，光照 120min 时，CTC 降解率达到 95.87%，而继续增加 MIP-Fe_3O_4/g-C_3N_4/TiO_2 材料，降解率开始下降，当添加量为 1.50g/L 时，降解率为 88.68%。产生这种现象的原因可能是随着添加量的增大，有更多的 MIP-Fe_3O_4/g-C_3N_4/TiO_2 材料对 CTC 进行专一性识别并吸附，但过大的添加量会使催化剂分子之间相互遮盖，导致光照利用率低，而且

会影响印迹层的识别作用，从而使光催化活性降低，因此选取最佳材料添加量为 1.25g/L。

7.5 本章小结

（1）以金霉素（CTC）为模板分子、丙烯酸（AA）为功能单体、二乙烯基苯（DVB）为交联剂、偶氮二异丁腈（AIBN）为引发剂与第 6 章制备的 $Fe_3O_4/g\text{-}C_3N_4/TiO_2$ 制备分子印迹型 $Fe_3O_4/g\text{-}C_3N_4/TiO_2$ 复合材料，并且通过改变 CTC 与 AA 的摩尔比来考察不同比例的 MIP-$Fe_3O_4/g\text{-}C_3N_4/TiO_2$ 对 CTC 的光催化降解效果。实验得出，当摩尔比为 25.0%时，光催化效果最好，在光照 120min 时，光降解效率可达 89.52%。

（2）通过分析 MIP-$Fe_3O_4/g\text{-}C_3N_4/TiO_2$ 材料的微观形貌、物质组成、元素价态、表面情况及光学性质等，对样品进行了 SEM、TEM、XRD、FTIR、XPS、UV-vis DRS、PL、VSM、BET 测试，结果表明：MIP-$Fe_3O_4/g\text{-}C_3N_4/TiO_2$ 材料被成功制备，印迹并未改变 $Fe_3O_4/g\text{-}C_3N_4/TiO_2$ 的结构组成及官能团结构，且样品结晶性较好，MIP-$Fe_3O_4/g\text{-}C_3N_4/TiO_2$ 表面形成了大量印迹空穴，能够对目标污染物进行特异性识别，达到快速吸附并降解的目的。由于 $g\text{-}C_3N_4$ 和 TiO_2 之间生成了异质结构，能够促进电子-空穴对的分离，极大地提升了光催化活性，同时拓宽了光响应范围，增强了对光的利用率。相比于 $g\text{-}C_3N_4$ 和 $Fe_3O_4/g\text{-}C_3N_4/TiO_2$，MIP-$Fe_3O_4/g\text{-}C_3N_4/TiO_2$ 的电荷转移效果更好，对样品的光催化活性更强。

（3）为了了解 MIP-$Fe_3O_4/g\text{-}C_3N_4/TiO_2$ 材料的光降解速率，对材料进行了动力学分析，由结果可知，MIP-$Fe_3O_4/g\text{-}C_3N_4/TiO_2$ 材料的降解效率最高，为 $g\text{-}C_3N_4$ 的 4.57 倍，这说明复合和印迹对材料的光催化活性有显著的提升效果。通过选择性实验、稳定性实验、自由基清除实验，对 MIP-$Fe_3O_4/g\text{-}C_3N_4/TiO_2$ 的其他性质进行了考察，分析了 MIP-$Fe_3O_4/g\text{-}C_3N_4/TiO_2$ 的降解机理。经选择性和稳定性实验结果可知，MIP-$Fe_3O_4/g\text{-}C_3N_4/TiO_2$ 对 CTC 有专一性的识别作用，且经多次循环后，降解率仅降低 8.81%，经对循环后样品的 XRD 测试结果可知，MIP-$Fe_3O_4/g\text{-}C_3N_4/TiO_2$ 的结构没有发生明显的变化。自由基清除实验结果可知，$\cdot O_2^-$ 和 $\cdot OH$ 是光降解过程中的主要作用基团，而 h^+ 作用较小。

（4）本研究考察了 CTC 降解条件优化实验，实验结果得出，当 CTC 溶液初始浓度为 10.0mg/L、初始 pH 值为 11、MIP-$Fe_3O_4/g\text{-}C_3N_4/TiO_2$ 投加量为 1.25g/L 时，光降解效率最高，光照 120min 后对 CTC 的降解率可达 95.87%。

参考文献

[1] Sun L L, Li J Z, Li X, et al. Molecularly imprinted $Ag/Ag_3VO_4/g\text{-}C_3N_4$ Z-scheme photocatalysts for enhanced preferential removal of tetracycline. Journal of Colloid and Interface Science, 2019, 552: 271-286.

[2] Jung H, Pham T T, Woo S E, et al. Effect of $g\text{-}C_3N_4$ precursors on the morphological structures of $g\text{-}C_3N_4/ZnO$ composite photocatalysts. Journal of Alloys and Compounds, 2019, 788: 1084-1092.

[3] Rezaei B, Irannejad N, Ali E, et al. 3D TiO_2 self-acting system based on dye-sensitized solar cell and $g\text{-}C_3N_4/TiO_2$-MIP to enhanced photodegradation performance. Renewable Energy, 2018, 123: 281-293.

[4] 许越. 化学反应动力学. 北京：化学工业出版社，2005.

[5] Peng J Y, Huang G. Selective photocatalytic degradation of tetracycline by metal-free heterojunction surface imprinted photocatalyst based on magnetic fly ash. Inorganic Chemistry Communications, 2019, 106: 202-210.

[6] Gao X X, Yang B Z, Yao W Q, et al. Enhanced photocatalytic activity of $ZnO/g\text{-}C_3N_4$ composites by regulating stacked thickness of $g\text{-}C_3N_4$ nanosheets. Environmental Pollution, 2020, 257: 113577.

第8章 印迹型碘氧化铋、氮化碳复合催化材料

$g-C_3N_4$ 以其优异的光催化性能，在光催化和能量转换领域得到了广泛的应用，但在光催化反应中电子-空穴对复合效率高[1]，为了改善这一缺陷，将 BiOI 引入 $g-C_3N_4$ 材料中，通过使 $g-C_3N_4$ 与 BiOI 之间形成异质结，以抑制电子-空穴对的复合，达到提高光催化活性的目的。但在实际应用中大多为高毒性、低浓度的污染物，催化剂无法对其进行选择性识别并降解。经研究发现，将分子印迹技术引入光催化剂的制备中，所制得的分子印迹催化剂可以有效识别目标污染物，并进行吸附、降解，从而达到对高毒性、低浓度污染物的去除目的[2]。本章以环丙沙星（CIP）为模板分子，制备分子印迹型 BiOI/$g-C_3N_4$ 光催化剂，通过 SEM、XRD 和 FTIR 等表征技术分析印迹型 BiOI/$g-C_3N_4$ 催化剂的外观形貌、物相组成及官能团特性。通过对环丙沙星的降解考察其选择吸附性能及光催化活性，分析其稳定性，提出可能的降解途径，并对催化剂降解反应动力学进行分析。

8.1 材料制备

印迹型 BiOI/$g-C_3N_4$ 的制备：0.27g BiOI 溶于 20mL 去离子水中，搅拌 20min 后将 $g-C_3N_4$ 加入 BiOI 溶液中，超声离心 70℃烘干，得到 BiOI/$g-C_3N_4$ 材料。然后将一定量环丙沙星（CIP）和 0.288g 丙烯酸（AA）加入 40mL 的乙腈中，预组装 12h 后，加入 0.3g BiOI/$g-C_3N_4$、0.78g 二乙烯基苯（DVB）和 0.065g 偶氮二异丁腈（AIBN）。在 65℃水浴 12h 前，用氮气浸泡 15min 去除氧气，然后密封。最后，将收集到的固体反复用甲醇洗涤，直到没有检测到 CIP，然后在真空烘箱中在 80℃下干燥 12h，得到印迹型 BiOI/$g-C_3N_4$ 材料（MIP-BiOI/$g-C_3N_4$）。为了进行比较，采用相同的程序但未添加模板分子 CIP 合成了

无模板分子的非印迹型 $BiOI/g-C_3N_4$ 材料（$NIP-BiOI/g-C_3N_4$）。

8.2 特性分析

8.2.1 表面形貌分析

为分析 $MIP-BiOI/g-C_3N_4$ 样品的形貌，进行了 SEM 分析，如图 8-1 所示。

图 8-1 为 BiOI、$BiOI/g-C_3N_4$ 和 $MIP-BiOI/g-C_3N_4$ 的扫描电镜图像，其中图（a）为 BiOI 的 SEM 图，可以看出 BiOI 的形貌为尖棒状结构。从图（b）中可以看出，BiOI 在 $g-C_3N_4$ 表面均匀聚集，各颗粒大小不一，大多数为棒状，少数为不规则块状。$BiOI/g-C_3N_4$ 具有典型的不规则片状结构，可以提供足够的表面积与 BiOI 纳米耦合。图 8-1（c）为 $MIP-BiOI/g-C_3N_4$ 的 SEM 图，可以发现印迹过后样品产生了相似的形态，存在的差异是由印迹层引起的，$MIP-BiOI/g-C_3N_4$ 表面光滑但有少量的团聚，从图中可知样品的粒径略有减小，且分布更加均匀圆润，这会使比表面积增加，光催化活性增强。

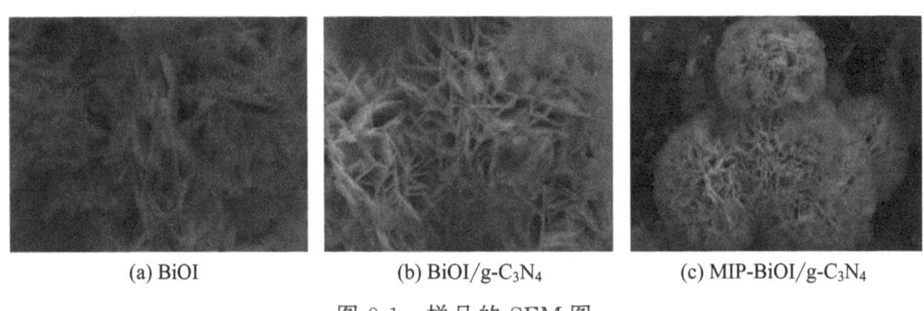

(a) BiOI　(b) $BiOI/g-C_3N_4$　(c) $MIP-BiOI/g-C_3N_4$

图 8-1　样品的 SEM 图

为分析样品的元素组成，进行了 EDS 能谱分析，如图 8-2 所示。由图可知，制备的 $MIP-BiOI/g-C_3N_4$ 存在 C、N、O、I、Bi 五种元素，且分布均匀。结合 SEM 的结果证明 $MIP-BiOI/g-C_3N_4$ 被成功制备。

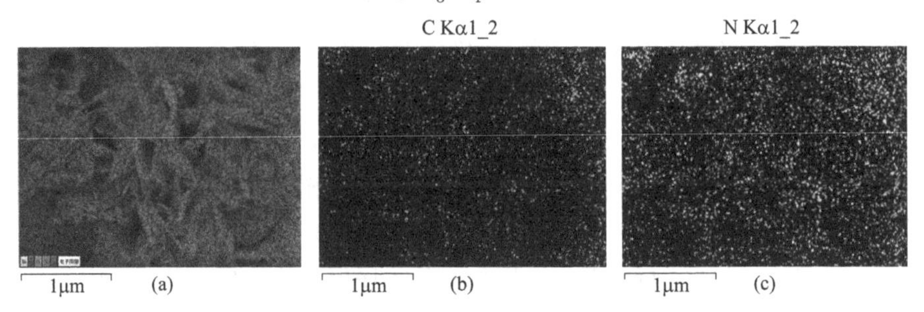

(a)　(b)　(c)

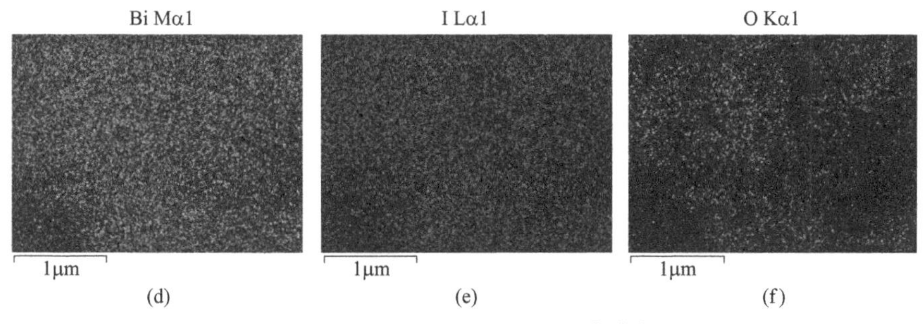

图 8-2　MIP-BiOI/g-C_3N_4 的元素分布图

(a) 总元素分布；(b) C；(c) N；(d) Bi；(e) I；(f) O

图 8-3 是 EDS 能谱图，对元素含量进行测定，检测到 C、N、O、Bi 和 I 元素质量分数分别为 32.92%、15.05%、13.26%、19.86%和 18.92%（见表 8-1），表明 C、N、O、Bi 和 I 元素全部存在于 MIP-BiOI/g-C_3N_4 纳米复合材料中。

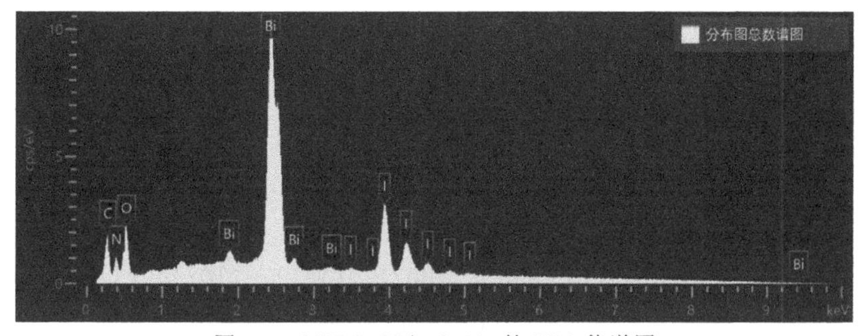

图 8-3　MIP-BiOI/g-C_3N_4 的 EDS 能谱图

表 8-1　分布图总数谱图

元素	线类型	质量分数	总置信数值	原子分数/%
C	K 线系	5.42	0.14	32.92
N	K 线系	2.89	0.14	15.05
O	K 线系	2.91	0.08	13.26
I	L 线系	34.56	0.30	19.86
Bi	M 线系	54.22	0.31	18.92
总量		100.00		100.00

8.2.2 物相结构分析

为了解 MIP-BiOI/g-C_3N_4 和 NIP-BiOI/g-C_3N_4 样品的物相组成，进行了 XRD 分析，并且与 g-C_3N_4、BiOI、BiOI/g-C_3N_4 结果进行了对比，结果如图 8-4 所示。

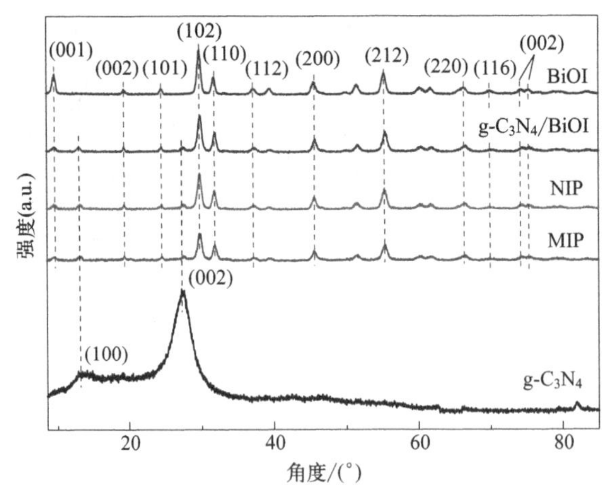

图 8-4 $g-C_3N_4$、BiOI、BiOI/$g-C_3N_4$、NIP-BiOI/$g-C_3N_4$、MIP-BiOI/$g-C_3N_4$ 的 X 射线衍射图

图 8-4 为 $g-C_3N_4$、BiOI、BiOI/$g-C_3N_4$、NIP-BiOI/$g-C_3N_4$、MIP-BiOI/$g-C_3N_4$ 的 XRD 图谱，从图中可以看出，MIP-BiOI/$g-C_3N_4$ 分别在 $2\theta=$ 29.66°、31.88°、45.71°、55.36°处出现衍射峰。13.06°和 27.53°处观察到的特征峰归于 $g-C_3N_4$ 的（100）和（002）晶体平面，9.42°、19.35°、24.62°、29.69°、31.64°、37.21°、45.41°、55.33°、66.19°、70.02°、74.07°、75.59°出现的衍射峰对应于 BiOI 的（001）、（002）、（101）、（102）、（110）、（112）、（200）、（212）、（220）、（116）、（002）晶面。对比 BiOI/$g-C_3N_4$、NIP-BiOI/$g-C_3N_4$ 和 MIP-BiOI/$g-C_3N_4$ 样品的 XRD 图谱，除了峰强度略有降低，没有其他明显变化，说明印迹过后不会影响材料的结构，且未引入新的杂质。

8.2.3 官能团分析

为分析 MIP-BiOI/$g-C_3N_4$ 样品存在的化学键及官能团，进行了 FTIR 分析，并与 $g-C_3N_4$、BiOI/$g-C_3N_4$、NIP、BiOI 进行了对比，结果如图 8-5 所示。图 8-5 显示的是 $g-C_3N_4$、BiOI/$g-C_3N_4$、MIP、NIP 和 BiOI 的红外光谱图。由图可知，样品在 500～800cm^{-1} 处的振动峰是由于 C_3N_4 单元弯曲振动引起的；1200～1700cm^{-1} 处的峰对应于杂环 C—N 键和 C═N 键的振动；而 3100～3700cm^{-1} 处出现的特征峰归因于 O—H 拉伸振动和 N—H 拉伸振动。此外，在 2950cm^{-1} 左右（C—H 拉伸振动）的峰值表明存在分子印迹多聚物。印迹后样品的峰强度有所减弱是由于印迹层的存在引起的，并且 MIP-BiOI/$g-C_3N_4$ 和 NIP-BiOI/$g-C_3N_4$ 的红外曲线几乎相同，说明 CIP 模板分子已成功去除。上述结果与 EDS 分析结果一致，说明 MIP-BiOI/g-C_3N_4 被成功制备，且印迹后并不影响材料的原始化学键和官能团。

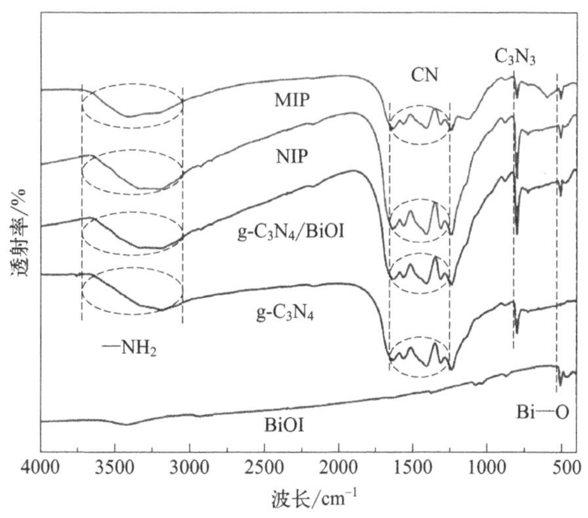

图 8-5　g-C_3N_4、BiOI/g-C_3N_4、MIP、NIP 和 BiOI 的红外光谱图

8.2.4　元素分析

图 8-6(a) 为 MIP-BiOI/g-C_3N_4 的 XPS 全谱图，从图中可以看出，在结合能为 0～600eV 范围内，MIP-BiOI/g-C_3N_4 样品出现了 C、N、O、Bi 和 I 元素，这与 EDS 结果一致，说明 MIP-BiOI/g-C_3N_4 材料被成功制备，且样品较纯。图 8-6(b) 为 Bi 4f 态高分辨率 X 射线光电子能谱图，从图中可知 MIP-BiOI/g-C_3N_4 样品分别在 159.56eV、164.81eV 出现特征峰，164.81eV 的峰对应 Bi $4f_{5/2}$ 的结合能，159.56eV 的峰对应 Bi $4f_{7/2}$ 的结合能。图 8-6(c) 为 C 1s 态高分辨率 X 射线光电子能谱图，从图中可知，各样品中 C 的振动峰有三个，其中 284.35eV 处的峰归因于表面非晶碳的 C—C 配合，287.83eV、285.79eV 处的特征峰与 g-C_3N_4 的 N—C=N 中的 C 键有关。图 8-6(d) 为 I 3d 态高分辨率 X 射线光电子能谱图，I 的振动峰可以被分峰拟合为两个峰，MIP-BiOI/g-C_3N_4 样品分别在 630.85eV、619.34eV 出现特征峰，630.85eV 的峰对应 I $3d_{3/2}$ 的结合能，619.34eV 的峰对应 I $3d_{5/2}$ 的结合能。图 8-6(e) 为 N 1s 态高分辨率 X 射线光电子能谱图，其可以被分峰拟合为三个峰，其中 398.14eV 处的峰对应于 C=N—C 中 sp^2 杂化的 N 原子，399.48eV 处的峰归因于 N—$(C)_3$ 中 sp^3 杂化的 N 原子，401.12eV 处的特征峰对应于伯胺 N 原子（C—N—H）。图 8-6(f) 为 O 1s 态高分辨率 X 射线光电子能谱图，O 的振

动峰可以被分峰拟合为三个峰，MIP-BiOI/g-C_3N_4 样品在 529.04eV、530.27eV 和 531.33eV 处出现特征峰，其中 531.33eV、530.27eV 的峰与 BiOI 中的氧原子和碘氧化铋中的 Bi—O 键和 I—O 键有关，529.04eV 处的峰中的 O—H 基团吸附空气中的氧原子。图 8-6 XPS 结果与之前 XRD 和 EDS 结果一致，说明 MIP-BiOI/g-C_3N_4 样品成功制备。此外，结合能的微小变化表明电子态发生了变化，这可能是由于分子印迹层的引入。

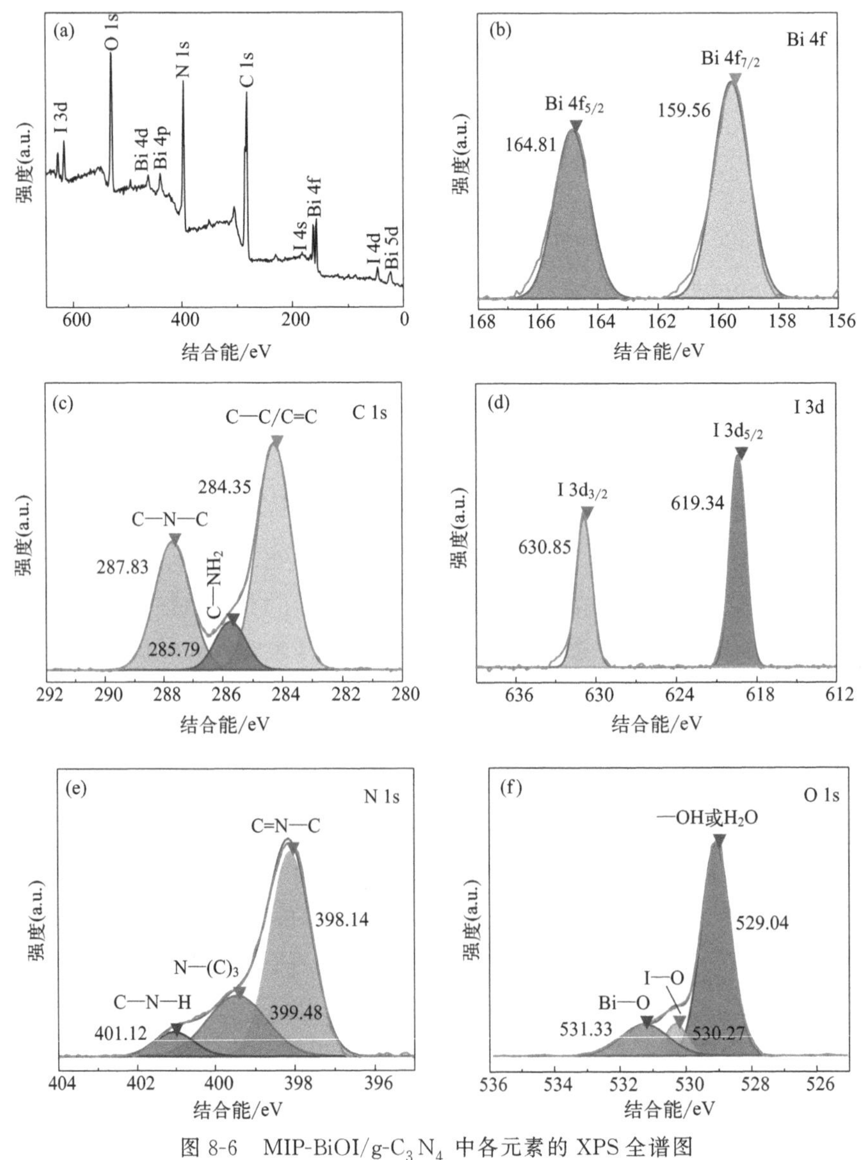

图 8-6 MIP-BiOI/g-C_3N_4 中各元素的 XPS 全谱图

(a) 全谱图；(b) Bi 4f；(c) C 1s；(d) I 3d；(e) N 1s；(f) O 1s

8.3 光催化性能分析

8.3.1 光催化活性测试

探究最佳制备下制得的 MIP-BiOI/g-C_3N_4 的光催化性能，进行了光催化活性测试，并以 g-C_3N_4、BiOI/g-C_3N_4、NIP-BiOI/g-C_3N_4 作对比，以环丙沙星的降解率来考察 MIP-BiOI/g-C_3N_4 的光催化活性。光催化反应以 450W 的高压汞灯（配备 420nm 紫外截止滤光片）为可见光光源，实验结果如图 8-7 所示。从图 8-7 可以看出，MIP-BiOI/g-C_3N_4 吸附环丙沙星实验中，环丙沙星溶液在前 30min 吸光度值有明显下降，而继续增加时间，吸光度值变化极小，说明 MIP-BiOI/g-C_3N_4 在环丙沙星溶液中吸附 30min 达到了吸附-解析平衡。根据以上实验结果可知，经印迹后的样品，光催化活性有明显的提高，MIP-BiOI/g-C_3N_4 最佳吸附环丙沙星可以达到 80.93%，MIP-BiOI/g-C_3N_4 体系具有较好的光催化性能。

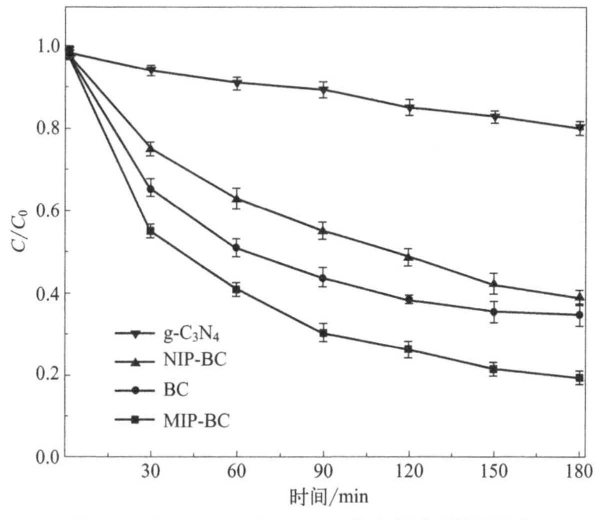

图 8-7　MIP-BiOI/g-C_3N_4 的光催化活性测试

8.3.2 选择性吸附测试

由于环丙沙星（CIP）与氧氟沙星（OFL）分子结构相似，都属于喹诺酮类抗生素，为了探究所制备的 MIP-BiOI/g-C_3N_4 的选择性光催化性能，将 MIP-BiOI/g-C_3N_4 用于光催化降解 CIP 和 OFL，通过对 CIP 和 OFL 降解率的分析，考察 MIP-BiOI/g-C_3N_4 对 CIP 的识别能力。通常氧氟沙星（OFL）的初始浓度为 15mg/L。将 30mg 的 CIP 和 OFL 溶液中的吸附剂在黑暗中搅拌 90min。每 10min 取一次目标溶液，最后用紫外-可见分光光度计检测 CIP 和 OFL 的浓度。CIP 和 OFL 的吸附容量参数由式(8-1) 和式(8-2) 确定[3]。

$$吸附效率=\frac{C_0-C_t}{C_0}\times 100\% \tag{8-1}$$

$$Q_e=(C_0-C_e)\times\frac{V}{W} \tag{8-2}$$

式中，C_0 为初始浓度，mg/L；C_t 为 CIP 和 OFL 任意时刻的浓度，mg/L；Q_e 为任意时刻的平衡吸附量，mg/g；C_e 和 V 分别为平衡浓度（mg/L）和体积（mL）；W 为催化剂的含量。

制备的 CIP 催化剂的吸附效率和吸附量如图 8-8(a) 和图 8-8(b) 所示。分子印迹型 BiOI/g-C_3N_4（MIP-BC）的吸附效率（51.51%）高于非分子印迹型

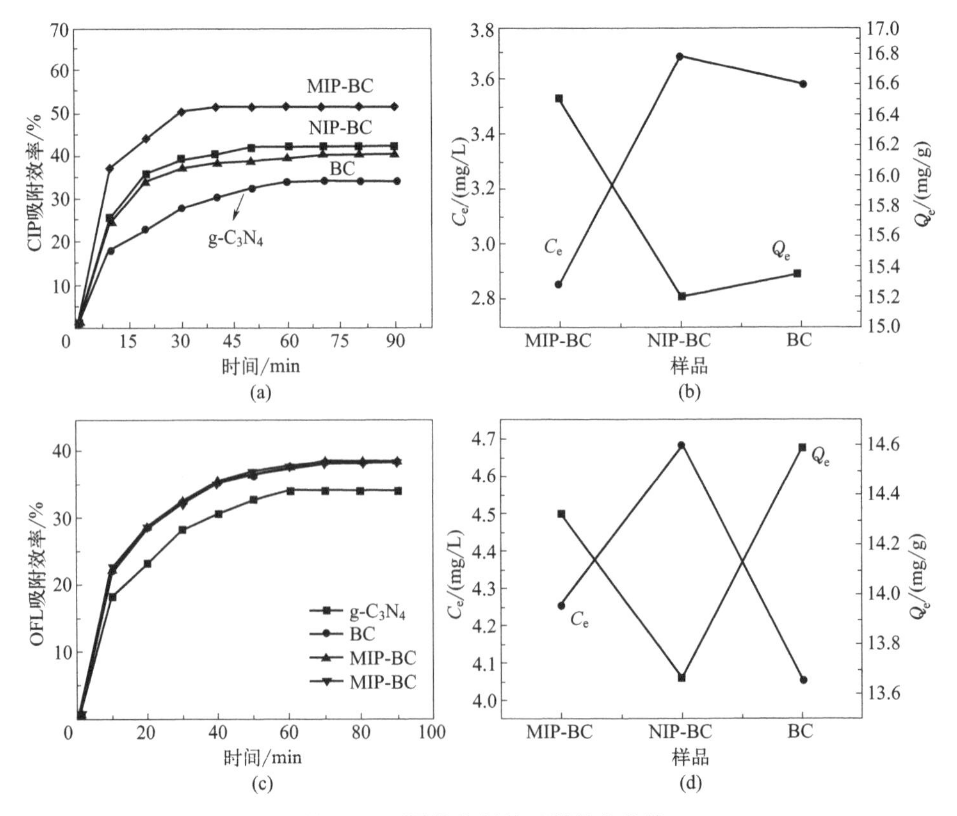

图 8-8　不同催化剂的吸附效率曲线

(a) 不同催化剂对环丙沙星（CIP）吸附效率曲线；(b) 不同催化剂对环丙沙星（CIP）的等温吸附图；(c) 不同催化剂对氧氟沙星（OFL）吸附效率曲线；(d) 不同催化剂对氧氟沙星（OFL）等温吸附图

BiOI/g-C_3N_4(NIP-BC)(42.32%)、BC(40.55%)和 g-C_3N_4(34.05%)。可以看出吸附量(Q_e)遵循 MIP-BC(16.50mg/g)>BC(15.34mg/g)>NIP-BC(15.20mg/g)对 CIP 降解的顺序。当吸附时间达到 30min 左右时，基本达到吸附平衡。OFL 的吸附效率和吸附能力如图 8-8(c)和图 8-8(d)所示，使用 MIP-BC 对 OFL 的吸附效率和 OFL 量分别为 38.51%和 14.32mg/g。可以看出，OFL 的吸附效率和吸附量均远低于 CIP，说明分子印迹催化剂具有特异性识别能力。

8.3.3 吸附动力学

为了分析动力学吸附特性，一级模型和二级模型通过式(8-3)和式(8-4)计算[4]。

一级模型：

$$\ln(q_e-q_t)=\ln q_e-k_1t \tag{8-3}$$

二级模型：

$$\frac{t}{q_t}=\frac{1}{k_2q_e^2}+\frac{t}{q_e} \tag{8-4}$$

式中，q_t 和 q_e 分别为时间 t(min)和平衡时 CIP 在 MIP-BC 上的吸附容量，mg/g；k_1 和 k_2 分别为一级和二级模型的吸附速率常数，[g/(mg·min)]。一级模型中 BC 的 k_1 为 0.07157，MIP-BC 的 k_1 为 0.09599，NIP-BC 的 k_1 为 0.06271。二级模型中 BC 的 k_2 为 0.00549，MIP-BC 的 k_2 为 0.00839，NIP-BC 的 k_2 为 0.00438(如表 8-2 所示)。结果显示，一级模型中 MIP-BC(k_1)>NIP-BC(k_1)，二级模型中 MIP-BC(k_2)>NIP-BC(k_2)。

表 8-2 一级模型和二级模型的动力学参数

样品	$Q_{e,exp}$/(mg/g)	伪一阶动力学模型			伪二阶动力学模型		
		$Q_{e,cexp}$/(mg/g)	k_1/[g/(mg·min)]	R^2	$Q_{e,cexp}$/(mg/g)	k_2/[g/(mg·min)]	R^2
BC	15.34	15.11965	0.07157	0.99138	15.58102	0.00549	0.99721
MIP-BC	16.5	16.30116	0.09599	0.9898	16.79923	0.00839	0.99497
NIP-BC	15.2	15.30726	0.06271	0.98982	15.7096	0.00438	0.98906

8.3.4 稳定性实验

稳定性是评价光催化性能的重要因素，为了分析 MIP-BiOI/g-C_3N_4 材料的稳定性，进行了 MIP-BiOI/g-C_3N_4 降解 CIP 的 5 次连续循环实验，并对 5

次循环后的样品进行了 XRD 分析，结果如图 8-9 所示。光催化降解率从第一次循环的 76.44%逐渐下降到第五次的 68.46%，说明分子印迹聚合物能够有效地抑制光催化剂的腐蚀，即 MIP-BiOI/g-C_3N_4 具有良好的稳定性。MIP-BiOI/g-C_3N_4 表面的 CIP 残留可能会降低活性位点。因此，MIP-BiOI/g-C_3N_4 可以被认为是一种稳定的光催化剂。

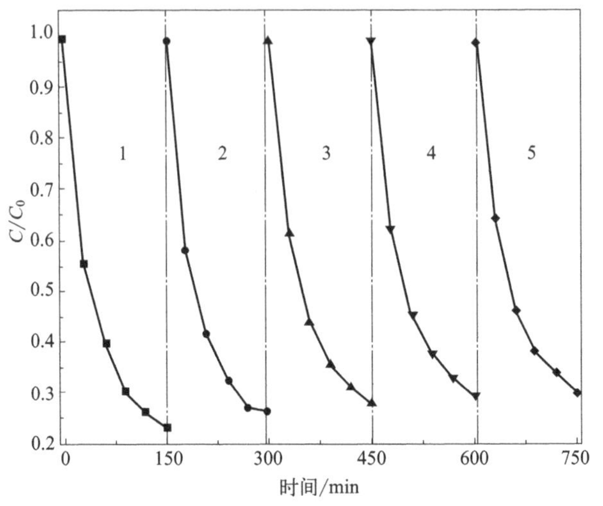

图 8-9　MIP-BiOI/g-C_3N_4 降解 CIP 的循环实验

8.3.5　光催化机理分析

8.3.5.1　自由基清除实验

为探究 MIP-BiOI/g-C_3N_4 样品光催化反应的主要作用基团，进行自由基清除实验。通常情况下，有机物被光解过程中主要有三种活性基团参与反应，包括·OH、h^+ 和·O_2^- 等。异丙醇（IPA）、乙二胺四乙酸二钠（EDTA-2Na）和对苯醌（BZQ），分别作为·OH、h^+、·O_2^- 和的清除剂，实验结果如图 8-10 所示。由图可知，添加·O_2^- 清除剂 BZQ 后，样品的降解效率变为 10.21%；添加·OH 清除剂 IPA 后，样品的降解效率降为 60.01%；添加 h^+ 清除剂 EDTA-2Na 后，样品的降解效率降为 42.31%。从上述结果可以看出，·O_2^-、·OH 和 h^+ 在实验中都起到至关重要的作用，其中·O_2^- 是主要的活性物质，·OH 作用较小。

8.3.5.2　光催化降解产物分析

为了进一步探究 MIP-BiOI/g-C_3N_4 光催化降解 CIP 过程中的结构转化机

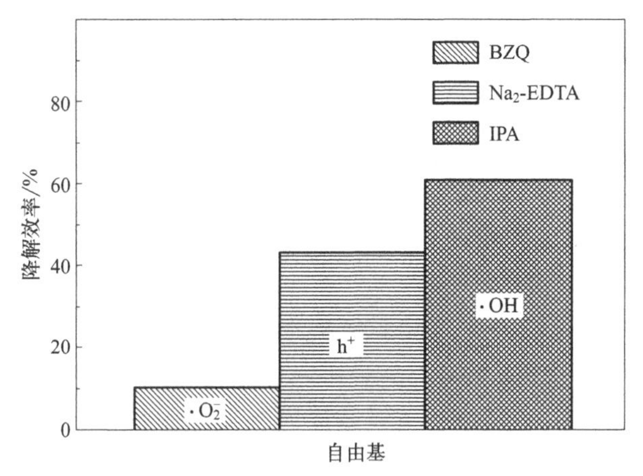

图 8-10 自由基捕获剂对环丙沙星溶液降解效率的影响

理，通过LC-MS技术对其降解中间产物进行了鉴定，CIP照射120min后的总离子流图（TIC）如图8-11所示。

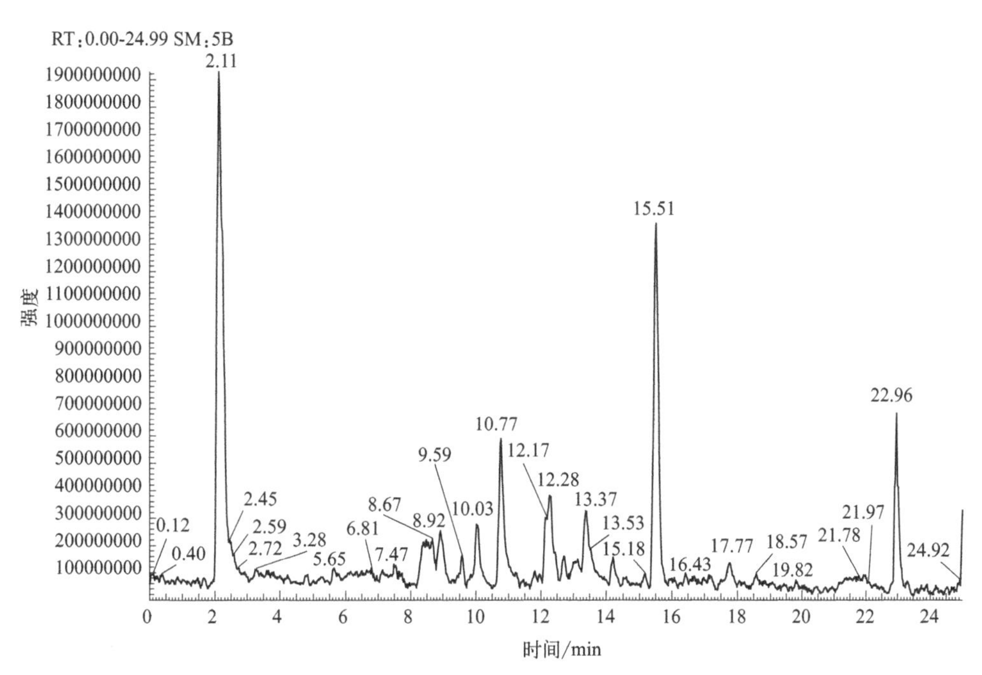

图 8-11 环丙沙星总离子流图

根据文献和图中的信息，我们提出了以下两种可能的降解途径（图8-12）。首先，光催化体系产生的活性物质可以氧化CIP哌嗪基团上的胺（$m/z=332$）生成化合物B（$m/z=362$）。化合物哌嗪环上的醇基可被氧化成羰基

(—C=O)，哌嗪环断裂生成醛基（—CHO）生成化合物 C(m/z=362)。产物 C 经脱羰基反应可转化为化合物 D(m/z=334)。D 中的酮基与苯胺中的 N 原子相连，产物 D 再次脱羰基形成化合物 E(m/z=306)。随后产生了两条降解途径[5]。

途径Ⅰ：化合物 E 脱氟生成化合物 F(m/z=288)，F 失去 N 原子生成化合物 H(m/z=245)。氨基被氧化为硝基形成化合物 I，然后经过一系列生化反应降解为二氧化碳和水。

途径Ⅱ：化合物 E 失去 N 原子氧化生成酮基形成化合物 G(m/z=291)，再脱羰基生成化合物 J(m/z=263)。J 经过苯环开环、脱氨和羧基化反应生成化合物 K(m/z=156)。氟原子被羟基取代形成化合物 L，进一步反应生成二氧化碳和水。

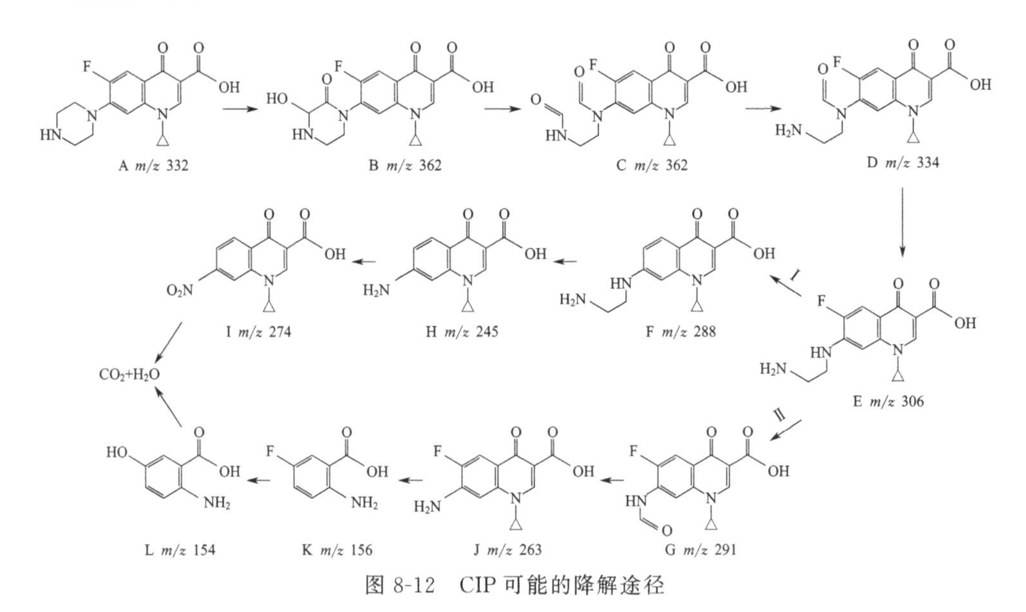

图 8-12　CIP 可能的降解途径

8.4　本章小结

(1) 以环丙沙星（CIP）为模板分子为引发剂与第三章制备的 BiOI/g-C_3N_4 制备分子印迹型 BiOI/g-C_3N_4 复合材料，并且通过改变光催化剂，来考察不同的催化剂对 CIP 的光催化降解效果。实验得出，MIP-BiOI/g-C_3N_4 光催化效果最佳，在光照 180min 时，光降解效率可达 80.93%。

(2) 通过分析 MIP-BiOI/g-C_3N_4 材料的微观形貌、物质组成、元素价态、表面情况及光学性质等，对样品进行了 XRD、SEM、TEM、XPS、FTIR 测试。结果表明：MIP-BiOI/g-C_3N_4 材料被成功制备，印迹并未改变 BiOI/g-C_3N_4 的结构组成及官能团结构，且样品结晶性较好，MIP-BiOI/g-C_3N_4 表面形成了大量印迹空穴，能够对目标污染物进行特异性识别，达到快速吸附并降解的目的。g-C_3N_4 和 BiOI 之间形成了异质结构，有利于光生载流子的运输，极大地提高了光催化活性，同时，拓宽了光响应范围，增强了对光的利用率。相比于 g-C_3N_4 和 BiOI/g-C_3N_4，NIP-BiOI/g-C_3N_4 的电荷转移效果更好，对样品的光催化活性更强。

（3）通过选择性实验、稳定性实验、自由基清除实验和 LC-MS 检测，对 MIP-BiOI/g-C_3N_4 的其他性质进行了考察，分析了 MIP-BiOI/g-C_3N_4 的降解机理，并推测出了 CIP 可能的降解途径。经选择性和稳定性实验结果可知，MIP-BiOI/g-C_3N_4 对 CIP 有专一性的识别作用，且经多次循环后，降解率仅降低 7.98%，经对循环后样品的 XRD 测试结果可知，MIP-BiOI/g-C_3N_4 的结构没有发生明显的变化。自由基清除实验结果可知，$\cdot O_2^-$ 和 $\cdot OH$ 是光催化反应过程中的主要活性基团，而 h^+ 作用较小。$\cdot O_2^-$ 是主要的活性物质，$\cdot OH$ 作用较小。

参考文献

[1] Jung H, Pham T T, Shin E W. Effect of g-C_3N_4 precursors on the morphological structures of g-C_3N_4/ZnO composite photocatalysts. Journal of Alloys and Compounds, 2019, 788: 1084-1092.

[2] Liu X, Zhu L, Wang X, Meng X. Photocatalytic degradation of wastewater by molecularly imprinted Ag_2S-TiO_2 with high-selectively. Scientific Reports, 2020, 10 (1): 1192.

[3] Xu C Y, Qian L, Lin J Y, et al. Heptazine-based porous polymer for selective CO_2 sorption and visible light photocatalytic oxidation of benzyl alcohol. Microporous and Mesoporous Materials, 2019, 282: 9-14.

[4] Luo Y D, Wei X Q, Gao B, et al. Synergistic adsorption-photocatalysis processes of graphitic carbon nitrate (g-C_3N_4) for contaminant removal: kinetics, models, and mechanisms. Chemical Engineering Journal, 2019, 375: 122019.

[5] Hu X, Hu X J, Peng Q Q, et al. Mechanisms underlying the photocatalytic degradation pathway of ciprofloxacin with heterogeneous TiO_2. Chemical Engineering Journal, 2020, 380: 122366.